改訂版

旧中国切手カタログ

1878-1949

CATALOGUE OF CHINESE STAMPS 1878-1949

編集

福井　和弘

公益財団法人 日本郵趣協会

Edited & Published © 2019 by

Japan Philatelic Society, Foundation

Mejiro 1-4-23, TOKYO 171－0031, JAPAN

[表紙の郵票]

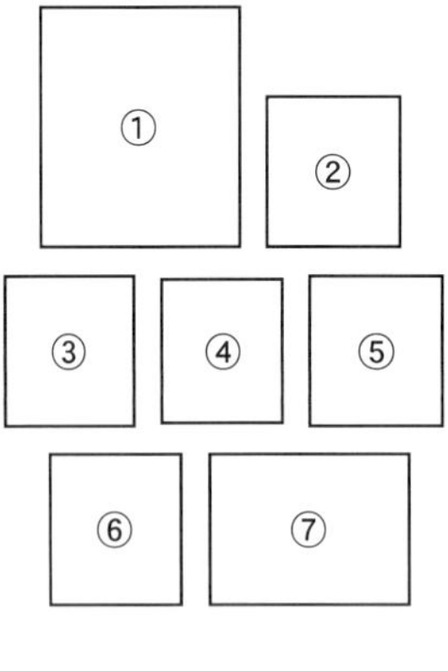

①…紅印花暫作洋銀加蓋票　小字２分倒蓋（#80a）　さまざまな変異の中で最も分かりやすく人気があるのが倒蓋。紅印花の中では小字２分が一番多い。詳しくは21，22頁を参照。

②…在中国局郵票（客郵）「イギリス」香港普通票に「CHINA」加蓋　$1（FB12）中国国内に設置された英国局では1917年以降，“CHINA”と加蓋した郵票を発行，使用した。

③…台湾民主国独虎郵票試刷　50銭　ウッドワードの『大日本及仝属国の郵便切手』に紹介された現存１点の希品。

④…北京新版帆船票　20円（#302）　帆船票の最高額面。フランス製薄紙とカナダ製厚紙がある。

⑤…海関小龍票　３分（#11）　最初の郵票「大龍」より一回り小さいことから「小龍」と呼ばれる第２次普通郵票の１種。

⑥…上海大東３版孫文票　500万円（#1146）　国幣孫文票の最高額面。発行から１ヵ月後に金圓加蓋票が発行されたため，使用期間はごくわずかだった。

⑦…国際郵聯（UPU）75周年紀念票（#1366）　旧中国最後の紀念郵票。印面は上海で刷られ，廣州で額面が加蓋された。

目　次

このカタログの使い方

(1) 採録範囲と編集方針

この「旧中国切手カタログ 1878-1949」は，計5版を重ねた「JPS 中国切手図鑑Ⅰ 旧中国 1878-1949」(以下,「旧中国図鑑」と記す) の記述を基に，B6判からA5判に拡大，図版をオールカラー化して，水原明窗日本郵趣協会初代理事長の没後20周年を記念して2014年に発刊した同書を5年ぶりに改訂したものです。1878年の最初の郵票から1949年10月に中華人民共和国が成立するまでの約70年間に発行された郵票－海関郵政・大清郵政・中華民国郵政の各時期，清朝時期・限省・主権回復地区・銀圓時期の各地方郵票とステーショナリーのすべて，書信館郵票などに加えて，今回新たに「在中国局郵票（客郵)」を採録しました。

21世紀に入ってから世界的に中国郵票に対する関心が高まり，中でも旧中国郵票は国際切手展に数多くの出品があり，内外の諸オークションでも大変な人気を博している一方で，収集が進化するにつれて既存のカタログでは飽き足らなくなった記述も散見されます。「旧中国切手カタログ 1878-1949」は内外の著名収集家・ディーラーの協力を得て，今回もそうした動向を可能な限り分類，評価に取り入れ，全項目に渡って基本データの点検・追加に努めました。前書と本書で違いがある場合は，本書が正しいとお考え下さい。

「旧中国図鑑」は1982年10月に第1版（1983版)を発行，続く1984年3月発行の第2版(1984年版）では，特定の地域に限って使用された郵票を限省加蓋票，主権回復地区貼用票，銀圓時期地方加蓋票にグループ分けし，「U」のつく番号を独立させて通し番号を打つなどの改訂作業を行いました。このため1984年版は1983年版と比べて郵票番号が大きく変わり，これが現在まで続いています。1985年10月発行の第3版（1985-86年版）では「中華郵政の歩み」「清朝時期台湾票」「書信館郵票」を，1988年4月発行の第4版（1988年版）では「儲金郵票」「台湾龍馬票加蓋」「ステーショナリー」「1879-1949の郵便料金表」を，1990年11月発行の第5版(1991年版）では「快遞郵票」「郵票冊」の実物を1点ずつチェックして分かりやすく書き改めるなど，常に改善，充実を試みて来ました。

▶郵票・ステーショナリーの番号（次ページの③）につけている記号と英文一覧◀

名称（日本語訳）	記号	英　文	名称（日本語訳）	記号	英　文
普通（普通)	－	記号なし	各地書信館郵票	LP	**L**ocal Treaty **P**ost
紀念（記念)	－	記号なし	英国在華郵局	FB	**F**oreign **B**ritish Post Office
特種（特殊)	－	記号なし	法国在華郵局	FF	**F**oreign **F**rench Post Office
附捐（付加金付)	－	記号なし	德国在華郵局	FG	**F**oreign **G**erman Post Office
欠資（不足料)	D	Postage **D**ue	膠州湾德国租借地	FGK	**F**oreign **G**erman Leased Territory **K**iaochow Post Office
航空（航空)	A	**A**ir Mail			
快遞（速達)	E	**E**xpress Letter	意国在華郵局北京	FP	**F**oreign Italian **P**eking Post Office
掛號（書留)	R	**R**egistration			
軍郵（軍事)	M	**M**ilitary Field Post	意国在華郵局天津	FT	**F**oreign Italian **T**ientsin Post Office
包果（小包)	P	**P**arcels Post			
郵票冊（切手帳)	SB	**S**tamp **B**ooklet	日本在華郵局	FJ	**F**oreign **J**apan Post Office
小本票（ペーン)	BP	**B**ooklet **P**ane	俄国在華郵局	FR	**F**oreign **R**ussian Post Office
不発行（不発行)	U	**U**nissued	美国在華郵局	FU	**F**oreign **U**nited States Post Office
聯軍加蓋票	BR	**B**ritish **R**ailway Administration	比利時国在華郵局	FBE	**F**oreign **BE**lgian Post Office
			普通明信片	PC	**P**ostal **C**ards
儲金（貯金)	PS	**P**ostal **S**aving	紀念明信片	CC	**C**ommemorative Postal **C**ards
福州対剖	FOB	**Fo**ochow **B**isected			
西藏貼用	XZ	**X**i**z**ang (Hsitsang)	新省加蓋明信片	SKC	**S**in**k**iang Postal **C**ards
“桂”区貼用	KS	**K**wang**s**i	滇省加蓋明信片	YNC	**Y**unnnan Postal **C**ards
“黔”区貼用	KW	**K**w**e**ichow	台湾貼用明信片	TWC	**T**ai**w**an Postal **C**ards
新省貼用	SK	**S**in**k**iang	東北貼用明信片	NEC	**N**orth-**E**astern Postal **C**ards
滇省貼用	YN	**Y**un**n**an			
吉黒貼用	NE	**N**orth-**E**astern Province	郵製信箋（封緘はがき)	LS	**L**etter **S**heets
東北貼用	NE	〃			
四川貼用	SC	**S**ze**c**hwan	特製郵簡（切手つき封筒)	SE	**S**tamped **E**nvelopes
台湾貼用	TW	**T**ai**w**an			
銀圓時期地方加蓋	SP	**S**ilver Yuan **P**rovince	航空郵簡（航空書簡)	AG	**A**ero**G**ramme
清朝時期台湾票	ET	**E**arly **T**aiwan			
上海書信館郵票	ST	**S**hanghai **T**reaty Post	国際回信券	CO	International reply **Co**upon

▶データの示し方・一般例◀

① 発行日

② 名称，版式，すかし，目打，のり，シート構成，用紙，印刷廠

1949.6.8. 重慶華南 2 版（基数）孫文票（19 次孫文票）

平版，P12 1/2，13，混合歯（コンパウンド目打），無膠，18×21㎜，S 200（20×10），道林紙，重慶華南印刷廠

④ 図版番号 **208**

1357 **208** 1c. 草緑（690万枚）… **2,900** **1,100**

③ 郵票番号 ⑤ 額面 ⑥ 刷色 ⑦ 発行枚数 ⑧ 評価

▶編集のしかた

1878年の海関郵政から1949年の国共内戦時期まで，配列はすべて年代，発行順に並べましたが，特定の地域，時期に限って使用された郵票は限省加蓋票，主権回復地区貼用票，銀圓時期地方加蓋票に分け，その中で発行順に並べています。その後に快遞郵票（速達），郵票冊（切手帳），儲金郵票（貯金），聯軍加蓋票，ステーショナリー，最後に上海と各地の書信館郵票，清朝時期台湾票，在中国局郵票（客郵）を並べています。

郵票の図案は，分かりやすくを第一に，海関郵政・大清郵政時期では額面が異なるものはそのほとんどを掲載，中華民国郵政以降は同一図案で額面だけが異なる郵票は 1 種で代表させています。図版の縮尺率は原則 75％で，加蓋文字は 100％，小型シートなどは 50％以下になっています。

(2) データの示し方とその見方

①発行日：郵票が発行された年月日を西暦で示し，西暦が変わる最初の時には **（民国 38）** と中国暦を併記しています。同一セットで発行日が異なる時は年号だけを記し，⑥刷色と⑦発行枚数の間に異なる書体で年月日を記しています。

②名称，版式，すかし，目打，のり，印面寸法，シート構成，用紙，印刷廠の順に記しています。

版式：郵票の印刷版式です。

W1 太極図

W2「郵」の字

W3「工部」の字

すかし（水印）：上の表記がないものは，すべて「すかしなし（無水印）」です。

目打（歯孔）：「P12 1/2」はこの郵票の目打数が横，縦ともに「12 1/2」であること，「P11 × 13」は郵票の上下辺の横目打数が「11」で左右片の縦目打数が「13」であること，上の例のように「P12 1/2，13，混合歯」は異なる 3 種の目打が存在することを示し，無目打（無歯）は“□”と記しています。無目打ペア，縦ペア，横ペアの中間目打漏れは，シリーズの後に変異として記しています。

のり：裏ののりがないものは，“無膠”と記しています。

印面寸法：「18 × 21㎜」は郵票の横が 18㎜，縦が 21㎜であることを示しています。

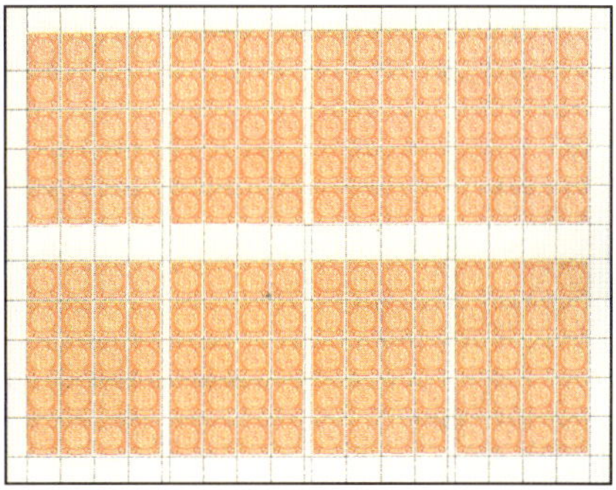
20 枚の格が 8 面構成のシート

シート構成：S はシートの略号で，そのあとにシート構成を記しています。中国郵票の窓口シートは写真（上図）のように，4 × 5 ＝ 20 枚の格（ペーン）が 8 面繋がって 160 枚でフルシートのものと，例えば横 20 × 縦 10 ＝ 200 枚で 1 シートのものとがあります。前者は S 160（4×5×8），後者は S 200（20 × 10）と記しています。また前者には，耳紙を間に挟んだ対倒印（テートベッシュ・ペア）や，その耳紙の一辺が目打漏れの直(あるいは横)双連中間紙一辺漏歯が存在します。これらについては代表的なものに止めています。

用紙：「白紙」，「土紙」，「道林紙」，「宣紙」などさまざまな紙質があります。これらは各シリーズの紙質の分類で述べています。「白紙」だけのものは記述を省略しています。

印刷廠：郵票が製造あるいは加蓋された印刷工場名を記しています。

③郵票番号：このカタログの通し番号です。普通，紀念，特種，附捐以外の郵票と地方貼用票，ステーショナリー類には，別表（4 頁）のような記号をつけて，区別しています。

④図版番号：中国郵票には加蓋されたものが多く複雑ですので，加蓋文字，加蓋された郵票の図版など繰り返し用いられるものには通し番号をつけ，郵票の図版番号と区別するため加蓋文字の

図版番号は「**(95)**」と **( )** でくくり，③**郵票番号**の後には「**T95**」と「**T**」の文字を加えて記しています。図版番号を使わない時は③**郵票番号**を用い，③と⑤の間は空欄にしています。

⑤**額面**：郵便に使用できる価格を表しています。「**c.**」は「分」,「**$**」は「円（圓）」の略です。「**50c./$20**」のように２種類の額面が“/”の記号をはさんで示されているものは加蓋された郵票で，左が新額面，右が原票の額面です。

「**$5,000＋$2,000**」は付加金付きの郵票で，左が額面，右が付加金を示しています。

⑥**刷色**：郵票の刷色です。加蓋郵票では，ここに原票の郵票番号を載せ，刷色は省略しています。加蓋文字の色は，黒の場合は原則として省略，それ以外，例えば赤の場合は「(赤)」というように記しています。

⑦**発行枚数**：記録は狄超英「中華郵政紀念，特殊，附捐郵票的発行量」(「中華集郵学報」第7巻）によります。

⑧**評価**：左側の数字は郵票の未使用（新票）評価，右側は使用済（旧票）評価で，それぞれ日本円で記しています。イタリック体の評価は存在がごくわずかなもの，「***u***」は存在が確認されていないもの，「**－**」は評価が確定していないもの，「***Sp***」は希少な郵票で専門家が必要に応じて評価するものです。

中華民国前期以降の一部に，合計価ではなく，セット価で表しているものがあります。

19世紀の郵票や20世紀の郵票でも希少なものは，状態によって評価が著しく異なり，内外のオークションではカタログ価を無視した高額で競り落とされることがしばしばあります。このため初の試みとして大龍から紅印花までの82種は未使用美品，未使用普通品，使用済美品，使用済普通品に分けて評価しています(詳細は12頁参照)。

セット価格は原則として個々の郵票評価を積算していますが，１種だけずば抜けて高い郵票が含まれている場合などは省いています。また最低値を20円に統一していますが，必ずその価値があるわけとは言えない場合もあります。旧中国郵票を外国から入手する場合，相手国の評価額や為替相場の変動などによって入手価格に著しい差が生じることがあるのでご留意ください。

銘版

⑨**銘版**：紀念，特種郵票で銘版があるものはセット価格の後に記しています。

▶このカタログに使用されている「中・日」郵趣用語対訳表◀

●切手などの呼び方

中	日
郵票	郵便切手
小全張	小型シート
印花税票	収入印紙
暫作郵票	暫定切手
原票	台切手
信函	書状
実寄封✉	エンタイア
明信片	はがき
試様	試刷・エッセイ

●切手のならび方

中	日
対倒印	テートベッシュ
過橋票	ガッター・ペア
直（横）双連	縦（横）ペア
四方連	田型ブロック
票距	ガッターの長さ

●目打などの呼び方

中	日
歯孔	目打
無歯□	無目打
点線歯	ルレット目打
漏歯	目打もれ
直双連中間漏歯□□V	縦ペア中間目打漏れ
横双連中間漏歯□□H	横ペア中間目打漏れ
双連中間紙	ガッター・ペア
一辺漏歯	一辺目打漏れ
直双連横漏歯□□V	縦ペアで横の目打３ヵ所すべてが目打漏れ
横双連直漏歯□□H	横ペアで縦の目打３ヵ所すべてが目打漏れ
光歯	抜けのよい目打
毛歯	抜けの悪い目打

●加刷などの呼び方

中	日
加蓋	加刷
誤蓋	誤加刷
漏蓋	加刷もれ
漏印	印刷もれ
倒蓋	逆加刷
複蓋	二重加刷
機蓋	機械での加刷
手蓋	手押しの加刷
間距	加刷の幅

●その他

中	日
変異	エラー，バラエティ
有水印	すかしあり
無水印	すかしなし
郵戳	郵使用の印
木（銅）戳	木（銅）の印
滬，申	上海
平，京	北京
港	香港
渝	重慶

▶通貨クロスレート◀

(2019.4.27 現在)

通貨換算 通貨１（単位）	日本 （円）	アメリカ （ドル）	英国 （ポンド）	中国 （元）	台湾 （台湾円）	香港 （香港ドル）	新嘉坡 （シンガポールドル）
JAPAN（¥）	100	0.9	0.69	6.03	27.69	7.03	1.22
U.S.A（$）	111.58	1	0.77	6.73	30.9	7.84	1.36
G.BRITAIN（£）	144.13	1.29	1	8.69	39.92	10.13	1.76
CHINA（¥）	16.58	0.15	0.11	1	4.59	1.17	0.2
TAIWAN（NT $）	3.61	0.03	0.03	0.22	1	0.25	0.04
HONG KONG（HK $）	14.23	0.13	0.1	0.86	3.94	1	0.17
SINGAPOLE（S $）	81.89	0.73	0.57	4.94	22.68	5.76	1

普通郵票の分類

▶蟠龍票◀

23　蟠龍　24　躍鯉　25　飛雁

▶帆 船 票◀

34　帆船　35　農穫図　36　宮門図

▶孫文像普通票◀

42　倫敦版 双圏

▶孫文像普通票◀

42　倫敦版 単圏

▶烈 士 票◀

43　鄧鏗　44　陳英士　45　廖仲愷　46　朱執信　47　宋教仁　48　黄興

▶孫文像普通票◀

58 香港中華版　香港大東版　68　紐約版　85　中信版　85 百城凸版　86 百城凹版　146　重慶 中華版

150　重慶 大東版　151　重慶 中央版　156　上海 大東１版　159　倫敦４版　160　上海 大東２版　175　上海 大東３版　187　上海 大東４版（金圓）（上海中央版同図）

193　上海 大東５版（平版）　194　華南版 １版（金圓）

▶北京仿版◀

74 倫敦版孫文票　75 香港版孫文票　76 烈士票

▶単 位 票◀

198 国内平信（汽車と汽船）　199 国内掛號（泰山風景）

▶単 位 票◀

200 国内快遞（郵便配達夫）　201 国内航空（飛行機）

▶基 数 票◀

202 雁と地球

▶孫文像普通票◀

208　華南版 ２版（基数）　**東北 7** 北京中央版　**台湾 9** 農作物１版　**台湾 12** 農作物２版

19世紀から20世紀前半の中国郵政史

●…郵票発行前後の郵便事情

中国最初の郵票，「海関大龍票」が発行されたのは，清朝末期の1878年8月（光緒4年7月）のことです。といっても清朝政府が自ら国家事業として着手したのではなく，開港地に置かれた「海関」がその運営に当たりました。

当時の中国では，アヘン戦争に勝ったイギリスやフランスを始めとする西欧列強が開港地に競って郵便局を設けて郵便業務を取り扱い，1842年（道光22）の南京条約で開港した上海には外国租界の行政機関として工部局が置かれ，1865年（同治4）からは独自の書信館郵票を発行するなど，郵政事業でも「侵略」が進み，全土が半ば植民地的な状態に置かれていました。

この頃，国内には「駅站（えきたん）」と「民信（みんしん）」と呼ぶ二つの郵便制度が存在していました。「駅站」は，中央と地方を結んで政府の公用文を至急に送付する駅逓制度です。「排単」(公用の通信文－という意味）と大書した封筒を，馬，驢馬（ろば），車あるいは船などを利用して，各駅を通過するたびに日付を記入して目的地へ向けてリレー搬送する方法で，ルーツは秦の始皇帝とも漢の武帝ともいわれるほどの歴史を有し，唐代には制度として確立し，盛んに利用されていました。ところが1876年（光緒2）に，それまでの海禁政策を解除した清朝政府は外交文書や公用文書などを送付するため，新たに「文報（ぶんぽう）局」を設けて，それまでの駅站業務を担うようになりました。この機関は辛亥革命の頃まで存続します。

一方，「民信」は民間業者による飛脚制度で，明の永楽（1360-1424）期以降に，寧波を中心に広がったといわれています。商業の発展に伴い，広大な地域間を結ぶ通信手段を確保する必要が生じて，有力商人によって「民信局」がまず沿海部から設立され，その後，次第に内陸部にまで広がり，各地に支局や取扱所が設けられました。大きく「汽船（輪船）信局」，「内陸専行信局」の二つに分かれて，大小さまざまな業者があり，取り扱った郵便物には“酒資例給”など料金収納を表す文字を書き込んだ上，配達しました。19世紀中頃にはシンガポール，マラヤ，ジャワあるいはタイに及ぶ郵便網を完備していた業者もあるほどでした。

●…郵票発行前後の郵便事情

「大龍郵票」を発行した「海関」とは，上海をはじめ各開港地に置かれた税関のことです。この役所は本来，中国人の沿海貿易と外国人の朝貢貿易を管理し，関税を徴収する国家の出先機関のはずでした。ところがイギリス，フランス，アメリカなどの列強は，太平天国の乱で同軍を鎮圧する見返りとして，この「海関」の管理権に目をつけ，1863年末には全ての「海関」の実権を握ってしまいました。

「海関」はまた，1858年（咸豊8）の天津条約第4条によって，北京に置かれた各国外交団や在留外国人の郵便を送達する義務を負い，まず北京－天津間，1866年（同治5）には北京－鎮江－上海間に郵便路を開き，後には開港地相互間の外国向けの郵便物も取り扱うようになりました。台湾の安平，打狗（現在の高雄），淡水，韓国の漢城（ソウル），釜山，仁川，1860年にイギリスに割譲された九龍などを含む32の海関内に郵務処（Postal Department）を設けて，それを処理していました。

1872年（同治11）には上海海関に，1875年（光緒元）には天津，鎮江，牛荘，烟台など残りの海関にも，外円に「CUSTOMS　CHEFOO」のように局名を，内円に「SEP　6　75」などと西暦の年月日を表示した，最大30㍉程度の楕円二重丸印が備えられ，受付・中継・到着がはっきり表示さ

アメリカの1870年シリーズ5¢郵票に大龍票を加貼した，アメリカ・中国コンビネーション・カバー

1878年12月20日アメリカ差し立て，1879年2月6日上海海関到着。上海海関で国内料金に相当する大龍薄紙1分2枚，3分1枚を加貼したもの。大龍コンビネーション・カバーの最初期使用例であり，世界的な希品として有名。

小龍郵票が貼られた日本宛の独・中コンビネーション明信片
1889年2月8日ドイツ・ライプチッヒ差し立て北京宛。裏面に3月29日天津着印。ところが宛名人は横浜へ転居していいたため，天津局で小龍3分を加貼して上海局，日本上海局（6月15日IJPA印）を経て6月21日横浜に到着。3ヵ国の印が押されている。

中華郵政の創始者
ロバート・ハート

れることになりました（161頁参照）。最初期（最古）データとして，イギリスから煙台（CHEFOO）宛封書の裏面に押された1875年7月15日付到着印が知られています。

こうした「海関」の業務を推進した総責任者はアイルランド生まれのイギリス人ロバート・ハート（Sir Robert Hart，1835-1911，中国名：羅抜・赫徳）という“お雇い外国人”でした。彼は1863年から清国政府の第２代海関総税務司として全ての海関を指揮・監督する立場にあり，後に大清郵政局初代総郵政司に就任しました。

●…海関郵政時期の郵政事業

「大龍郵票」の発行は，わが国の龍文切手から７年後，万国郵便連合（U.P.U.）加盟の翌年に当たります。中国はU.P.U.に未加盟で，「海関」が発行した「大龍」「小龍」それに「萬壽」「洋銀加蓋」などは，国外向け郵便物に貼っても郵票としての効力は認められませんでした。

例えばイギリスへ郵便物を出す場合は，差出人は差立局から上海までの国内郵便料金と，上海からイギリスまでの国外郵便料金とを支払う必要があり，国内分は差立局で貼付，押印され，国外分は差出人に代わって上海海関がイギリス郵票を買って貼り，イギリス局へ持ち込む方法が採られました。逆にイギリスから中国への郵便物の場合，イギリス郵票は中国国内では通用しませんから，上海海関で国内分の料金を貼り足しました。

このように２ヵ国の郵票が貼られたカバーをコンビネーション・カバー（Combination cover）と呼び，海関時期から大清郵政時期のコレクションを作る時，欠かせない収集対象となっています。大龍のコンビネーション・カバーで確認されているのはフランスとの混貼が一番多く50通前後，日本，ホンコン（イギリス）はそれよりはるかに少なく，アメリカはわずか６通といわれています（13頁参照）。

●…「海関郵政」から「国家郵政」へ

「海関」に委ねられていた郵政事業が清朝政府の手に移ったのは，1896年３月20日（光緒22年２月７日）といわれます。ロバート・ハートが総理各国衙門（がもん，役所のこと）を通じて上奏した「郵政開辦章程」がこの日，皇帝の「覧」を得たからです。

これを受けて国家郵政への移行作業が続けられ，1897年２月20日（光緒23年１月19日）に正式に開業しました。この時，郵票の額面は銀両から洋銀に改められましたが，正刷郵票の製造が間に合わず，「小龍」「萬壽」や「印花税票」に“暫作洋銀〇分”などと加蓋した郵票を発行して，急場を凌ぎました。

国家郵政が発足した時の競争相手は，国内では政府の公用便を選ぶ①駅站と，地方官署の文書を運ぶ②文報局，③民信局，さらに外国人の経営による④書信館，外国向けの⑤外国郵便局があり，それぞれが活動していました。国家郵政は，まず④の書信館を廃止させましたが，それ以外はすぐに廃止までは追い込めず，当分はそれらと競争が続けられました。①，②，③は取り扱う文書に郵票はなく，収集の上では郵便史の一専門分野として，限られた人たちが関心を持つだけに留まって

上段左からイギリス（香港郵票にF1福州消，同A1厦門消，香港郵票にCHINA加蓋）3種，フランス1種，日本（菊支那字入り，旧毛紙支那字入り）2種。下段左からロシア1種，イタリア（北京加刷，天津加刷）2種，ドイツ（本国郵票にCHINA加蓋，KIAUTSCHOU膠州正刷）2種，アメリカ（SHANGHAI　CHINA加蓋）1種。

います。

国家郵政の運営は，実質的にはそれまでの海関郵政の延長でした。その経費も1904年までは「海関」が負担していました。1897年2月に国家郵政がスタートしたとき，郵局は中国全土で北京，天津，牛荘，烟台，重慶，宜昌，沙市，漢口，九江，蕪湖，鎮江，上海，蘇州，杭州，寧波，温州，福州，厦門，汕頭，廣州，瓊州，北海，蒙自，龍州の24局だけでしたが，1899年には南京，三水，梧州，思茅の4局がふえて28の総局になり，保定，通州，大沽，唐山，北戴河，登州，威海衛，漢陽，武昌，武穴，牯嶺，下關，揚州，清江浦，呉淞，鎮海，羅星塔，黄埔，河口の19の副総局が設けられました。

1901年（光緒27）からは内陸各地に郵局が拡充されはじめ，同年末には正副総局を含む郵局と代弁所数は176局，1905年（光緒31）には1,626局，1908年（光緒34）3,493局，1911年（宣統3）6,301局と増加しています。このうち，代弁所をのぞく郵局は総局，副総局と内地郵局に分けられ，汽車，汽船が通じている地方都市には分局が置かれました。内地郵局と分局は1914年（民国3）に郵局と改称され，1，2，3等局に分かれます。

国家郵政になったものの，U.P.U.にはまだ加盟が認められず，コンビネーション・カバーも依然として存在しました。1899年（光緒25）になると，中国の主な郵便局ではあらかじめ各国の郵票を用意しておき，差し出された国外宛郵便物に中国郵票を一緒に貼り，その外国局へ転送する方法をとるようになりました。この時外国郵票を抹消することが許されなかったため「I.P.O.」（Imperial Post Officeの略）という小さな割印を押して，脱落したり，剥がされたりした場合に備え，また，料金支払いの証明としました。この割印にはさまざまなタイプがあり，専門コレクションの対象になっています。このようなコンビネーション・カバーは，日本の場合，1903年（光緒29）の日清郵便協定締結でようやく終わりました。

1911年（宣統3）5月28日には郵傳部郵政総局が設けられ，郵政事業を管轄することになり，「駅站」廃止を交渉，1913年（民国2）にようやくこの制度に終止符を打ちます。そして1914年（民国3）3月1日，U.P.U.に正式加盟して，中国郵政はようやく一人立ちすることになります。なお「民信」局が完全に姿を消したのは，1934年（民国23）のことでした。

●…書信館と書信館郵票

話はアヘン戦争前後に遡ります。各国の侵略が集中した上海では，1845年（道光25）にイギリスやフランスなどが租界（外国人が行政，警察機構を握り，中国の主権が及ばない開港地内の一地域）を作り，その行政機関として工部局（市役所のようなもの）を設置しました。

上海工部局では1863年（同治2）6月，書信館を設け，年間50両（後に30両に引き下げられた）を出資した外人商社をメンバーとして，郵票を貼らず，回数にも制限なく手紙がやりとりできる集捐（しゅうえき）制度をスタートさせました。当初はごく少数だけが利用する制度でしたが，1865年（同治4）には未加盟商社や旅行者たちにも対象を広げるとともに，欧米諸国にならって郵票を発行しました。これが上海書信館郵票の始まりです。

上海書信館の郵便の取り扱いは上海だけにとどまらず，1865年に寧波に分館を設けたのを皮切りに，漢口，福州，羅星塔，仙頭，厦門，南京，鎮江，畑台，九江，宜昌，重慶，蕪湖，牛荘までに及ぶスケールの大きなものになりました。

書信館郵便は先に書いたように集捐制度によって運営されていましたが赤字が続き，1893年（光緒19）からすべての郵便物に郵票を貼る（完全有料化）ことになりました。この頃，漢口の分館では郵票の配給が途切れたことから独自の郵票を発行，他もこれに続きます。これが各地の書信館郵票ですが，1897年（光緒23）に国家郵政が発足したことで，上海，各地の書信館ともその役割を終えました。

威海衛・劉公島では1898年（光緒23）にイギリス租借地になったあと，芝罘との連絡のために便宜的な郵便制度が設けられましたが，これも書信館の一つに数えています。

●…「客郵」－列強の在中国局－

さらにその前，中国とアヘンや茶，絹，陶器などの取引が盛んだったイギリスは，1834年（道光14）に広州とマカオに収信所を設け，本国やインドとの間の郵便物を扱い始めました。まだペニーブラックも発行されていない“スタンプレス・カバー”の時代ですが，これが中国に開かれた外国郵便局の始まりでした。

この収信所はアヘン戦争で一たん閉じられたものの，南京条約が結ばれるとまず広州，福州，廈門，寧波，上海の５つの開港地領事館の中に郵便取扱所を開き，本格的な業務を始めます。これらの取扱所は当初，ロンドン郵政局直轄でしたが，1860年（咸豊7）に香港郵政局支配下に移り，1862年（咸豊9）12月に香港郵票が発行されてからは，これを使用しました。各局，時代によって多様な印影が見られます。フランスは1860年にイギリスと共同で中国に仕掛けたアロー戦争の際上海に軍事郵便局を，アメリカは1865年（咸豊12），上海の領事館内に取り扱い所を開いたのが在中国局の始まりです。この後ロシアが1870年（咸豊17）北京に，日本は1876年（光緒２）上海に，ドイツは1886年（光緒12）やはり上海に在中国局を開き，これら各国は次第に郵便物の取り扱い量と，郵便局の数を増やしていきます。

こうした外国の在中国局を総称して，中国では「客郵」と呼び，実に1922年（民国11）12月，ワシントン会議による撤退まで続くのです。イタリアとオーストリアは1900年（光緒26）の義和団の乱に参戦した時，野戦局を設けたのをきっかけに翌年には軍事局を開きました。この２局の郵便取り扱い量は極めて少なく，明確な使用状況は分かっていません。ベルギーも客郵開設を考え，1908年に国章と国王肖像の切手にCHINAと加刷した切手を準備しましたが，中国郵政の強い反対にあって断念しました。

●…「中華郵政」のスタート

1911年（宣統3）10月10日，武昌から起こった辛亥革命で清朝が倒れ，1912年（民国元）１月に中華民国政府が誕生しました。この時，郵政組織は清朝側にも革命側にも中立であることを表わした福州「臨時中立」加蓋票，「中華民国臨時中立」加蓋票を発行しましたが，続いて「中華民国」加蓋票が全国的に使用されるに至って，郵政の面でも辛亥革命の成功－中華民国の誕生が明らかになりました。

こうして郵政事業は，「中華郵政」の時代に移りました。日本でいえば，明治45年（大正元）のことです。郵便網はほぼ全国に及びましたが，西蔵（チベット）は中央政府の支配から「独立」して，別の切手の発行を始めます。イギリスや，アメリカ，イタリアの軍事局は，1940年代のはじめまで活動し，さらに日本の侵略で，カイライ郵政が作られ，中華郵政が本当に主権を取り戻すのは，1945年８月のことでした。

〈中華民国〉地方加蓋のカバー
民国元年七月十九日江蘇黄渡差し立て上海宛。「楷字中華民国」加蓋半分，１分，２分，４分，５分，７分のいずれも倒蓋６種貼り。宛先が郵商であることから意図的に作られたフィラテリックカバーの一例。

I　海関郵政時期　1878-1896

試作品

設計原案をもとに作られた試作品。

万年有象図

六和塔図

雲龍図

1878 年（光緒 4 年 7 月），中国最初の郵票発行から 1896 年まで，中国の郵政事業が外国人が管理する海関にゆだねられていた時期を「海関郵政時期」と呼ぶ。

郵票の額面は分（Candarin）で，10 分が 1 銭（Mace），10 銭が 1 両（Tael）にあたる。

1 分
（# 1, 4, 7, 7A）

3 分
（# 2, 5, 8, 8A）

5 分
（# 3, 6, 9, 9A）

大龍

⟷ 票距

狭幅
（票距 2 1/2mm）

広幅
（票距 4 1/2mm）

1878-83（光緒 4-9）．海関大龍票

凸版，無水印，P12，22.5 × 25.5mm，S 25（5 × 5），20（4 × 5，5 × 4），15（5 × 3 ＝#5のみ）のいずれか，上海海関造冊處

(1) 薄紙，狭幅（票距 2 1/2mm）（1878.8.-）

			＊＊	＊	◉A	◉B
1	1c.	緑	63,000	50,000	60,000	55,000
1a.		濃い緑	82,000	77,000	65,000	60,000
2	3c.	赤茶	77,000	67,000	50,000	45,000
2a.		朱	95,000	93,000	55,000	50,000
3	5c.	橙黄	87,000	77,000	45,000	40,000
3a.		濃い黄	130,000	120,000	55,000	50,000
		(3)	227,000	194,000	155,000	140,000

(2) 薄紙，広幅（票距 4 1/2mm）（1882.3.-）

4	1c.	緑	72,000	60,000	45,000	40,000
4a.		濃い緑	87,000	80,000	45,000	42,000
5	3c.	赤茶	120,000	110,000	42,000	37,000
6	5c.	橙黄	2,700,000	2,500,000	170,000	150,000
		(3)	2,892,000	2,670,000	257,000	227,000

(3) 厚紙，狭幅（票距 2 1/2mm）（1883.3.-）

光歯（CP）

7	1c.	緑	77,000	67,000	52,000	47,000
7a.		濃い緑	79,000	69,000	54,000	49,000
7b.		薄い緑	77,000	67,000	52,000	47,000

◇変異

		▭▭	
1	1c.	1,300,000	*u*
2	3c.	1,000,000	*u*
3	5c.	1,200,000	*u*

☆#4，5 には，“MONCKTON KENT” の文字すかしが入った部分（単片に 1 ～ 2 文字）が存在する。

4b	1c. すかし部分入り	200,000	60,000
5a	3c. すかし部分入り	−	150,000

海関大龍票～紅印花暫作洋銀加蓋票の評価

＊＊未使用美品　印面が鮮明，糊がついている，ヒンジ跡がないか軽い跡
＊未使用普通品　印面がやや甘い，やや糊ムラ，ヒンジ跡がある
◉A 使用済美品　印影がはっきりしており，局名や年号が読める
◉B 使用済普通品　印影がやや不鮮明，局名や年号が一部しか読めない

海関大龍票は，壹分銀，参分銀，伍分銀の 3 額面で，薄紙か厚紙か，マージンが狭いか広いか，目打の抜けが良いか悪いかによって，*# 1 ～ 9A* の 12 種に分類できる。

発行枚数は，

壹分銀	薄紙・広幅計	89,011 枚	
	厚紙	117,475 枚	計 206,486 枚
参分銀	薄紙・広幅計	288,828 枚	
	厚紙	269,940 枚	計 558,768 枚
伍分銀	薄紙・広幅計	137,865 枚	
	厚紙	101,745 枚	計 239,610 枚

で，全てを合わせてようやく 100 万枚を超える。

この郵票の最大の興味は，日本の手彫と同じように，実用版を構成する 25 個の版（Cliché ＝クリシェと呼ぶ）の特徴を調べてリコンストラクションが出来ることにある。

1 回の印刷ごとにクリシェが解かれ，次に印刷するときにはまるで麻雀碑を並べるようにクリシェを組み合わせて（セッティング）刷られた。

これまで多くの収集家が調べた結果，壹分銀 7 セッティング，参分銀 15 セッティング，伍分銀 7 セッティングが存在するといわれているが，シートが残っていなかったり，クリシェの位置が確定していないセッティングもある。

リコンストラクションはクリシェがどのように繋がっているかを確定する作業が重要なため，ペアやブロックはカタログ値を遥かに上回った金額で取引されることが多い。

また色調にも濃淡，明暗にさまざまな変化がある。

			＊＊	＊	●A	●B
8	3c.	赤茶	120,000	110,000	55,000	50,000
8a.		朱	170,000	150,000	77,000	70,000
9	5c.	黄	210,000	180,000	72,000	65,000
9a.		明るい黄	220,000	190,000	80,000	68,000
		(3)	407,000	357,000	179,000	162,000

毛歯 (RP)

7A	1c.	緑	130,000	90,000	55,000	47,000
8A	3c.	赤茶	200,000	150,000	60,000	50,000
9A	5c.	黄	220,000	140,000	95,000	80,000
		(3)	550,000	380,000	210,000	177,000

◇変異

		▯▯H	▯▯V
7	1c.		16,000,000 *u*
8	3c.		*u* 23,000,000
9	5c.	*u* 6,000,000	

評価（郵票の各番号別の区分はしていない）

●国内便

1c.	３枚貼	1,000,000	他額面混貼	600,000
3c.	単枚貼	250,000	ペア以上貼	400,000
5c.	複数貼	750,000	他額面混貼	700,000

●外国切手コンビネーション（下のコラム参照）

フランス局	1,500,000	日本局	7,000,000
ホンコン局	3,000,000	アメリカ局	10,000,000

W1　太極図

W1 の逆位置

すかしの図は切手の裏から見たものを示す。

1 分
(＃ 10, 10A, 13)

3 分
(＃ 11, 11A, 14)

5 分
(＃ 12, 12A, 15)

1　小龍

1885-88（光緒 11-14）. **海関小龍票**　凸版, W 1, 19.5 × 22.5㎜, S 40 (4 × 5 × 2), 上海海関造冊處

(1) P12½ (1885.11.25, 光緒 11.10.19.)

毛歯 (RP)

10	1	1c.	緑	22,000	17,000	11,000	10,000
11		3c.	紫	45,000	37,000	14,000	13,000
12		5c.	橄黄	44,000	40,000	14,000	13,000
		12a.	濃い黄茶	75,000	70,000	17,000	16,000
			(3)	111,000	94,000	39,000	36,000

#10～15の版には#1～9と同じようにさまざまな特徴があり，リコンストラクションすることが出来る。それぞれの色調にも濃淡，明暗があるが，これらは水洗いすると色が著しく落ちるので，特に注意が必要である。

◀ 1．1880 年 2 月 24 日天津差出, ドイツ Aashen 宛。香港郵票 10c./12c.（表面），大龍票薄紙 3 c. 5 c.（裏面）を貼付。
封書を受け付けた天津海関では，裏面の大龍票を中文地名長円印で抹消，引き受け日を示す英文二重丸印（FEB　24　80）を押して上海海関に送った。上海海関では中継を表す英文二重丸印（MAR　9　80）を押し，表面に香港郵票を加貼して，在上海イギリス局に引き渡した。同イギリス局では表面の香港郵票を「S 1」で抹消，受付を表す英文印（MAR 11 80）を押して香港行きの船に乗せた。香港イギリス局では中継を表す英文印（MAR 15 80）を押して欧州へ。AHSG（APR 24 80）到着印がある。

▶ 2．1881 年 1 月 19 日北京差出、アメリカ New Haven 宛。
日本小判 5 銭 2 枚（表面）、大龍票薄紙 3 分 2 枚（裏面）を貼付。在上海日本局を通じて送られた。

▲ 3．1882 年 9 月 16 日イギリス・ロンドン差出，中国上海宛。イギリス切手 4 d，1 d，大龍票広幅 3 c.（表面）を貼付。大龍のコンビネーションカバーは中国差出のものが多く，他国から中国宛のものは著しく少ない。

光歯（CP）			＊＊	＊	◉A	◉B
10A	1c.	緑	13,000	12,000	9,000	8,000
11A	3c.	紫	27,000	25,000	7,500	6,500
12A	5c.	橄黄	30,000	28,000	15,000	13,000
		(3)	70,000	65,000	31,500	27,500

◇変異		⬚⬚V		⬚⬚H	
10	1c.	2,000,000	1,750,000	u	−
11	3c.	u	2,400,000	2,200,000	1,750,000
12	5c.	2,400,000	2,400,000	u	5,250,000

(2) P11½～12（1888）

				＊＊	＊	◉A	◉B
13	1	1c.	緑	9,300	8,500	6,500	6,000
14		3c.	紫	30,000	27,000	11,000	10,000
15		5c.	橄黄	44,000	40,000	16,000	15,000
			(3)	83,300	75,500	33,500	31,000

◇変異		□□		⬚⬚H		複印	
13	1c.	−	u				
14	3c.	−	u			−	110,000
15	5c.	−	u	u	5,000,000	110,000	110,000

✉ **評価**（郵票の額面区別はしていない）

●外国郵票コンビネーション

フランス局	300,000	日本局	1,200,000
ホンコン局	400,000	アメリカ局	1,500,000
ドイツ局	1,200,000	大龍混貼	*10,000,000*

●国内便（3c. は単独，他は混貼）

3c.	100,000
1c.，5c.	150,000

2 篆書の「壽」

3 龍

4 龍

5 龍

6 鯉

7 龍

8 篆書の「壽」と龍

9 篆書の「大清国郵政」と龍

10 帆船

1894.11.17（光緒 20.10.20）. 萬壽紀念・第 1 版（初版）

平版，W 1，P11½，12，19×24㎜＝#16～21，31.5×24.5㎜＝#22～#24，S 240（4×5×12）＝#16～21，150（5×5×6）＝#22～24，上海海関造冊處

				＊＊	＊	◉A	◉B
16	2	1c.	朱（100,077）	6,800	6,000	5,500	5,000
17	3	2c.	緑（78,404）	7,300	6,500	6,000	5,500
18	4	3c.	橙黄（188,494）	6,400	5,700	3,500	3,000
19	5	4c.	淡紅（44,689）	23,000	20,000	27,000	25,000
20	6	5c.	暗橙（32,779）	37,000	35,000	47,000	40,000
21	7	6c.	茶（54,247）	16,000	15,000	6,500	6,000
22	8	9c.	暗緑（56,182）	19,000	17,000	13,000	12,000
23	9	12c.	橙（33,509）	70,000	65,000	31,000	25,000
24	10	24c.	洋紅（34,035）	89,000	80,000	33,000	30,000
			(9)	274,500	250,200	172,500	151,500

◇変異

	□□		⬚⬚V		⬚⬚H	
16 1c.			230,000	210,000	1,800,000	1,200,000
17 2c.					380,000	350,000
18 3c.			330,000	350,000	500,000	380,000
19 4c.					1,400,000	*u*
20 5c.					1,800,000	1,800,000
21 6c.			2,400,000	*u*	1300,000	*u*
22 9c.	230,000	230,000	480,000	430,000	430,000	380,000
24 24c.			3,000,000	*u*		

22　9c. D：⊔⊓ V ………… 200,000　180,000
　　　　E：⊔⊓ V □□ …… 550,000　*u*
　　　　F：⊔⊓ H ………… 150,000　130,000
　　　　G：⊔⊓ H □□ …… 550,000　*u*

✉評価

●外国郵票コンビネーション

フランス局	350,000	日本局	600,000
ホンコン局	400,000	アメリカ局	1,000,000
ドイツ局	−	到着便	900,000

U1

U2

U3

U4

U5

U6

U7

U8

U9

初版との刷色の違いに注意

1897（光緒23）.　萬壽紀念・第2版（再版・不発行）

平版, W 1, P12, 上海海関造冊處

				**	*
U1	**2**	1c.	橙赤	140,000	130,000
U2	**3**	2c.	黄緑	140,000	130,000
U3	**4**	3c.	黄	93,000	85,000
U3a.			黄くすみ茶	130,000	110,000
U4	**5**	4c.	桃紅	100,000	92,000
U5	**6**	5c.	黄	110,000	100,000
U6	**7**	6c.	赤茶	120,000	110,000
U7	**8**	9c.	黄緑	420,000	390,000
U7a.			翠緑	−	−
U8	**9**	12c.	橙黄	660,000	600,000
U9	**10**	24c.	桃赤	420,000	390,000
			(9)	2,203,000	2,027,000

☆清朝10代同治帝の生母で同帝の死後, 11代光緒帝の摂政として権勢をほしいままにした西太后慈禧（1835-1908）の誕生60年を紀念して発行された。

第1版, 第2版のほか, 内外高官などへの贈呈用にすかしのない郵票5,000組が非公式に刷られた。これらは, 製作者の名前から「莫倫道夫（Mollendorf）版」＝S 40（4×5×2), 25（5×5）＝と呼ばれている。評価は9種完揃い300,000円。

II 大清郵政時期 1897-1911

1896年3月20日（光緒22年2月7日）に光緒帝（1875-1908）が国家郵政事業の建議を認めたことを受けて，移管への準備が進み，1897年1月に初めての郵票が発行になった。額面表示は洋銀になり，分（フェン）を意味する英字表示は「Cent」に変更された。10分が1角，100分が1円（Dollar）にあたる。

この時から1912年1月1日に孫文が「中華民国」の誕生を宣言するまでの清朝末期発行の郵票を「大清郵政時期」と区分した。

1897（光緒23）. 暫作洋銀加蓋票

☆#25～82はいずれも1897年9月30日（光緒23年9月5日）限りで発売が中止された。

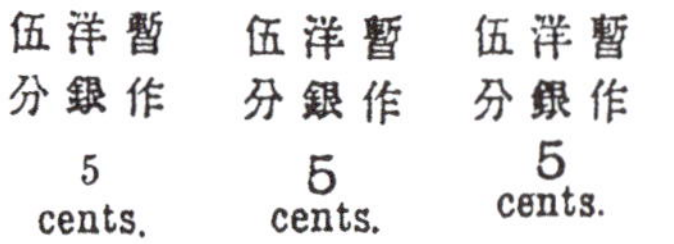

(11) 小数字　(12) 大字長距離　(13) 大字短距離

小字 大字　小字 大字　小字 大字

☆（11）の「小字加蓋」は，額面を表す数字が小さく，銀の字と数字の間が3mmあいている。同様に（12）（13）は，数字が大きく，銀の字と数字の間がそれぞれ$2^1/_2$mm，$1^1/_2$mmで，（11）よりつまっている。

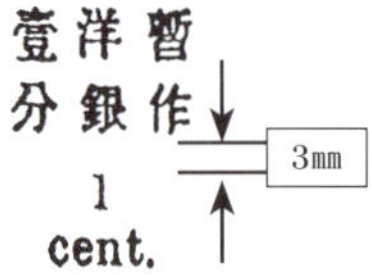

(11) 小字加蓋

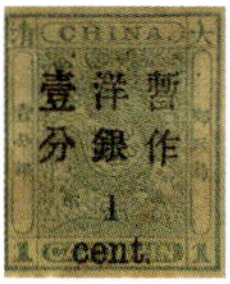
#25

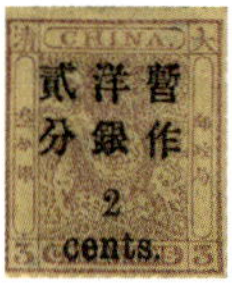
#26

#27

#28

#29

#30

#31

#32

#33

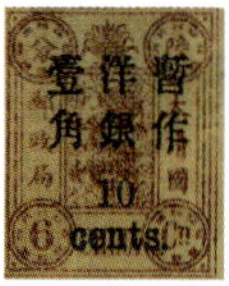
#34

#35

#36

#37

(1) 小字加蓋（3mm）

T11を海関小龍票，萬壽紀念・初版に上海海関造冊處で黒加蓋

☆小字加蓋票には1897年1月2日以降，2月1日までの間の日付の使用済が存在するが，それは海関郵便局が郵趣家や切手商の求めに応じた注文消（Order Cancell）である。

				＊＊	＊	◉A	◉B
***(a)* 海関小龍票**（1897）							
25	1	1c./1c.	(#13)	8,000	7,200	9,300	8,500
25a. 間距4㎜				8,200	7,500	9,300	8,500
26		2c./3c.	(#14)	33,000	30,000	13,000	12,000
26a. 複蓋				2,000,000（未使用2例のみ知られる）			
27		5c./5c.	(#15)	11,000	10,000	6,300	5,700
			(3)	52,000	47,200	28,600	26,200
***(b)* 萬壽紀念・初版**（1897.2.2. 光緒23.1.1.）							
28	4	$^1/_2$c./3c.	(#18)	5,000	4,500	3,800	3,500
29	2	1c./1c.	(#16)	5,000	4,500	3,300	3,000

				＊＊	＊	◉A	◉B
30	3	2c./2c.	(#17)	4,400	4,000	2,500	2,200
31	5	4c./4c.	(#19)	5,000	4,500	3,000	2,700
32	6	5c./5c.	(#20)	5,500	5,000	2,500	2,200
33	7	8c./6c.	(#21)	6,600	6,000	3,800	3,500
34		10c./6c.	(#21)	15,000	14,000	10,000	9,000
35	8	10c./9c.	(#22)	52,000	47,000	22,000	20,000
36	9	10c./12c.	(#23)	55,000	50,000	25,000	22,000
37	10	30c./24c.	(#24)	66,000	60,000	26,000	24,000
			(10)	219,500	199,500	101,900	92,100

◇変異

28a	½c./3c.	“½”の代わりに“1”誤蓋	34,000	34,000
28b		“½”の“2”漏印	40,000	40,000

加蓋距離 4 ㎜

28A	4	½c./3c.	(#18)	6,600	6,000	6,600	6,000
29A	2	1c./1c.	(#16)	8,200	7,500	8,200	7,500
30A	3	2c./2c.	(#17)	6,000	5,500	6,000	5,500
31A	5	4c./4c.	(#19)	7,700	7,000	6,000	5,500
32A	6	5c./5c.	(#20)	7,700	7,000	6,000	5,500
33A	7	8c./6c.	(#21)	11,000	10,000	11,000	10,000
35A	8	10c./9c.	(#22)	50,000	45,000	41,000	37,000
37A	10	30c./24c.	(#24)	55,000	50,000	55,000	50,000

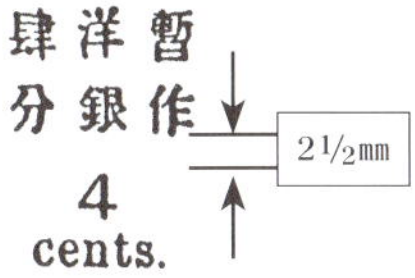

(12) 大字長距離

#38

#39

#40

#41

#42

#43

#44

#45

#46

(2) 大字長距離 (2½㎜)

T12 を萬壽紀念・初版，同・再版に上海海関造冊處で黒加蓋

(a) 萬壽紀念・初版 (1897.3.1. 光緒 23.1.28.)

38	4	½c./3c.	(#18)	270,000	250,000	96,000	87,000
39	2	1c./1c.	(#16)	77,000	70,000	22,000	20,000
40	3	2c./2c.	(#17)	41,000	37,000	38,000	35,000
41	5	4c./4c.	(#19)	52,000	47,000	41,000	37,000
42	6	5c./5c.	(#20)	25,000	22,000	22,000	20,000
43	7	8c./6c.	(#21)	250,000	220,000	190,000	170,000
44	8	10c./9c.	(#22)	88,000	80,000	41,000	37,000
45	9	10c./12c.	(#23)	*5,500,000*	*5,000,000*	320,000	280,000
46	10	30c./24c.	(#24)	130,000	120,000	140,000	130,000
			(9)	6,433,000	5,846,000	910,000	816,000

☆ #45の未使用は現存８枚が確認されている。

◇変異

38a	½c./3c. 倒蓋		*u*	1,000,000
46a	30c./24c. 間距 2㎜	1,500,000		*u*

#47

#48

#49

#50

#51

#52

#53

#54

#55

(*b*) 萬壽紀念・再版 (1897.3.1. 光緒 23.1.28.)

				＊＊	＊	◉A	◉B
47	4	1/2c./3c.	(U3)	4,100	3,700	4,400	4,000
48	2	1c./1c.	(U1)	4,400	4,000	2,700	2,500
49	3	2c./2c.	(U2)	3,500	3,200	2,100	1,900
50	5	4c./4c.	(U4)	4,400	4,000	2,100	1,900
51	6	5c./5c.	(U5)	5,500	5,000	3,300	3,000
52	7	8c./6c.	(U6)	66,000	60,000	33,000	30,000
53	8	10c./9c.	(U7)	33,000	30,000	14,000	12,000
53a. 翠緑 (－)				44,000	40,000	16,000	15,000
54	9	10c./12c.	(U8)	41,000	37,000	10,000	9,000
55	10	30c./24c.	(U9)	130,000	120,000	44,000	40,000
				(9) 291,900	266,900	115,600	104,300

◇変異

47a	1/2c./3c.	"cent" の "t" 漏印	85,000	85,000
48a	1c./1c.	"cent." のピリオド 漏印	5,000	3,000
49a	2c./2c.	"cent." のピリオド 漏印	6,000	3,000
55a	30c./24c.	間距 2㎜	125,000	75,000
55b		"cent." のピリオド 漏印	30,000	20,000

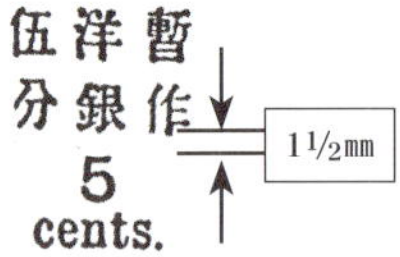

(13) 大字短距離

#U10

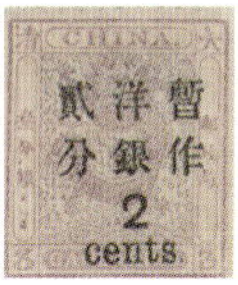
#U11

#U12

#56

#57

#58

#59

#60

#61

#62

#63

#64

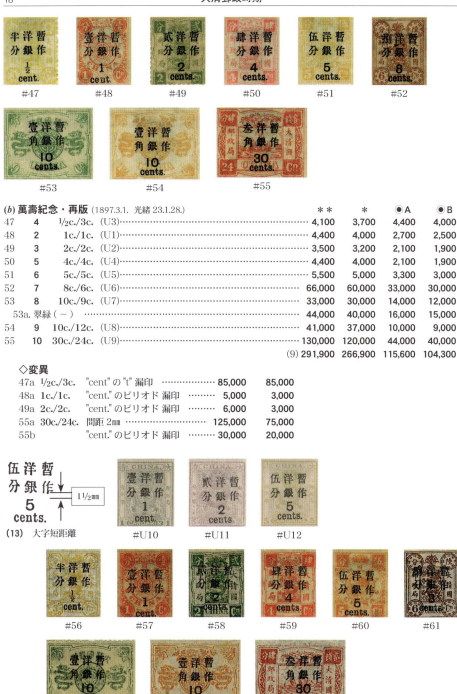

(3) 大字短距離 (1½mm)

T13 を海関小龍票，萬壽紀念・初版，同・再版，同・改版に上海海関造冊處で黒加蓋

(*a*) 海関小龍票（北海票）(1897.5.-)

◆不発行

				＊＊	＊	◉A	◉B
U10	1	1c./1c.	(#13)	55,000	50,000	68,000	62,000
U11		2c./3c.	(#14)	110,000	100,000	110,000	100,000
U12		5c./5c.	(#15)	38,000	35,000	55,000	35,000
			(3)	203,000	185,000	233,000	197,000

(*b*) 萬壽紀念・初版 (1897.5.-)

				＊＊	＊	◉A	◉B
56	4	½c./3c.	(#18)	60,000	55,000	42,000	37,000
57	2	1c./1c.	(#16)	41,000	37,000	33,000	30,000
58	3	2c./2c.	(#17)	*19,000,000*	*17,000,000*	550,000	500,000
59	5	4c./4c.	(#19)	33,000	30,000	27,000	25,000
60	6	5c./5c.	(#20)	44,000	40,000	33,000	30,000
61	7	8c./6c.	(#21)	170,000	160,000	150,000	130,000
62	8	10c./9c.	(#22)	41,000	37,000	27,000	25,000
63	9	10c./12c.	(#23)	190,000	170,000	120,000	110,000
64	10	30c./24c.	(#24)	*8,200,000*	*7,500,000*	−	−

☆ #58 の未使用は現存２枚が確認されている。

#65

#66

#67

#68

#69

#70

#71

#72

(*c*) 萬壽紀念・再版後期 (1897.5.-)

				＊＊	＊	◉A	◉B
65	4	½c./3c.	(U3)	2,800	2,500	3,300	3,000
65a. 間距 1½㎜				380,000	350,000	380,000	350,000
66	2	1c./1c.	(U1)	4,400	4,000	2,700	2,500
67	3	2c./2c.	(U2)	3,800	3,500	2,200	1,700
68	5	4c./4c.	(U4)	33,000	30,000	22,000	20,000
69	6	5c./5c.	(U5)	33,000	30,000	24,000	22,000
70	8	10c./9c.	(U7)	25,000	22,000	12,000	11,000
71	9	10c./12c.	(U8)	44,000	40,000	22,000	19,000
72	10	30c./24c.	(U9)	1,400,000	1,300,000	280,000	260,000
			(8)	1,546,000	1,432,000	368,200	339,200

#73 改版3c

#73a

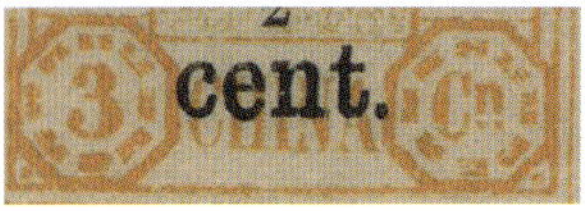

【第１版】

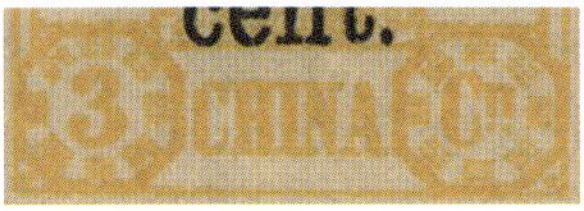

【改版】

#74 改版2c

【第１版】

【改版】

☆#73：改版は，第１版に比べて“3”と“Cn”の文字，およびその周囲の八卦（はっけ）模様が鮮明に彫られている。
☆#74：改版の“2”は，第１版の“2”よりも肉太でハネがある。

(*d*) 萬壽紀念・改版 (1897)

		＊＊	＊	◉A	◉B
73	½c./3c.　明橙黄	50,000	30,000	32,000	22,000
73a. 間距 0㎜		770,000	700,000	510,000	500,000
74	2c./2c.　黄緑	10,000	8,200	4,500	3,800
74a. 濃緑		12,000	9,000	5,000	4,200
	(2)	60,000	38,200	36,500	25,800

◇変異

	複蓋		倒蓋		⬚⬚V		⬚⬚H	
◆小字加蓋								
28 ½c./3c.	1,200,000	1,100,000			900,000	*u*	970,000	*u*
29 1c./1c.			5,000,000	1,000,000				
30 2c./2c.	1,400,000	*u*	*u*	1,500,000	600,000	*u*	600,000	*u*
31 4c./4c.	3,000,000	2,000,000			1,000,000	1,000,000	1,000,000	1,000,000
32 5c./5c.					1,500,000	1,000,000		
33 8c./6c.					270,000	220,000	250,000	250,000
34 10c./6c.					750,000	250,000	240,000	240,000
35 10c./9c.	400,000	400,000	4,500,000					
36 10c./12c.					450,000	450,000		
37 30c./24c.					2,000,000	*u*		
◆大字長距離加蓋								
41 4c./4c.					1,100,000	*u*		
47 ½c./3c.					300,000	300,000	270,000	270,000
48 1c./1c.					*u*	400,000		
50 4c./4c.					*u*	500,000	600,000	600,000
55 30c./24c.					1,500,000	*u*		
◆大字短距離加蓋								
65 ½c./3c.			450,000	450,000				
67 2c./2c.			2,500,000	880,000				
68 4c./4c.			350,000	350,000				
70 10c./9c.			400,000	300,000				
74 2c./2c.							1,000,000	500,000

◆「四複八倒」とは

暫作洋銀加蓋票（萬壽加蓋）には，「四複八倒」と呼ばれる，４つの複蓋と８つの倒蓋がある。

複蓋は①小字長距離½分/3分，②小字長距離2分/2分，③小字長距離4分/4分，④小字長距離10分/9分。

倒蓋は①小字長距離１分/1分，②小字長距離２分/2分，③小字長距離10分/9分，④大字長距離½分/3分初版，⑤大字短距離½分/3分再版，⑥大字短距離２分/2分再版，⑦大字短距離４分/4分再版，⑧大字長距離10分/9分再版。

複蓋④の小字長距離10分/9分（#35）は新票16枚，旧票１枚が確認されているが，人気は紅印花にはるかに及ばない。

14
幾何学模様

1897.2.-. 紅印花暫作洋銀加蓋票

T15～T22 を紅印花票（14, 凹版, 無水印, P12～16, 18.5×22.5㎜, S 100〔10×10〕）に, 上海海関造冊處, 上海商營印刷工場（#80のみ）で黒加蓋

(15) 大字當壹分

(16) 大字貳分

(17) 大字肆分

(18) 大字當壹円

(19) 大字當伍円

(20) 小字貳分

(21) 小字肆分

(22) 小字當壹円

(1) 大字加蓋

				＊＊	＊	●A	●B
75	(T15)	1c./3c.	紅	57,000	52,000	38,000	35,000
76	(T16)	2c./3c.	紅	66,000	60,000	44,000	40,000
77	(T17)	4c./3c.	紅	180,000	160,000	66,000	60,000
78	(T18)	＄1/3c.	紅	1,000,000	900,000	380,000	350,000
79	(T19)	＄5/3c.	紅	*10,000,000*	*9,000,000*	6,600,000	6,000,000

(2) 小字加蓋

				＊＊	＊	●A	●B
80	(T20)	2c./3c.	紅	93,000	85,000	50,000	45,000
81	(T21)	4c./3c.	紅	*10,000,000*	*9,000,000*	*8,200,000*	*7,500,000*
82	(T22)	＄1/3c.	紅	*100,000,000*	*90,000,000*	−	−

◇変異

75a 1c./3c. "cent."のピリオド漏印 ………… 60,000 40,000
75b "壹"の"豆"字大 63,000 55,000
75c 間距 3㎜ … 63,000 55,000
79a ＄5/3c. 倒蓋 … *14,000,000* *10,000,000*
80a 2c./3c. 倒蓋 … 4,000,000 3,000,000
80b 複蓋 … 8,000,000 4,000,000
80c 複蓋, 双倒蓋 ……… *10,000,000* *u*
80d "cents"の"s"転倒 ………… 100,000 60,000
80e "cents."のピリオド漏印 ………… 100,000 60,000
80f "cents."のピリオド"," ………… 95,000 55,000
80g 緑色加蓋（緑衣紅娘）……………………… *Sp*
81a 4c./3c. 複蓋（黒, 紫）…………*25,000,000* *25,000,000*
82a ＄1/3c. "dollar."のピリオド漏印 ……………………… *Sp*
82b "1doller."の"r"と"."が「遠距」（間が1字分空く）しているバラエティ ……………………… *Sp*

☆紅印花のあらまし

紅印花洋銀加蓋票（#75～82,「紅印花」という）の原票は，1896年に英国倫敦の華徳路公司（Waterlow and Sons, London）で製造されたものの，国家財政を安定させるための税制度はなお時期尚早であるとの反対意見が通って使用されないままだった印花票（収入印紙）60万枚余で，国家郵政発足に際して高額郵票が不足したことから，これに前頁のような額面を加蓋して発行された。

これらの紅印花８種は下図「加蓋程序」に示すように，小字壹圓を最初に，「大清郵政」の文字は大字壹分へ,「1 dollar.」の文字は大字壹圓へ，巧みに転用を繰り返す方法で，それぞれ25枚の原版を作り，それを４面掛けした１シート100枚で印刷した。ただし印刷廠が異なる小字貳分だけは20枚×５段＝100枚である。

８種の発行枚数は，香港の郵學家・故李頌平によると，

大字壹分	200,000枚（199,000枚）
大字貳分・小字貳分計	349,000枚
	小字（100,000枚）
	大字（250,000枚）
小字肆分	200枚（200枚）
大字肆分	50,000枚（49,800枚）
小字壹圓 発行枚数	40枚（32枚が知られている）
大字壹圓	20,000枚
	（印刷29,850枚，発行7,199枚）
大字伍圓	5,000枚（20,000枚）

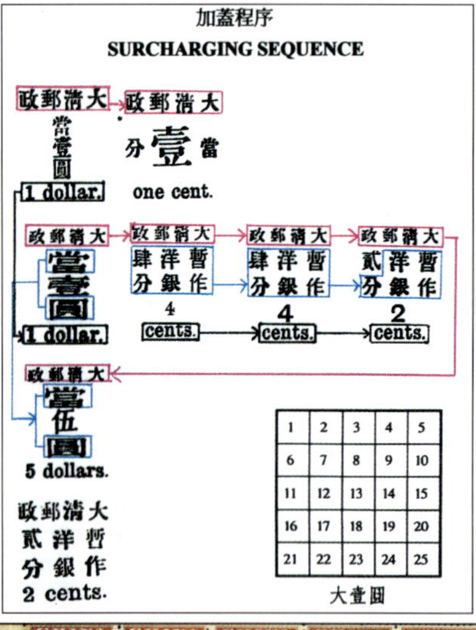

※（199,000枚）など（　）内は CHINA STAMP SOCIETY SPECIALIZED CATALOG OF CHINA TO 1949 による

◆未加蓋原票は53枚（75枚）が確認されている（市価500万円）。

◆歯孔変異

#75　**1c.** 左辺漏歯単片
同　左辺漏歯と正常の横双連
#80　**2c.** 左辺漏歯２枚を含む田型（写真）
の３例が確認されている。

◆リコンストラクション

大字壹分は6，15，16番郵票の「壹」の大「口」，小字貳分は１番郵票の「N」のように見つけやすい特徴を持つものがあり，字体の微妙な違いを区別するとどの郵票ともリコンストラクションが出来る。

☆紅印花四寶

中国人収集家の紅印花郵票に対する思い入れは実に大きい。紅印花の“故事来歴”に関する調査・研究は，文学作品の「紅楼夢」のそれと同じように“紅学”と呼ばれる。

小字壹圓などは現存32枚の１枚ずつについて，発行以来これまで誰が所有していたか，いつ，いくらで誰の手に渡ったか，最近の例では「2016年１月に香港のオークションで598万香港ドル（当時の邦貨換算で9,100万円，競売手数料を含む）で売られた」などと，詳細な履歴が作られている。

それがたった１枚しかないのなら初めからあきらめがつくが，しばしばオークションにも登場して，熱心な中国切手コレクターなら一度はアルバムに納めてみたい，全く手に入れる望みがないのではなく，いつかは買えるかも…という夢が持てることが最大の魅力だろうか。

この①紅印花小字壹圓，②小字貳分倒蓋兼複蓋，③大字伍圓倒蓋，④紅印花原票の４つを“紅印花四寶”と呼び，珍重している。

小貳分20枚ブロック（ポジションは左上が１番，横へ２番と続き，左下が11番，右下が20番）

〈蟠龍(ばんりゅう)シリーズ〉

#83

#84

#85

#86

#87

#88

#83～88 **蟠龍**

#89～91 **躍鯉**

#92～94 **飛雁**

#91

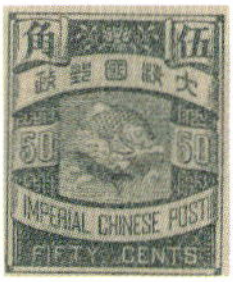

#91a

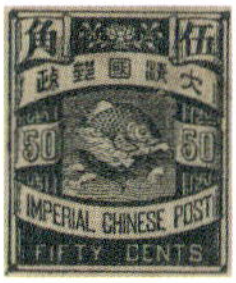

#91b

1897.8.16 (光緒 23.7.19). 日本版蟠龍票

平版, W1, P11～12, 19.5×23㎜, S 80 (4×5×4), 築地活版所

83	½c.	紫茶 (481,200) ……	500	480
83a		紅紫 …………………	600	1,200
84	1c.	黄 (433,200) ………	620	400
84a		金黄 …………………	620	500
85	2c.	濃橙 (1,248,000) ……	580	380
85a		橙 ……………………	580	100
86	4c.	茶 (912,000) ……	1,100	380
86a		濃茶 ………………	1,100	200
87	5c.	紅 (360,000) ……	1,200	380
88	10c.	濃緑 (360,000) …	4,000	380
89	20c.	濃赤茶 (168,000) …	8,000	1,800
90	30c.	赤 (168,000) ……	14,000	3,300
91	50c.	黄緑 (360,000) …	10,000	4,500
91a		青緑 ……………	130,000	*u*
91b		黒緑 ……………	120,000	*u*
92	$1	淡赤・濃赤 (51,600)	30,000	20,000
93	$2	黄・橙 (12,930) …	210,000	120,000
94	$5	淡紅・黄緑 (7,200)	160,000	100,000
94a		淡紅・濃緑 ………	200,000	50,000
		(12)	440,000	252,000

◇歯孔変異

83b	½c.	⬚⬚H ………	65,000	*u*
85b	2c.	□□ …………	90,000	*u*
85c		⬚⬚IV ………	100,000	*u*
86b	4c.	⬚⬚H ………	100,000	*u*

23 蟠龍

24 躍鯉

25 飛雁

1899-1910 (光緒24- 宣統2). 倫敦 (ロンドン) 版蟠龍票

凹版, (1) (2) : P12～16, (3) : P13½～15, 20.5×23.5㎜, S 240 (4×5×12) 下記以外, 200 (5×5×8) #121, 124, 126, 48 (8×6) #104～106, #117～119, 英国倫敦華徳路公司 (Waterlow & Sons Co., Ltd., London)

(1) 有水印 W1 (1898.1.28)

95	23	½c.	茶 …………………	600	250
96		1c.	赭黄 ………………	600	250
97		2c.	紅 …………………	750	250
97a			濃紅 ………………	750	250
98		4c.	栗茶 ………………	750	250
99		5c.	淡紅 ……………	1,100	500
99a			鮮紅 ……………	1,600	550
100		10c.	濃緑 ……………	1,700	300
101	24	20c.	赤茶 ……………	7,000	900
102		30c.	赤 ………………	6,000	1,400
103		50c.	緑 ………………	8,500	1,900
104	25	$1	濃赤・淡紅 ………	38,000	4,500
105		$2	赤茶・黄 …………	60,000	8,500
106		$5	濃茶・淡紅 ………	98,000	30,000
			(12)	223,000	49,000

(2) 無水印 (1902-06)

107	23	½c.	茶 …………………	400	250
107a			濃茶 ………………	400	250
108		1c.	赭黄 ………………	400	250
108a			橙 …………………	400	250
108b			暗黄茶 ……………	400	200
109		2c.	紅 …………………	530	250
109a			濃赤 ………………	530	250
110		4c.	栗茶 ………………	580	250
111		5c.	淡紅 ……………	3,000	400
112		5c.	橙 ('03) …………	2,800	450
112a			黄 ………………	20,000	2,300
113		10c.	濃緑 ……………	2,000	250
114	24	20c.	赤茶 ……………	3,000	250
115		30c.	赤 ………………	3,000	250

116	24	50c.	緑	5,500	250
117	25	$1	濃赤・淡紅	18,000	2,500
118		$2	赤茶・黄('06)	40,000	6,000
119		$5	濃緑・淡紅	65,000	25,000
			(13)	144,000	36,000

(3) 無水印，改色・新額面 (1905-10)

120	23	2c.	濃緑('08.10.20)	300	200
121		3c.	青緑('09)	500	250
121a			灰緑('09)	3,000	1,000
122		4c.	紅('09)	600	200
122a			朱	1,200	500
123		5c.	紫('05.7.10)	900	250
123a			濃紫	1,000	500
124		7c.	赤紫('09)	1,600	850
125		10c.	青('08)	2,100	250
125a			濃青('10)	3,000	500
126	24	16c.	橄緑('06)	6,000	1,700
			(7)	12,000	3,700

☆ #83～94, #95～106, #107～119, #120～126 の各シリーズは色調の変化が著しく，ここにリストした以上に細かく分類できる。刷色が特定できない場合，評価は安い方が基準になる。
☆蟠龍シリーズのシート構成が複数格のものは，日本版は横の，倫敦版はいずれも横，または縦のガッター・ペアが集められる。

☆**発行日**：1898.1.28 →光緒 24.1.7
1905.7.10 →光緒 31.6.8
1908.10.20 →光緒 34.9.26

この 10 年来，「僑批」作品が一部の関心を集めている。「僑批」とは，タイ，シンガポール，マレーシアなどに居住する華僑や，出稼ぎに赴いた華人が自らの原籍所在地(出身地)である広東や沿岸各地へ，民間ルートや金融・郵政機構を通じて送った為替金証明書をいう。これに直接伝言が書かれたり，手紙が附されたりしているものが見られ，差出人と受取人の住所姓名，送金の種類・金額などは，華僑史・金融史・交通史・対外経済貿易史・中国近代史の研究の重要資料となっている。これを郵便史として採り上げたコレクションがしばしば国際展やアジア展に出品されている。

◇歯孔変異	□□		⬚|⬚ V		⬚|⬚ H		⬚□⬚ V	
95 ½c. 倫敦版有水			85,000	48,000			20,000	*u*
96 1c.			30,000	25,000	40,000	35,000	9,000	*u*
97 2c.	40,000	40,000	40,000	20,000	40,000	20,000		
98 4c.	58,000	58,000	40,000	30,000	70,000	60,000	230,000	150,000
99 5c.	60,000	50,000	40,000	30,000	78,000	50,000	60,000	*u*
100 10c.			40,000	40,000	40,000	40,000		
101 20c.	90,000	80,000	85,000	75,000	85,000	75,000		
102 30c.	180,000	*u*	180,000	*u*	200,000	*u*		
103 50c.			230,000	*u*				
106 $5			850,000	*u*	800,000	*u*		
107 ½c. 倫敦版無水			40,000	40,000	40,000	40,000	40,000	*u*
108 1c.	35,000	35,000	35,000	35,000	35,000	35,000	40,000	*u*
109 2c.	30,000	30,000	30,000	30,000	30,000	30,000	130,000	75,000
110 4c.			30,000	30,000	30,000	30,000	–	*u*
111 5c. 淡紅	48,000	*u*	30,000	30,000	28,000	28,000	–	*u*
112 5c. 橙	–	*u*	48,000	48,000	73,000	73,000	–	
113 10c.	45,000	*u*	43,000	*u*	73,000	*u*	70,000	*u*
114 20c.	50,000	*u*	50,000	50,000	60,000	50,000		
115 30c.			85,000	*u*				
116 50c.	–	*u*			100,000	*u*		

◇歯孔変異	□□		⬚|⬚ V		⬚|⬚ H		⬚□⬚ H	
120 2c. 改色・新額面	33,000	*u*	33,000	33,000	33,000	33,000	33,000	*u*
121 3c.			25,000	*u*	25,000	25,000	25,000	*u*
123 5c.	50,000	*u*	100,000	100,000	45,000	45,000	45,000	*u*
125 10c.	40,000	40,000	40,000	40,000	40,000	40,000	40,000	*u*

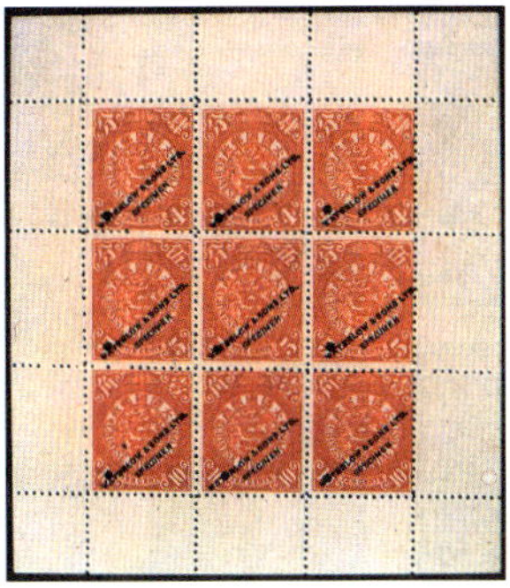

◆ウォーターロー社の見本試刷りのシート

同じ図案の３額面を３枚，計９面で構成。各郵票に英語で社名と見本の文字加刷。すかし無し，糊なし，目打（単線）入り。

23 蟠龍	1/2c., 1c., 2c.	濃青	25 飛雁	$1, $2, $5	
〃	〃	灰青			赤と黄
〃	〃	淡紅	〃	〃	暗紫と黄
〃	4c., 5c., 10c.	茶	〃	〃	青と黄
〃	〃	緑味青	宣統登極紀念３種		
〃	〃	朱			青と黒
24 躍鯉	20c., 30c., 50c.		35 農穫	15c., 16c., 20c.	
		うす黄茶		30c. 各 (2), 50c. (1)	緑
〃	〃	くり色	〃		赤味紫
〃	〃	茶味紫	〃		赤

〔対剖票〕（バイセクト郵票）

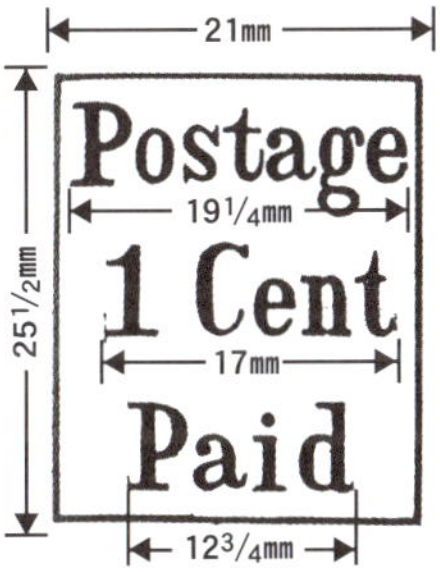

（福１）

使用済

1903（光緒 29）.10.22-24.　福州対剖票

倫敦版蟠龍票無水印を斜め２つに切って使用

FOB1 23 1c./2c. (#109) ……………………… 160,000

✉ ……………………………………… 200,000

1903年秋，福州郵局では１分郵票の在庫が底をつき，折からの台風で上海からの補給が困難になったため，郵政総局の許可を得て，２分郵票を斜めに２つに切って１分郵票として使用した。実寄封にはこの郵票の他，Paid 印（福１），福州局の抹消印が押されているが，使用期間は10月22日から24日までの３日間と短かったため真正品は少なく，偽物が非常に多い。

対剖票には，この他に重慶（1904年），夔府（Kweifu）（1905年），長沙（1906年）のものがある。

POSTAGE DUE
資 欠

(26)

正常　変異
（拡大図）

1904.3.16（光緒 30.1.30）.　蟠龍欠資加蓋票

T26を倫敦版蟠龍票無水印に黒加蓋

D127	23	1/2c.	(#107)	(81,440) ……	1,400	600
D128		1c.	(#108)	(281,560) ……	1,400	500
D129		2c.	(#109)	(177,200) ……	1,700	600
D129a			(#109a)	…………………	2,000	500
D130		4c.	(#110)	(155,360) ……	1,800	750
D131		5c.	(#111)	(115,680) ……	2,000	1,200
D132		10c.	(#113)	(139,680) ……	3,300	2,000
				(6)	11,600	5,600

◇変異

D132a　10c.　⬚⬚V ……　200,000　200,000

☆ D127～132 のすべてに，"G" の変異（図参照）がある。評価は正常なものの５倍位。

27

1904-11.　大清倫敦版欠資票

凹版，P13，13 1/2，14，14×22.5㎜，S

100（10×10），英国倫敦華徳路公司

発行日　１次－光緒 30.10. 4
　　　　２次－宣統 3. 1.24

(1)　１次 (1904.11.10)

D133	27	1/2c.	青	……………	600	400
D134		1c.	青	……………	1,100	400
D135		2c.	青	……………	1,100	400
D136		4c.	青	……………	1,400	600
D137		5c.	青	……………	1,800	700
D138		10c.	青	……………	2,000	900
D139		20c.	青	……………	5,000	1,200
D140		30c.	青	……………	7,000	4,000
				(8)	20,000	8,600

◇変異

D133a	1/2c.	⬚⬚H	……	300,000	200,000
D135a	2c.	⬚⬚H	……	200,000	180,000

(2)　２次 (1911.2.22)

D141	27	1c.	茶	……………	2,500	1,800
D142		2c.	茶	……………	4,000	3,200
				(2)	6,500	5,000

◆不発行

UD13	27	1/2c.	茶	……………	*Sp*
UD14		4c.	茶	………	170,000
UD15		5c.	茶	………	170,000
UD16		20c.	茶	……………	*Sp*

1909.9.8（宣統元.7.24）. 宣統登極紀念

凹版，P14，30.5×22.5㎜，S 100（10×10），英国倫敦華徳路公司

#143～145　天壇

143	2c.	緑・橙（200万枚）……	900	800
144	3c.	青・橙（100万枚）……	1,200	2,100
145	7c.	紫・橙（100万枚）……	1,700	1,200
		（3）	3,800	4,100

☆溥儀（1906-1967）が満3歳にならない年齢で即位。清朝第12代の皇帝宣統帝を名乗ったことを紀念して発行された。
☆ 1910年10月1日（宣統2年8月28日）限りで発売中止，1914年4月10日から使用が禁止された。

◆見本試刷シート

#143～145の3種各3枚を9面の青あるいは黒の小型シートに構成し“Waterlow & Sons Ltd./Specimen”と各郵票の右下方斜に黒加蓋している。

西蔵（チベット）地区使用印のタイプ

最初期の印

丸二型印各種

大型二重丸日付印（1911.1-1911.11末）

〔西藏貼用票〕

（西 1）

XZ1　XZ6　XZ10

1911（宣統3）.3.-. 倫敦版蟠龍西蔵（チベット）貼用票

西 1を倫敦版蟠龍票無水印に英国倫敦華徳路公司で黒加蓋

XZ1	23	1/2c. 3p./1c.（#108）（72,200）……	2,800	4,000
XZ2		1c. 1/2a./2c.（#120）（108,000）……	2,800	4,000
XZ3		2c. 1a./4c.（#122）（108,000）……	2,800	4,000
XZ4		4c. 2a./7c.（#124）（65,200）……	2,800	4,500
XZ5		5c. 2 1/2a./10c.（#125a）（72,000）……	3,500	5,500
XZ6	24	6c. 3a./16c.（#126）（30,200）……	7,300	8,000
XZ7		8c. 4a./20c.（#114）（31,200）……	7,000	8,000
XZ8		12c. 6a./30c.（#115）（12,000）……	13,000	14,000
XZ9		24c. 12a./50c.（#116）（7,000）……	33,000	40,000
XZ10	25	$1 1r./ $1（#117）（2,700）……	90,000	90,000
XZ11		$2 2r./ $2（#118）（2,700）……	160,000	18,000
		（11）	325,000	200,000

◇変異

XZ1a	1/2c. 3p./1c.	倒蓋	350,000	*u*
XZ6a	6c. 3a./16c.	“s”字大，倒蓋 ……	125,000	125,000

☆清朝は1910年，西蔵（チベット）へ兵を進め，4月より郵便も始められた。当初は，蟠龍郵票をそのまま使用したが，チベットの通貨事情に合わせて，中国，インド，チベットの計3ヵ国の通貨を表示したこの貼用票を発行した。

Ⅲ　中華民国前期

1912 — 1928

1911 年 10 月 10 日（宣統3年8月19日），「清朝打倒」をスローガンに革命軍が武昌で蜂起に成功した「辛亥革命」を経て，1912 年 1 月 1 日に，孫文は南京で「中華民国」の誕生を宣言し，中華民国臨時政府大総統に就任した。その後も革命軍と各地軍閥との対立が続き，孫文の死後，北伐に成功，1928 年に中国全土を統一，南京に国民政府を樹立するまでを「中華民国前期」（北洋軍閥時期）と呼ぶ。

立中時臨

(28)

1912（民国元）. 福州「臨時中立」加蓋票

(1) 蟠龍票 (1912.1.30)

T28 を倫敦版蟠龍票無水印に上海海関造冊處で黒または赤加蓋

146	23	3c. (#121) (赤) (6,000) ……………	30,000	16,000
147	25	$1 (#117) (96) ……	290,000	250,000
148		$2 (#118) (96) ……	440,000	350,000
149		$3 (#119) (280) …	580,000	400,000

◆不発行

以下は加蓋されたが，発売されなかった。

U17	1/2c. (#107)	U23	10c. (#125) (赤)
U18	1c. (#108) (赤)	U24	16c. (#126) (赤)
U19	2c. (#120) (赤)	U25	20c. (#114)
U20	4c. (#122)	U26	30c. (#115)
U21	5c. (#123) (赤)	U27	50c. (#116) (赤)
U22	7c. (#124)		

(2) 欠資票 (1912.2.2)

T28（5 号宋字体）を倫敦版欠資票に上海海関造冊處で赤加蓋

D150	27	1/2c.	青 (D133) ……	70,000	100,000
D151		4c.	青 (D136) ……	90,000	110,000
D152		5c.	青 (D137) ……	100,000	110,000
D153		10c.	青 (D138) ……	150,000	110,000
D154		20c.	青 (D139) ……	300,000	320,000
D155		30c.	青 (D140) ……	300,000	320,000

◆不発行

UD28 1c.　茶　(D141)　|　UD29 2c.　茶　(D142)

中華民國

(29)

1912.「中華民国臨時中立」加蓋票

(1) 蟠龍票 (1912.3.10)

T29 を「臨時中立」加蓋票へ上海海関造冊處で黒または赤加蓋

156	23	1c. (#108) (赤) ……	28,000	18,000
157		3c. (#121) (赤) ……	28,000	18,000
158		7c. (#124) …………	53,000	38,000
159	24	16c. (#126) (赤)……	280,000	250,000
160		50c. (#116) (赤)……	350,000	230,000
161	25	$1 (#117) …………	380,000	180,000
162		$2 (#118) …………	550,000	440,000
163		$3 (#119) ………	1,280,000	1,000,000

☆発行日には 3月12 日説，3月20 日説がある。

◆不発行

U30	1/2c. (#107)	U34	10c. (#125) (赤)
U31	2c. (#120) (赤)	U35	20c. (#114)
U32	4c. (#122)	U36	30c. (#115)
U33	5c. (#123) (赤)		

(2) 欠資票

T29（5 号宋字体）を「臨時中立」加蓋欠資票へ上海海関造冊處で黒または赤加蓋

◆不発行

U37	1/2c. (D133)	U41	5c. (D137)
U38	1c.　茶 (D141)	U42	10c. (D138)
U39	2c.　茶 (D142)	U43	20c. (D139)
U40	4c. (D136)	U44	30c. (D140)

☆「臨時中立」とは，辛亥革命が起こった後も，郵政当局が依然勢力を持っていた清朝政府と中華民国臨時政府のいずれの支配も受けず，中立を保とうとしたことを意味する。郵政事業は間もなく臨時政府側に吸収された。

福州「臨時中立」加蓋票，「中華民国臨時中立」加蓋票は，それぞれ発行，不発行を合わせて蟠龍票 15 種，欠資票 8 種ずつ。前者は福州（福建省），後者は漢口（湖北省＝辛亥革命勃発の地），南京（江蘇省），長沙（湖南省）で次の数量が発売された。

	漢口	南京	長沙	計
1c.	1,169	1,050	120	2,339
3c.	2,318	500		2,818
7c.	492			492
16c.	125	75		200
50c.	87			87
$1	60	96		156
$2	32	61		93
$5	20	32		52

評価は全 46 種で 1,000 万円位。

偽加蓋が市場に多く出回っており，中には極めて精巧なものが存在するので注意が必要である。

1912.〈中華民国〉地方加蓋

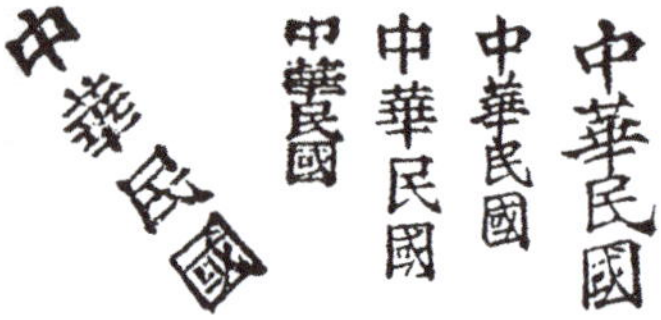

統一された加蓋郵票が間に合わなかった局などで，上に示すような各種の加蓋が行われた。その種類はとても多いが，よく分かっている局の分をリストする。局名，加蓋の文字，文字の大きさ，加蓋の形式，加蓋色，種類の順。

廣州	中華民国	18mm	直	黒	4
〃	中華民国	15mm	直	紅	5
肇州	中華民国	14mm	直	紅	2
福州	中華民国	14mm	直	黒	4
〃	中華民国	21mm	斜	黄	4
福建	中華民国	20mm	直	紅	1
哈爾濱	中華民国	14mm	直	黒	2
〃	中華“中”直線曲	17mm	直	黒	2
〃	中華“中”直線直	17mm	直	黒	5
〃	中華“中”直線直	17mm	直	紅	5
和州	中華民国	19.5mm	直	紅，紫	1
〃	中華民国	19.5mm	直	黒	9
黄渡	宋字中華民国	25mm	斜	黒	7
〃	宋字中華民国	25mm	斜	紅	7
〃	楷字中華民国	25mm	斜	黒	8
宜昌	中華民国	28mm	横	黒	1
建陽府	中華民国	19mm	直	紅	7
〃	中華民国	19mm	直	黒	7
九江(広東)	中華民国　5号宋字	15mm		紅	1
	〃			黒	2
江門	中華民国	22.5mm	直	紅	4
柳州	中華民国	18.5mm	横	黒	2
	〃			紅	3
南京	中華民国	21mm	斜	黒	4
	〃			紅	2
山西	中華民国	14mm	斜	黒	1
汕頭	中華民国	14mm	直	紅	3
騰越	中華民国	22.5mm	直	紅	1
天津	中華民国	14mm	直	藍	11
〃	中華民国	20mm	直	黒	3
済南	楷字中華民国			紅	1
通州	楷字中華民国	19mm	直	黒	1
都昌縣	中華民国	12mm	直	黒	5
〃	中華民国	12mm	横	黒	2
〃	中華民国	12mm	直	紅	3
呉家市	中華民国	16mm	直	紅	6
武昌	中華民国　5号鉛字		直	紅	1
徐聞(広東)	中華民国	14mm	直	黒	1
〃	中華民国	16mm	直	黒	1
宿州(江蘇)	中華民国	15mm	直	紅	2
徐家橋	中華民国	21mm	直	黒	3
(安徽)	〃			紅	8
寧波	中華民国楷字	21mm	直	紅	1
〃	中華民国	16mm	直	黒	1
牛荘	中華民国	18.5mm	直	紅	1
南潯(浙江)	中華民国	14mm	斜	紅	1
臨山(浙江)	中華民国 2行	16mm	横	紅	1
資渓(江西)	中華民国	14.5mm	直	紅	1
蘇州	中華民国楷字	14.5mm	直	紅	1
溧水県	中華民国楷字	16mm	直	黒	2
杭州	中華民国楷字	20mm	直	黒	1
五城	中華民国	18.5mm	直	黒	1

1912.〈中華民国〉統一加蓋

(30)　宋字体

(31)

「國」の字が (30) よりひと回り大きい

(1) 宋字体加蓋(上海加蓋)

(*a*) 蟠龍票 (1912.3.24)

T30 を倫敦版蟠龍票無水印に上海海関造冊處で黒または赤加蓋

164	23	1/2c.	(#107)	150	120
164a			(#107a)	200	100
165		1c.	(#108)(赤)	230	120
165a			(#108a)(赤)	350	300
166		2c.	(#120)(赤)	250	180
167		3c.	(#121)(赤)	300	150
167a			(#121a)(赤)	500	180
168		4c.	(#122)	480	170
168a			(#122a)	800	500
169		5c.	(#123)(赤)	630	170
169a			(#123a)(赤)	630	170
170		7c.	(#124)	830	350
171		10c.	(#125)(赤)	850	170
171a			(#125a)(赤)	2,000	1,000
171b			双連1枚漏印	−	−
172	24	16c.	(#126)(赤)	2,300	850
173		20c.	(#114)	1,900	500
174		30c.	(#115)	2,400	600
175		50c.	(#116)(赤)	4,000	600
176	25	$1	(#117)	40,000	3,500
177		$2	(#118)	28,000	7,000
178		$5	(#119)	65,000	50,000
			セット価(15)	147,000	64,000

◇加蓋変異		倒蓋		複蓋	
164	1/2c.	5,000	5,000	10,000	−
165	1c.	18,000	13,000	20,000	20,000
167	3c.	13,000	8,000		
171	10c.	25,000	25,000	25,000	25,000
176	$1		*u* 2,800,000		
177	$2	60,000	60,000		

◇歯孔変異		⬚⬚V		⬚⬚H	
165	1c.	30,000	25,000		
166	2c.	35,000	30,000		
167	3c.	30,000	30,000	30,000	30,000
168	4c.	80,000	80,000		

(*b*) 欠資票 (1912.3.-)

T30 を倫敦版欠資票に上海海関造冊處で赤加蓋

D179	**27**	1/2c.	青(D133)	500	300
D180		1c.	茶(D141)	600	300
D181		2c.	茶(D142)	800	400
D182		4c.	青(D136)	1,500	600
D183		5c.	青(D137)	28,000	30,000
D184		5c.	茶(UD15)	2,000	1,000
D185		10c.	青(D138)	2,500	1,300
D186		20c.	青(D139)	2,700	1,700
D187		30c.	青(D140)	3,500	3,000
			セット価(9)	42,000	38,000

◇変異		倒蓋		⬚⬚H	
D180	1c.	55,000	55,000	300,000	300,000
D184	5c.	32,000	34,000		

(2)「国」大字加蓋 (1912.3.-) (商務加蓋)

T31を倫敦版蟠龍票無水印に上海商務印書館で赤加蓋

188	**23**	1c.	(#108)	600	120
189		2c.	(#120)	3,400	230
			(2)	4,000	350

◇変異		倒蓋		複蓋	
188	1c.	38,000	38,000	45,000	45,000
189	2c.	110,000	90,000		

◇歯孔変異		⬚⬚V		⬚⬚H	
188	1c.	45,000	45,000		
189	2c.	26,000	*u*	30,000	*u*

(32)

(33)

(3) 楷字体加蓋 (倫敦加蓋)

(*a*) 蟠龍票 (1912.)

T32 を倫敦版蟠龍票無水印に英国倫敦華徳路公司で黒または赤、青加蓋

190	**23**	1/2c.	(#107)(青)	180	120
190a			(#107a)(青)	280	200
191		1c.	(#108)(赤)	180	120
191a			(#108a)(赤)	180	120
192	**23**	2c.	(#120)(赤)	330	140
193		3c.	(#121)(赤)	380	150
193a			(#121a)	800	270
194		4c.	(#122)	500	180
195		5c.	(#123)(赤)	1,100	160
195a			(#123a)(赤)	1,100	160
196		7c.	(#124)	3,500	3,700
197		10c.	(#125)(赤)	1,800	280
198	**24**	16c.	(#126)(赤)	5,000	1,900
199		20c.	(#114)	3,300	350
200		30c.	(#115)	10,000	700
201		50c.	(#116)(赤)	15,000	1,800
202	**25**	$1	(#117)	23,000	2,000
203		$2	(#118)	48,000	23,000
204		$5	(#119)(赤)	75,000	53,000
			セット価(15)	187,000	87,000

◇変異		倒蓋		⬚⬚V		⬚⬚H	
190	1/2c.			140,000	130,000		
191	1c.					83,000	*u*
193	3c.	*u*	180,000	40,000	*u*		
197	10c.			150,000	260,000		

(*b*) 欠資票 (1912.9.-)

T33 (5号楷書体)を倫敦版欠資票に英国倫敦華徳路公司で黒加蓋

D205	**27**	1/2c.	青(D133)(9.5)	1,500	1,000
D206		1/2c.	茶(UD13)	800	300
D207		1c.	茶(D141)	800	300
D208		2c.	茶(D142)	1,000	500
D209		4c.	青(D136)	2,000	900
D210		5c.	茶(UD15)	2,800	1,400
D211		10c.	青(D138)	4,500	2,700
D212		20c.	茶(UD16)	6,500	10,000
D213		30c.	青(D140)	7,500	6,500
			セット価(9)	27,000	23,000

◇変異

D207a	1c.	倒蓋	35,000	35,000
D210a	5c.	⬚⬚H	380,000	380,000

U45

U46

U48

U49

U50

U51

U52

U53

U54

U55

U56

U57

U58

U46～58 大中華民国の文字と中国地図

1912.-. 中華民国共和紀念

凹版，P14 1/2，北京財政部印刷局

◆不発行

U45	1c.	黄	U53	20c.	濃茶
U46	2c.	薄緑	U54	50c.	濃緑
U48	3c.	青緑	U55	$1	朱
U49	5c.	淡紅	U56	$2	薄茶
U50	8c.	茶	U57	$5	緑青
U51	10c.	青	U58	$10	濃紫
U52	16c.	緑	U47 は欠番		

☆清朝を打倒，共和制の中華民国が誕生したことを紀念し，中華民国地図を描いた共和紀念郵票と，辛亥革命の指導者孫文を描いた光復紀念郵票（#214～225）の発行が準備された。これに対して革命派と妥協して1912年2月12日に宣統帝を退位させ，孫文に代わって中華民国臨時大統領に就任した“清朝の巨頭”袁世凱から「孫文の肖像だけ採り上げて，自分のものがないのは承服出来ない」との抗議があり，地図から袁の肖像（#226～237）に急遽，図案変更された。

このため地図を描いた共和紀念票は不発行となったが，「作廃／CANCELLED」と横楕円形印を押したものがごくわずか，市場に存在する。

1912.12.14. 光復紀念

凹版，P14，29.5×22㎜，S 100（10×10）＝分・角単位,50（5×10）＝円単位，北京財政部印刷局

#214～225 孫文（1866-1925）

214	1c.	橙（30万枚）………	480	320
215	2c.	黄緑（30万枚）……	480	320
216	3c.	青緑（200万枚）……	480	320
217	5c.	紫（30万枚）………	950	320
218	8c.	濃茶（25万枚）……	950	320
219	10c.	青（30万枚）………	950	320
220	16c.	橄緑（10万枚）…	2,800	1,800
221	20c.	赤紫（15万枚）…	3,800	1,000
222	50c.	濃緑（5万枚）…	10,000	4,000
223	$1	洋紅（5万枚）…	26,000	6,000
224	$2	茶（5万枚）……	75,000	30,000
225	$5	灰（5万枚）……	28,000	22,000
		セット価（12）	150,000	67,000

銘版：「CHINESE BUREAU OF ENGRAVING AND PRINTING」上下各2枚掛け
☆1913年1月限りで発売が中止された。

1912.12.14. 共和紀念

凹版，P14，29.5×22㎜，S 100（10×10）＝分・角単位，50（5×10）＝円単位，北京財政部印刷局

#226～237 袁世凱（1860-1916）

226	1c.	橙（30万枚）………	280	180
227	2c.	黄緑（30万枚）……	280	180
228	3c.	青緑（200万枚）……	280	180
229	5c.	紫（30万枚）………	380	200
230	8c.	濃茶（25万枚）…	1,200	400
231	10c.	青（30万枚）………	950	250
232	16c.	橄緑（10万枚）…	1,000	1,200
233	20c.	赤紫（15万枚）……	900	1,000
234	50c.	濃緑（5万枚）……	5,500	3,500
235	$1	洋紅（5万枚）…	16,000	5,500
236	$2	茶（5万枚）……	20,000	6,500
237	$5	灰（5万枚）……	60,000	29,000
		セット価（12）	105,000	48,000

銘版：「CHINESE BUREAU OF ENGRAVING AND PRINTING」上下各2枚掛け
☆1913年1月限りで発売が中止された。

1913-33.　帆船票（ジャンクシリーズ）

34　帆船

35　農穫図

36　宮門図

☆上の３つの図案の郵票は，一般に，まとめて「帆船（ジャンク）票」と呼ばれている。

【帆船票の版の区別】

帆船票には，倫敦版，北京老版（１版），北京新版（２版）の３種がある。「倫敦版・北京老版」と「北京新版」の違いは明瞭なので，まず，これを区別し，つぎに「倫敦版」と「北京老版」を区別すると分かりやすい。

◇倫敦版・北京老版と北京新版

「中華民国郵政」のフレームの飾りで容易に区別することができる。

〈帆船図案〉「交通運輸」を表す

倫敦版・北京老版

・上部の球，花が二重線になっている。
・フレーム下部に細い縦線がある。

北京新版

・球，花とも白く抜きになっている。
・フレーム下部に縦線がない。

〈農穫図案〉「以農立国」を表す

倫敦版・北京老版

・上部の花は二重線。
・額面の下は地色のまま。

北京新版

・上部の花は白抜き。
・額面の下に小球が並んでいる。

〈宮門図案〉「礼儀治国」を表す

倫敦版・北京老版

・上部に単線のかこみがない。
・下は二重線。

北京新版

・上部に単線でかこみがある。
・下は太い単線。

☆帆船票（倫敦版，北京老版，北京新版）は1936年12月31日限り発売中止，1937年2月1日から使用が禁止された。

◇倫敦版と北京老版

両者はよく似ているが，次に示すように微妙な違いがあり，区別することができる。

〈帆船図案〉

倫敦版

・フレーム下部の縦線は短くて細い。
・「國」の第１画はまっすぐ。
・帆船の旗が長い。

・汽車と煙の間に煙突。

北京老版

・フレーム下部の縦線は長くて太い。
・「國」の第１画の頭が右に傾いている。
・帆船の旗が短い。

・煙突が見えない。

〈農穫図案〉

倫敦版

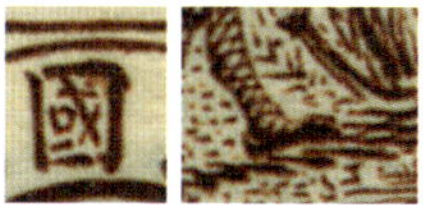

・「國」の第１画はまっすぐ。
・鎌の先と草，左足と影は接している。

北京老版

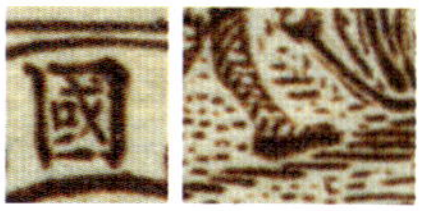

・「國」の第１画の頭が左に傾いている。
・鎌の先と草，左足と影は離れている。

〈宮門図案〉

倫敦版

・上部中央の窓枠は，横の長方形で太い。窓枠の右上の 〉 は欠けていない。
・「圓」の第２画は水平で，はねの部分は欠けていない。

北京老版

・上部中央の窓枠は，角が丸く細い。窓枠の右上の 〉 は下の部分が欠けている。
・「圓」の第２画は少しへこみ，はねの部分が欠けている。

1913（民国2）.5.5.　倫敦版帆船票

凹版，P14，15，20×22㎜，Ｓ 200（5×5×8）＝分・角単位，50（10×5）＝円単位，英国倫敦華徳路公司

238	34	1/2c.	黒茶（3,370 万枚）……	100	100
239		1c.	橙（6,950 万枚）………	300	100
240		2c.	黄緑（1,135 万枚）……	500	100
241		3c.	青緑（7,420 万枚）……	800	100
242		4c.	紅（286 万枚）………	1,500	200
243		5c.	桃紫（850 万枚）……	3,500	200
244		6c.	灰（200 万枚）………	1,300	200
245		7c.	紫（85 万枚）………	2,500	600

246	34	8c.	橙茶（300 万枚）……	3,500	400
247		10c.	濃青（380 万枚）……	3,500	800
248	35	15c.	茶（75 万枚）…………	4,000	600
249		16c.	橄緑（50 万枚）………	3,000	300
250		20c.	赤茶（90 万枚）………	3,000	300
251		30c.	紫茶（70 万枚）………	5,000	200
252		50c.	緑（30 万枚）…………	8,500	400
253	36	$1	赭黄・黒（125 万枚）	18,000	1,000
254		$2	青・黒（102.5 万枚）	28,000	2,000
255		$5	赤・黒（205 万枚）…	43,000	13,000
256		$10	黄緑・黒（52.5 万枚）	250,000	95,000
			セット価（19）	380,000	115,000

◇歯孔別評価

		P14		P15	
238	1/2c.	100	100	1,000	300
239	1c.	300	100	1,500	300
240	2c.	500	100	2,500	300
241	3c.	800	100	2,500	300
242	4c.	1,500	200	3,500	1,000
243	5c.	3,500	200	7,000	1,500
244	6c.	1,300	200	5,000	1,000
245	7c.	2,500	600	7,000	5,000
246	8c.	3,500	400	5,500	2,500
247	10c.	3,500	800	5,500	2,500
248	15c.	4,000	600	10,000	2,500
249	16c.	3,000	300	7,000	2,000
250	20c.	3,000	300	6,000	2,000
251	30c.	5,000	200	6,000	2,000
252	50c.	8,500	400	10,000	2,000
253	$1	18,000	1,000	25,000	4,000
254	$2	28,000	2,000	35,000	5,000
255	$5	43,000	13,000	55,000	15,000
256	$10	250,000	95,000	350,000	150,000

◇歯孔変異

		□□V		□□H	
238	1/2c.	20,000	*u*	20,000	*u*
239	1c.	18,000	*u*	25,000	*u*
240	2c.			40,000	*u*
241	3c.	40,000	40,000	20,000	20,000
247	10c.	40,000	30,000	38,000	38,000
251	30c.			40,000	40,000

☆倫敦版は硬くて半透明な紙で，裏面に印影が浮かび出ている。画線は細かく，刷色は明るく鮮やかである。

1915-19（民国 4-8）．北京老版帆船票

凹版，P14，20×22㎜，Ⓢ200（20×10）＝分・角単位，50（10×5）＝円単位，北京財政部印刷局

257	34	1/2c.	黒茶 ………………	80	40
258		1c.	橙 …………………	80	40
259		1 1/2c.	薄紫（'19）………	380	60
259a			濃紫 ………………	500	150
260		2c.	黄緑 ………………	160	40
261		3c.	青緑 ………………	180	40
262	34	4c.	紅 …………………	2,000	40
263		5c.	桃紫 ………………	850	40
264		6c.	灰 …………………	1,600	40
265		7c.	紫 …………………	2,500	450
266		8c.	橙茶 ………………	1,400	40
267		10c.	濃青 ………………	1,500	70
268	35	13c.	茶（'19）…………	950	70
269		15c.	茶 …………………	4,300	450
270		16c.	橄緑 ………………	1,800	70
271		20c.	赤茶 ………………	1,900	70
272		30c.	紫茶 ………………	1,800	70
273		50c.	緑 …………………	4,300	80
274	36	$1	赭黄・黒 ……	14,000	90
275		$2	青・黒 ………	35,000	500
276		$5	赤・黒 ………	80,000	3,000
277		$10	黄緑・黒 …	130,000	25,000
278		$20	黄・黒（'18.1.-）……………	490,000	330,000
			セット価（22）	774,000	360,000

◇変異

272a	30c.	□□H …………	40,000	–
275a	$2	中心宮門倒印 …………	*Sp*	*Sp*

☆北京老版の紙は柔らかく不透明で，裏面に印影が浮かび出ていない。画線は粗く，刷色は暗くてにぶい。
☆#275aは漢口郵局から，1シート（50面）が誤って売られた。

◇郵票冊（切手帳ペーン）

BP1	1c.（#258）	4 面格 …………	12,000	–
BP2	1c.（#258）	6 面格 …………	15,000	–
BP3	3c.（#261）	6 面格 …………	15,000	–
BP4	5c.（#263）	4 面格 …………	18,000	–
BP5	10c.（#267）	4 面格…………	20,000	–

☆評価は綴り部分の耳紙（ホッチキス止め跡がある）が付いていて切手帳ペーンであることがはっきりしているものに限る。

☞ 郵票冊 SB1～3

1923-33（民国 12-22）．北京新版帆船票

凹版，薄紙（A）または厚紙（B），P14，20×22㎜，Ⓢ200（20×10）＝分・角単位，50（10×5）＝円単位，北京財政部印刷局

279	34	1/2c.	黒茶	180	30
280		1c.	橙	100	30
281		1 1/2c.	紫	350	90
282		2c.	黄緑	200	30
283		3c.	青緑	600	30
284		4c.	灰	2,800	80
285		4c.	橄緑('26)	160	30
286		5c.	桃紫	400	50
287		6c.	紅	850	50
288		6c.	茶('33)	2,000	130
289		7c.	紫	850	50
290		8c.	橙	1,800	50
291		10c.	濃青	1,500	50
292	35	13c.	茶	3,300	60
293		15c.	濃青	1,000	60
294		16c.	橄緑	1,100	60
295		20c.	赤茶	850	40
296		30c.	紫茶	3,300	40
297		50c.	緑	6,000	60
298	36	$1	橙茶・黒茶	6,500	70
299		$2	青・赤茶	8,500	100
300		$5	赤・灰緑	14,000	430
301		$10	緑・赤紫	68,000	6,500
302		$20	緑・濃紫	130,000	18,000
			セット価(24)	250,000	26,000

◇**歯孔変異**

		□□		⬚|⬚H		|⬚|⬚|H	
279	1/2c.			18,000	18,000	15,000	15,000
280	1c.	13,000	13,000	13,000	13,000		
284	4c.			30,000	30,000	30,000	30,000
285	4c.			30,000	30,000	30,000	30,000

☆ 280 1c., 285 4c. 橄緑には，実験用の印刷で，すかしが入ったものが存在する。
評価は25万円。

◇**紙質別評価**

			薄紙		厚紙	
279	1/2c.		350	60	180	30
280	1c.		200	50	100	30
281	1 1/2c.		500	140	350	90
282	2c.		400	30	200	30
283	3c.		800	30	600	30
284	4c.	灰	4,000	100	2,800	80
285	4c.	橄緑			160	30
286	5c.		800	50	400	50
287	6c.	紅	1,500	50	850	50
288	6c.	茶			2,000	130
289	7c.		1,000	70	850	50
290	8c.		2,300	400	1,800	50
291	10c.		2,000	50	1,500	50
292	13c.		3,300	60	3,300	60
293	15c.		1,500	60	1,000	60
294	16c.		1,400	250	1,100	60
295	20c.		1,200	100	850	40
296	30c.		4,000	100	3,300	40
297	50c.		8,000	120	6,000	60
298	$1		6,500	70	8,000	100
299	$2		8,500	100	10,000	120
300	$5		14,000	430	16,000	600
301	$10		68,000	6,500	68,000	6,500
302	$20		130,000	18,000	130,000	20,000

☆薄紙はフランス製，厚紙はカナダ製の用紙である。

◇**郵票冊**（切手帳ペーン）

BP6	1c.(#280) 4面格	4,500	–
BP7	1c.(#280) 6面格	9,000	–
BP8	3c.(#283) 6面格	8,000	–
BP9	5c.(#286) 4面格	10,000	–
BP10	10c.(#291) 2面格	12,000	–
BP11	10c.(#291) 6面格	15,000	–

☞ 郵票冊 SB4～7

桂

(広 1)

1926（民国 15）. 北京新版帆船“桂”区貼用

(広 1) を赤加蓋

KS1	36	$1(#298)	200,000	60,000
KS2		$2(#299)	200,000	90,000
KS3		$5(#300)	200,000	100,000
KS4		$10(#301)	400,000	*u*
KS5		$20(#302)	400,000	*u*

☆“桂”は広西省の別称。

黔

(貴 1)

1926（民国 15）. 北京新版帆船“黔”区貼用

(貴 1) を赤加蓋

KW1	36	$1(#298)	200,000	80,000
KW2		$2(#299)	200,000	100,000
KW3		$5(#300)	200,000	200,000

◆**不発行**

KW4	$10(#301)	400,000	*u*
KW5	$20(#302)	400,000	*u*

☆“黔”は貴州省の別称。

KS1～5，KW1～5は両省が中華民国の中心から離れた辺境の地にあり，しかも当時は内戦で混乱しており，盗難の恐れなどから，高額郵票の継続配給が困難だったため，特定する文字を加蓋して，使用地域を限定する目的で発行されたといわれる。真正品は極めて稀で，入手に際しては注意が必要である。

37

【倫敦版欠資票と北京版欠資票の区別】

倫敦版
・花紋の下の横線に切れはない。

北京版
・花紋の下の横線は，1本が切れている。

1913（民国2）. 5.-.　倫敦版欠資票

凹版，P14～15，14×22㎜，Ⓢ200（5×5×8），英国倫敦華徳路公司

D303	37	1/2c.	青	300	150
D304		1c.	青	350	150
D305		2c.	青	500	300
D306		4c.	青	800	300
D307		5c.	青	1,200	600
D308		10c.	青	1,800	800
D309		20c.	青	2,800	1,300
D310		30c.	青	3,500	1,500
				(8) 11,250	5,100

◇変異

D303a	1/2c.	⬚⬚H	400,000	300,000
D304a	1c.	⬚⬚H	400,000	*u*

1915（民国4）.-.　北京版欠資票

凹版，P14，14×22㎜，Ⓢ200（5×5×8），北京財政部印刷局

D311	37	1/2c.	青	300	100
D312		1c.	青	380	70
D313		2c.	青	400	70
D314		4c.	青	500	80
D315		5c.	青	700	150
D316		10c.	青	1,100	250
D317		20c.	青	1,800	800
D318		30c.	青	5,000	2,000
				(8) 10,180	3,520

☆青色欠資票は1936年12月31日限りで発売中止，1937年2月1日から使用が禁止された。

U59　故宮の正陽門

U60　天安門

U61　太和殿

1915（民国4）. 12.-.　洪憲紀念

凹版，P14，北京財政部印刷局

◆不発行

U59	5c.	赤	
U60	10c.	青	
U61	50c.	緑	
U59-61 (3)			200,000

☆袁世凱は，その後自ら帝位に就き，国名を中華帝国，1916年を洪憲元年と称したが，国中の反対にあい，わずか80日余りで帝政を廃し，直後に死亡したため，紀念郵票は発行されないまま終わった。SPECIMEN（様票）と黒加蓋されたものが市場に出回っている。

☞ 限新省貼用

このほか，
・北京老版帆船票（#257～278のうち，259，268，278の3種を除く）19種
・北京版欠資票（D311～318）8種
に「中華帝国」（縦書），“SPECIMEN”と加蓋した様票が存在する。

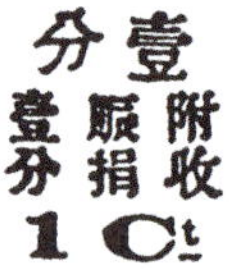

(38)

1920（民国9）.12.1.「附収賑捐」加蓋票

T38を倫敦版帆船票に北京財政部印刷局で青または赤加蓋

319	34	1c./2c. (#240)（赤）(600万枚)		500	200
320		3c./4c. (#242)(1,000万枚)		800	300
321		5c./6c. (#244)（赤）(70万枚)		1,200	500
			(3)	2,500	1,000

☆1919年に起こった黄河決壊の犠牲者を救済する目的で発行された。

A322～A326　万里の長城の上を飛ぶ飛行機

五色旗
（北京2版に注意）

1921（民国10）.7.1.　北京1版航空票

凹版，P14，37×28.5㎜，Ⓢ25（5×5），北京財政部印刷局

A322	15c.	青緑・黒	5,000	5,000
A323	30c.	紅・黒	5,000	5,000
A324	45c.	紫・黒	5,000	5,000
A325	60c.	青・黒	6,500	6,500
A326	90c.	橄緑・黒	7,300	7,300
			(5) 28,800	28,800

☆中国航空北滬（北京-上海）路線に先駆けて，済南までの開航に合わせて発行された。1929年5月29日限りで発売が中止された［滬《こ》上海の別称］。

☞ 北京2版航空票（A349～A353）

1921.10.10.
郵政25年紀念

凹版，P14，30×23㎜，S 100（10×10），北京財政部印刷局

#327～330 左から
交通総長葉恭綽（1881-1968），
総統徐世昌（1855-1939），
国務総理靳雲鵬（1877-1951）

			総発行量		
327	1c.	橙	（150.56万枚）…………	600	180
328	3c.	青緑	（150.56万枚）………	650	150
329	6c.	灰	（75.56万枚）……………	750	500
330	10c.	青	（75.56万枚）……………	850	400
			（4）	2,850	1,230

銘 版：「CHINESE BUREAU OF ENGRAVING AND PRINTING」上下各2枚掛け
☆中国の国家郵政事業は光緒22年2月初7日（1896年3月20日）に光緒帝の許可をえたあと，準備期間を経て，光緒23年正月19日，正式に発足した。のちに3月20日が郵政記念日と定められ，25年になるのを紀念して発行の予定だったが遅れて，国慶のこの日から発売され，9ヵ月後に発売中止になった。
☞ 限新省貼用（SK39～42），40年紀念（#418～421），50年紀念（#1085～1089）

(39)

(40)

1923-25（民国 12-14）. 改値暫作票

T39 を北京老版帆船票に北京財政部印刷局で赤加蓋（1923.2.19）

331	34	2c./3c.（#261）………	350	70

T40 を北京新版帆船票に北京財政部印刷局で赤加蓋（1925.1.31）

332	34	3c./4c.（#284）………	350	40

◇変異（下の倒蓋には偽物が多く注意）

331a	2c./3c.	倒蓋…	20,000,000	17,000,000
332a	3c./4c.	倒蓋…	30,000,000	27,000,000

☞ 改値暫作票（#354～358）

1923（民国 12）.10.10.
憲法紀念

凹版，P14，25×30.5㎜，S 50（10×5），北京財政部印刷局

#333～336 天壇図

333	1c.	橙	（250万枚）…………	500	100
334	3c.	青緑	（250万枚）………	550	230
335	4c.	赤	（125万枚）…………	1,100	250
336	10c.	青	（100万枚）…………	1,700	350
			（4）	3,850	930

銘 版：「CHINESE BUREAU OF ENGRAVING AND PRINTING」上下各3枚掛け
☆北洋軍閥直隷派の首領，曹錕（1862-1938）が大総統に当選後，北京で中華民国憲法を制定したのを紀念して発行された。曹錕に反対する広東，広西，雲南，貴州の4省では，1924年1月15日限りで使用が禁止された。
☞ 限新省貼用（SK43～46），行憲紀念（#1090～1092）

1924（民国 13）.5.-.
京奉空中郵運開航紀念

平版，P12，北京順天時報館

U62～64
ハトと北京天壇，奉天ラマ塔

◆不発行

U62	15c.	緑	U64	45c.	紫
U63	30c.	赤			

☆北京政府が1924年に北京と奉天（瀋陽）間に航空路開設を計画したことを紀念して発行が準備されたが，結局，航空路は開かれず，不発行に終わった。

1928（民国 17）.3.1.
陸海軍大元帥就職紀念

凹版，P14，23×30㎜，S 100（10×10），北京財政部印刷局

#337～340
張作霖（1875-1928）

337	1c.	橙	（200万枚）………	150	150
338	4c.	橄緑	（200万枚）……	300	300
339	10c.	青	（50万枚）………	750	550
340	$1	紅	（10万枚）……	6,000	6,500
			（4）	7,200	7,500

銘 版：「CHINESE BUREAU OF ENGRAVING AND PRINTING」上下各3枚掛け
☆北洋軍閥奉天派の首領，張作霖が1927年6月18日，安国軍総司令陸海軍大元帥に就任したことを紀念して，翌年の張の誕生日に発行された。この郵票の使用例は直隷（河北），山東および東三省，新省に限られ，国民革命軍が北京入りした1928年6月11日限りで販売が中止された。
☞ 限新省貼用（SK71～74），限吉黒貼用（NE21～24）

Ⅳ　中華民国後期

1929-1945

1. 北京印刷時期（1929-1938）

北伐を成功させ中国全土を統一した国民政府は，郵票の図案も一新した。この頃，日本の中国侵略は次第に激しくなり，1932年(民国21)には，「満洲国」を成立させた。1937年（民国26）に日中全面戦争に突入するまで，郵票が倫敦，あるいは北京（当時は北平と称した）で製造された時期を北京印刷時期と呼ぶ。

1935年（民国24）11月に従来と同じ銀本位の法幣制（国幣と呼ばれた）が採用されたが，郵票の額面表示には変化がなかった。

1929（民国18）.4.18. 国民政府統一紀念

凹版，P14，24 × 30㎜，Ⓢ100（10 × 10），北京財政部印刷局

＃341 ～ 344
蔣介石（1887-1975）

		総発行量		
341	1c.	橙（460万枚）………	100	40
342	4c.	橄緑（444万枚）……	150	80
343	10c.	青（82.5万枚）……	1,300	150
344	$1	紅（11.5万枚）……	7,500	5,500
		(4)	9,050	5,770

銘版：「CHINESE BUREAU OF ENGRAVING AND PRINTING」上下各3枚掛け
☆1925年7月，国民革命軍総司令に就任した蔣介石は1926年から28年にかけて北伐を行い，1928年6月には北京に入城，辛亥革命から10数年ぶりに中華民国統一に成功したことを紀念して発行された。南京，上海，天津などでは1日早く発行された。
1929年12月31日限りで発売中止，1931年5月31日限りで使用が禁止された。
☞ 限新省貼用（SK75～78），限滇省貼用（YN21～24），限吉黒貼用（NE25～28）

1929.5.30. 孫総理国葬紀念

凹版，P14，30 × 24㎜，Ⓢ100（10 × 10），北京財政部印刷局

＃345 ～ 348
南京の孫文陵墓祭堂

		総発行量		
345	1c.	橙（460万枚）………	130	80
346	4c.	橄緑（444万枚）……	100	130
347	10c.	青（82.5万枚） ……	700	250
348	$1	紅（11.5万枚）……	7,000	3,500
		(4)	7,930	3,960

銘版：「CHINESE BUREAU OF ENGRAVING AND PRINTING」2-4，7-9，92-94，97-99番の上下にある。
☆辛亥革命の指導者孫文は，北洋軍閥との対立の最中の1925年3月12日，北京でガンのため死去した。国民政府の全国統一後，遺体が中華民国の首都である南京紫金山に葬られ，1929年6月1日に国葬が行われることを紀念して発行された。
1929年12月31日限りで発売中止，1931年5月31日限りで使用が禁止された。
☞ 限新省貼用（SK79～82），限滇省貼用（YN25～28），限吉黒貼用（NE29～32）

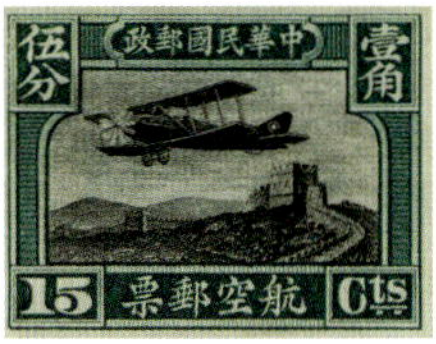

A349～A353
万里の長城の上を飛ぶ飛行機

青天白日徽章
（北京1版に注意）

1929.7.5. 北京2版航空票

凹版，P14，37×28.5㎜，Ⓢ25（5×5），北京財政部印刷局

A349	15c.	青緑・黒 …………	1,000	300
A349a		緑・黒 ……………	1,500	500
A350	30c.	紅・黒 ……………	1,500	500
A351	45c.	紫・黒 ……………	2,500	1,000
A352	60c.	青・黒 ……………	3,000	1,200
A353	90c.	橄緑・黒 …………	3,000	1,800
		(5)	11,000	4,800

1936年12月31日限りで発売中止，1937年2月1日から使用が禁止された。

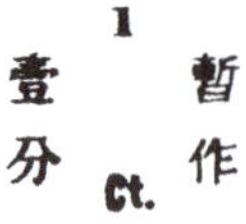

(41)

1930-35（民国19-24）. 改値暫作票

T41を北京老版，または北京新版帆船票に北京財政部印刷局で赤加蓋

354	34	1c./3c. (#261) ('30.10.-) ……		130	230
355		1c./2c. (#282) ('35.5.1) (赤)		250	30
356		1c./3c. (#283) ('30.3.20) (赤)		100	40
357		1c./3c. (#283) ('32.7.-) (黒・厚紙) ………………………		250	110
358		1c./4c. (#285) ('33) …………		180	40

◇変異

356a	1c./3c.	"ct."の後点漏印	1,800	1,800
358a	1c./4c.	"ct."の後点漏印	5,000	2,000

◇原票の紙質別評価

		薄紙		厚紙	
356	1c./3c.	100	40	300	120

1931.-37　孫文シリーズ１次・２次

42　孫文

双圏

単圏

1931-37（民国20-26）. 倫敦（ロンドン）版孫文票

統一を果たした中華民国政府は，第10回国民会議の議決を受け，普通郵票をそれまでの帆船・農穫・宮門図から孫文，革命烈士像を描いた図案に改めることを決め，イギリス・ロンドンのデ・ラ・リュー社（英国倫敦徳納羅公司）に発注した。孫文票は肖像を中心に，頭部に中国国民党の象徴である青天白日章を描いている。

ところが1931年8月上旬，納入された郵票の中には青天白日章の中心円が二重になっているものがあり，直ちに一重に手直しされた。二重のものはすでに各額面合わせて5億枚作られていたため，両者を併せて使用することにした。前者を双圏，後者を単圏と呼び，区別する。

（1）倫敦版双圏（1次孫文票）（1932.2.-）

凹版，P$12\frac{1}{2}$，19×22.5㎜，S 200（10×20）＝分・角単位，50（10×5）＝円単位，英国倫敦徳納羅公司（Thomas de la Rue & Co., Ltd., London）

359	42	1c.	橙	60	30
360		2c.	橄緑	70	40
361		4c.	緑	110	30
362		20c.	群青	140	30
363		$1	茶・赤茶	1,200	50
364		$2	青・赤茶	3,500	300
365		$5	紅・黒	5,000	500
			(7)	10,080	980

（2）倫敦版単圏（2次孫文票）（1931-37）

凹版，P$12\frac{1}{2}$（#366～372），$12\frac{1}{2}$×13（#373A～375A），$11\frac{1}{2}$×$12\frac{1}{2}$（#373B～375B），S 200（10×20）＝分・角単位，50（10×5）＝円単位，英国倫敦徳納羅公司

（A）狭版：18.5～19.0×22.5㎜

（B）広版：20.0～20.5×22.5㎜

366	42	2c.	橄緑（'31.11.12）	50	30
367		4c.	緑（'31.11.12）	70	30
368		5c.	緑（'33.6.1）	40	30
369		15c.	濃緑（'32.6.1）	430	130
370		15c.	朱（'33）	50	30
371		20c.	濃青（'37）	90	30
372		25c.	濃青（'32.6.1）	50	70
373		$1	茶・赤茶（'32.6.1）	1,400	50
374		$2	青・赤茶（'32.6.1）	2,500	130
375		$5	紅・黒（'32.6.1）	4,800	500
			(10)	9,480	1,030

◇印面寸法別評価

		狭版		広版	
366	2c.	400	100	50	30
367	4c.	70	30	800	800
368	5c.	2,000	500	40	30
369	15c. 濃緑	430	130		
370	15c. 朱			50	30
371	20c.			90	30
372	25c.	50	70	150	50
373	$1	3,000	50	('36) 1,400	50
374	$2	5,000	500	('37) 2,500	130
375	$5	5,200	500	('37) 4,800	500

☆印面寸法に２種類あるのは，当初，湿式印刷だったものが，1933年頃から乾式印刷に変わったために生じたもので，狭版が湿式印刷，広版が乾式印刷である。
15c.朱と20c.は広版だけで狭版は存在しない。逆に，15c.濃緑には広版が確認されていない。

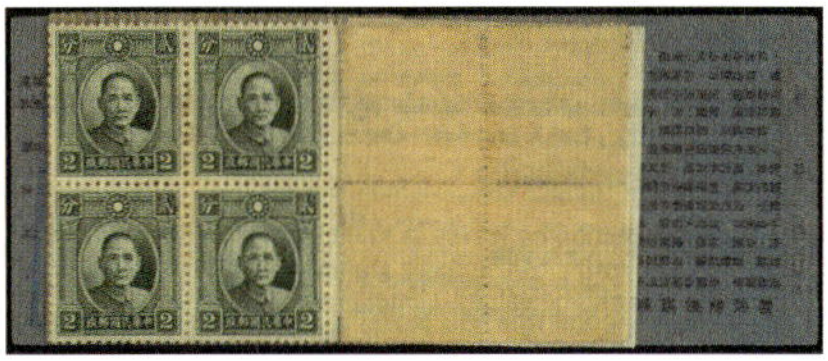

◇郵票冊（切手帳ペーン）

BP12	2c.（#366）4面格	5,000	－
BP13	2c.（#366）6面格	7,500	－
BP14	5c.（#368）4面格	5,000	－
BP15	5c.（#368）6面格	7,500	－
BP16	25c.（#372）6面格	15,000	－

☞ 郵票冊（SB8-9），北京仿版孫文票（U71～73），倫敦３版孫文票（#907～911，U101～102）

1932（民国21）. 6.3. 西北科学考査団紀念

凹版，P14，24×30㎜，S 100（10×10），北京財政部印刷局

＃376～379
故宮博物院蔵「平沙卓歇」図

376	1c.	橙（2.5万枚）	3,000	3,000
377	4c.	橄緑（2.5万枚）	3,000	3,000
378	5c.	桃紫（2.5万枚）	3,000	3,000
379	10c.	濃青（2.5万枚）	3,000	3,000
✉ 30,000		(4)	12,000	12,000

銘版：「CHINESE BUREAU OF ENGRAVING AND PRINTING」上下各３枚掛け
版号　1分 904，4分 905，5分 906，10分 907
☆スウェーデンの探検家ヘディン（1865-1952）がドイツ，中国の学者たちと組織した西北科学考査団が，熱河地方から東トルキスタン一帯を調査したことを紀念して発行された。25,000組のうち南京，上海，北京，広州，漢口でわずか4,500組が売られたほかは，北京の考査団事務局で１組５円（$5）で売られ，差額は考査団の活動資金に充てられた。
1934年1月1日から使用が禁止された。

43 鄧鏗
(1885-1922)

44 陳英士
(1877-1916)

45 廖仲愷
(1876-1925)

46 朱執信
(1885-1920)

47 宋教仁
(1882-1913)

48 黄興
(1873-1916)

【北京版烈士票と香港版烈士票の区別】

北京版

香港版

「政」の字の3画目と6画目が，離れているのが北京版，つながっているのが香港版。

1932-34 (民国 21-23). 北京版烈士票

凹版，P14，S 200 (20 × 10)，無水印，北京財政部印刷局

(A) 高版：19.5 × 22.5㎜

(B) 低版：19.5 × 21.5㎜

380	43	1/2c.	黒茶 ('32.10.-) ·········	30	30
381	44	1c.	黄橙 ('34) ················	30	30
382	43	2 1/2c.	桃 ('33) ··················	30	30
383	45	3c.	茶 ('33) ··················	30	30
384	46	8c.	橙赤 ('32.8.13) ·········	50	30
385	47	10c.	紫 ('32.8.13) ············	60	30
386	46	13c.	青緑 ('32.10.-) ·········	70	30
387	47	17c.	橄緑 ('32.10.-) ·········	60	30
388	48	20c.	赤茶 ('32.8.13) ······	110	30
389	45	30c.	茶紫 ('32.8.13) ······	150	30
390	48	40c.	橙 ('32.8.13) ·········	140	40
391	44	50c.	緑 ('34) ···············	500	50
			(12)	1,260	390

◇印面寸法別評価

		高版		低版	
380	1/2c.	30	30	400	100
381	1c.	800	300	100	40
382	2 1/2c.	30	30		
383	3c.	30	30	2,500	400
384	8c.	50	30		
385	10c.	60	30	1,500	200
386	13c.	70	30		
387	17c.	60	30		
388	20c.	110	30		
389	30c.	150	30	1,000	400
390	40c.	140	40		
391	50c.	500	50	450	100

◇郵票冊 (切手帳ペーン)

BP17	1c. (#381) 4面格 ············	5,000	–
BP18	1c. (#381) 6面格 ············	7,500	–

☆烈士票とは，清朝を倒し中華民国を建てるのに尽くした，革命の志士たちを描いた切手で，原版は写真によってロンドンのデ・ラ・リュー社が彫刻した。実用版を北京財政部印刷局で作り印刷した。日本軍の北京占領後は，原版を香港の商務印書館に移し，1941年まで印刷が続けられた。

☞ 香港版烈士票 (#488～525)，北京仿版烈士票 (U82～88)

49 万里の長城の上を飛ぶ航空機

【北京版と香港商務版の区別】

北京版

「票」の字の9画目と10画目がつながっている。

香港商務版

「票」の字の9画目と10画目が離れている。

1932-37 (民国 21-26). 北京版長城航空票

凹版，P14，S 100 (10 × 10)，無水印，北京財政部印刷局

(A) 狭版：41.0 × 22.5㎜

(B) 広版：41.5 × 22.0㎜

A392	49	15c.	緑 ('32.8.29) (800万枚)···	70	50
A393		25c.	橙 ('33.5.13) (100万枚)	500	300
A394		30c.	赤 ('32.8.29) (130万枚)	1,000	250
A395		45c.	紫 ('32.8.29) (60万枚)	100	50
A396		50c.	黒茶 ('33.5.13) (50万枚)	100	50
A397		60c.	濃青 ('32.8.29) (60万枚)	100	50
A398		90c.	橄緑 ('32.8.29) (30万枚)	100	60
A399		$1	黄緑 ('33.5.13) (50万枚)	150	50
A400		$2	茶 ('37.6.9) (30万枚)···	150	80
A401		$5	紅 ('37.6.9) (10万枚)···	400	300
			(10)	2,670	1,240

☆発行当時は狭版だったが，1937年頃から紙質が薄くなるとともに広版に変化した。

☞ 香港商務版長城航空票 (A526-545)

◇印面寸法別評価

		狭版		広版	
A392	15c.	70	50		
A393	25c.	1,000	1,000	500	300
A394	30c.	1,200	1,200	1,000	250
A395	45c.	100	50		
A396	50c.	150	150	100	50
A397	60c.	100	50		
A398	90c.	100	50		
A399	$1	150	50	150	50
A400	$2			150	80
A401	$5			400	300

50

【北京新版と香港商務版の区別】

北京新版
「國」の字の1画目と7画目がつながっている。

香港商務版
「國」の字の1画目と7画目が離れている。

1932 (民国21). 北京新版欠資票

凹版，P14，Ⓢ200 (20 × 10)，北京財政部印刷局
(A) 高版：14.0 × 22.0㎜
(B) 低版：14.0 × 21.5㎜

D402	50	1/2c.	橙 …………………	60	30
D403		1c.	橙 …………………	60	30
D404		2c.	橙 …………………	60	30
D405		4c.	橙 …………………	60	30
D406		5c.	橙 …………………	150	150
D407		10c.	橙 …………………	200	200
D408		20c.	橙 …………………	280	300
D409		30c.	橙 …………………	400	400
				(8) 1,270	1,170

◇印面寸法別評価

		高版		低版	
D402	1/2c.	60	30	100	100
D403	1c.	60	30	1,000	1,000
D404	2c.	60	30	100	100
D405	4c.	60	30		
D406	5c.	70	70	150	150
D407	10c.	200	200	220	220
D408	20c.	280	300	300	300
D409	30c.	400	400		

☞ 香港商務版欠資票 (D546 ～ 556)
1936年12月31日限りで発売中止，1937年2月1日から使用が禁止された。

1933 (民国22).1.9. 譚院長紀念

凹版，P14，22 × 30㎜，Ⓢ100 (10 × 10)，北京財政部印刷局

#410～413
行政院長譚延闓 (1876-1930)

410	2c.	橄緑 (419.8万枚)	250	130
411	5c.	緑 (419.8万枚) …	400	40
412	25c.	青 (92.8万枚) ……	1,000	180
413	$1	赤 (6.2万枚) ……	7,300	3,500
			(4) 8,950	3,850

銘版：「CHINESE BUREAU OF ENGRAVING AND PRINTING」2 - 4，7 - 9，92-94，97-99番の上下にある。約47㎜。
☆北伐の後，国民政府行政院長の職に就き，国民党の長老として重きをなした譚延闓が1930年9月22日に死去，1931年9月4日に国葬が営まれた後，南京紫金山近くに紀念堂が完成したことを紀念して発行された。
1933年6月30日限りで発売中止，同年12月31日限りで使用が禁止された。

☞ 限新省貼用 (SK117 ～ 120)，限滇省貼用 (YN52 ～ 55)

51
新生活運動のマークを中心にして「礼，義，廉，恥」の4文字を配す

52

53
灯台と4文字とマーク

1936 (民国25).1.1. 新生活運動紀念

凹版，P14，22 × 32㎜，Ⓢ100 (10 × 10)，北京財政部印刷局

414	51	2c.	橄緑 (160万枚)	180	80
415		5c.	緑 (688万枚) …	200	30
416	52	20c.	青 (112万枚) …	600	70
417	53	$1	赤 (40万枚) ……	4,000	1,100
				(4) 4,980	1,280

銘版：「CHINESE BUREAU OF ENGRAVING AND PRINTING」
☆中華民国政府の提唱で，「礼」「義」「廉」「恥」を基本精神とした新生活運動の実施を紀念して発行された。各郵票にはこの4文字が配されている。1936年6月30日限りで発売中止，同年10月1日から使用が禁止された。

#418 寒冷地に郵便物を運ぶラクダ

#419 上海の外灘 (バンド) 風景

#420 上海郵政管理局

#421 南京交通部

1936. 10.10. 郵政40年紀念

凹版 P14，31 × 22㎜，Ⓢ100 (10 × 10)，北京財政部印刷局

418	2c.	橙 (150万枚) ………	300	70
419	5c.	緑 (750万枚) ………	150	30
420	25c.	青 (74万枚) ………	480	50
421	$1	赤 (26万枚) ……	2,800	850
			(4) 3,730	1,000

銘版：「CHINESE BUREAU OF ENGRAVING AND PRINTING」
☆ 1937年3月31日限りで発売中止，同年7月1日限りで使用が禁止された。

(54)

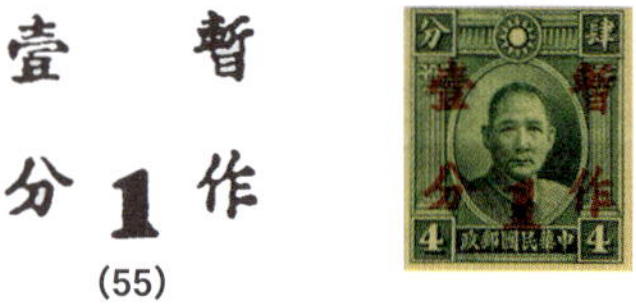

(55)

(56)

(57)

1936-38 (民国25-27). **改値暫作票**

T54 を北京新版帆船票に北京財政部印刷局で赤加蓋 (1936.10.11)

422	35	5c./15c. (#293) ……	180	50
423		5c./16c. (#294) ……	300	100

T55 を2次孫文票に北京財政部印刷局で赤加蓋 (1937.2.17)

424	42	1c./4c. (#367) ………	130	50

T56 を北京版烈士票に北京財政部印刷局で黒加蓋 (1938.7.-)

425	48	8c./40c. (#390) ………	200	80

T57 を2次孫文票に北京財政部印刷局で赤加蓋 (1938.7.-)

426	42	10c./25c. (#372) ……	180	30
			(5) 990	310

◇変異

424a 1c./4c. "壹"の字漏印 ……… *u* *u*

◇原票の印面寸法別評価

		狭版		広版	
424	1c./4c.	130	50	120,000	75,000
426	10c./25c.	180	30	600	120

2. 香港印刷時期 (1938-1941)

1937年(民国26) 7月7日に，北京郊外の盧溝橋付近で演習中の日本軍に対して発砲があったことをきっかけに，中国と日本は全面戦争へと突入した。北京，南京を日本軍に明け渡した国民政府は重慶へ遷都，郵政当局はそれまで使用していた倫敦版孫文票，北京版烈士票を引き続いて調達することが不可能になり，代わって香港の中華書局，大東書局，南務印書館に普通郵票の製造を発注した。この時期を香港印刷時期と呼ぶ。

58

1938-41 (民国27-30).
香港中華版・大東版孫文票 (3次孫文票)
凹版，S 200 (20×10) ＝分・角単位，50 (10×5) ＝円単位，
中華版：香港中華書局，
大東版：香港大東書局

【香港中華版の版の区別】
香港中華版は1版と2版に大別され，さらに1版は1次と2次に分けられる。

1版

・青天白日章の上部の枠のたて線が中央部分だけで，外側は空欄になっている（空心框）。

2版

・青天白日章の上部の枠のたて線がすべて埋まっている（実心框）。

第1版1次

・孫文のえり元の第1ボタンは上半分だけ見える（半釦）。

第1版2次・第2版

・第1ボタンは全部見える（全釦）。

【香港版孫文票の額面別分類】

香港版孫文票を分類する時は，次の表によってどの額面はどの版にあるかを調べ，その後，各版ごとの特徴をチェックしていけば分かりやすい。

	香港中華版						香港大東版		
	1版		2版						
額面/略称	1次	2次	実心	改版	細歯				大歯
目打	12½				14	12½	14		12½
水印	無水	無水	無水	無水	無水	有水	無水	有水	無・有
2分			※432	447	449				
3分			433	448					
5分緑			※434		450		460	472	
5分橄緑			435				461	473	
8分橄緑			436				462実		U65無
							463空		
1角			437				464	474	U66無
1角5分朱			438						
1角5分茶			439						
1角6分			440						
2角5分			441						
3角			※442				465	475	U67無
5角			※443				466	476	
1圓	427	※430	※444		451	455釦	467	477	U68有
2圓	428	※431	※445		452	456釦	468	478	
5圓	429		446		453	457釦	469	479	
10圓					454	458釦	470	480	U69有
20圓						459釦	471	481	U70有
計(種)	3	2	15	2	6	5	12	10	6

※　目打に櫛型，単線の双方がある。
釦　実釦と空釦の双方がある。
U　正式発行されたものではない。無＝無水印，有＝有水印
　　無歯（横流し）が存在する。

（1）香港中華１版 P12½，無水印，19.5×23㎜

(*a*) １次：空心半釦（半ボタン）（1938.11.11）

427	58	$1	赤茶・黒茶 …	8,500	1,200
428		$2	青・赤茶 ……	1,800	430
429		$5	赤・濃緑 …	15,000	1,900
			(3)	25,300	3,530

(*b*) ２次：空心全釦（全ボタン）（1939）

430	58	$1	赤茶・黒茶 …	1,600	100
431		$2	青・赤茶 ……	1,800	400
			(2)	3,400	500

◇歯孔別評価

		櫛型		単線	
430	$1	1,600	100	2,500	1,000
431	$2	1,800	400	4,000	1,000

（2）香港中華２版（1939-41），19.5×23㎜

(*a*) 実心全釦 P12½，無水印

432	58	2c.	橄緑（'39.3.-）…………	30	30
433		3c.	赤茶（'41.4.21）………	30	30
434		5c.	緑（'39.3.-）……………	30	30
435		5c.	橄緑（'40.12.25）………	30	30
436		8c.	橄緑（'40.12.25）………	30	30
437		10c.	緑（'41.4.21）…………	30	30
438		15c.	赤（'39.3.-）……………	130	230
439		15c.	茶（'41）…………	1,800	3,300
440		16c.	橄茶（'41.6.-）………	180	50
441		25c.	濃青（'39.3.-）…………	40	80
442		$1	赤茶・黒茶（'40）…	200	80
443		$2	青・赤茶（'40）……	450	60
444		$5	赤・濃緑（'40）……	280	50
445		$10	緑・紫（'39.8.-）…	1,800	230
446		$20	赤紫・青（'39.8.-）	6,000	5,000
			(15)	11,060	9,260

◇変異

443a	$2	□□ …………	28,000	*u*

◇歯孔別評価

		櫛型		単線	
432	2c.	30	30	300	300
433	3c.	30	30		
434	5c.	30	30	300	300
435	5c.	30	30		
436	8c.	30	30		
437	10c.	30	30		
438	15c.			130	230
439	15c.	1,800	3,300		
440	16c.	180	50		
441	25c.			40	80
442	$1	200	80	400	150
443	$2	1,800	500	450	60
444	$5	280	50	850	200
445	$10	2,100	700	1,800	230
446	$20			6,000	5,000

◇無歯

433 □	3c.	7,500	440 □	16c.	7,500
437 □	10c.	20,000	442 □	$1	20,000
439 □	15c.	7,500	444 □	$5	100

☆これらはすべて中華書局からの流出品で，正規に発行されたものではない。

☆革命いまだ成功せず，わが同志たちはみな，努力を続け，目的の貫徹を期さねばならない。
── これは孫文が国民党同志に宛てた遺嘱の中の有名な言葉。1925年3月12日，肝臓ガンで死去する2ヵ月前に書かれた。

【2分，8分の改版の区別】

2分原版
・2の字に食い込みがない。
・2の下の横線は2本。

2分改版
・2の字に食い込みがある。
・2の下の横線は3本。

8分原版
・唐草模様の画線の一部が接続している。

8分改版
・原版で接続している部分が離れている。

(*b*) 中華2版・改版　P12½，無水印（1940.-）

447	58	2c.	橄緑	30	30
448		8c.	橄緑	30	30

(*c*) 中華版大東細歯　P14，無水印（1939.-）

449	58	2c.	橄緑（11.-）	250	100
450		5c.	緑（11.-）	500	210
451		$1	赤茶・黒茶（12.6）	11,000	1,900
452		$2	青・赤茶（10.28）	2,100	500
453		$5	赤・濃茶（12.6）	2,600	1,700
454		$10	緑・紫（12.6）	7,300	1,300
			(6)	23,750	5,710

☆#449～454は中華書局で印刷されたが，同印刷處の労働争議で印刷工が長期ストライキに入ったため，刷り上がったシートを大東書局へ運び，歯孔を施した。これが14と細かいことから「中華版大東細歯」と呼ばれている。

W2
「郵」の字

(*d*) 中華版有水印　P12½，W2（「郵」の字すかし），（1941.8.16）

455	58	$1	赤茶・黒茶	700	900
456		$2	青・赤茶	900	900
457		$5	赤・濃緑	1,000	1,800
458		$10	緑・紫	1,500	3,000
459		$20	赤紫・青	1,900	3,000
			(5)	6,000	9,600

◇タイプ別評価

		半釦		全釦	
455	$1	1,000	900	700	900
456	$2	1,200	1,000	900	900
457	$5	1,400	2,000	1,000	1,800
458	$10	1,800	3,000	1,500	3,000
459	$20	2,500	3,200	1,900	3,000

☆半釦と全釦は，10×5＝50面の同一のシートの中にあるものもあり，この場合，最上段の横1列が最も見えにくく半釦であり，次第に大きくなり，最下段が一番完全である。

【中華版と大東版の区別】

5分

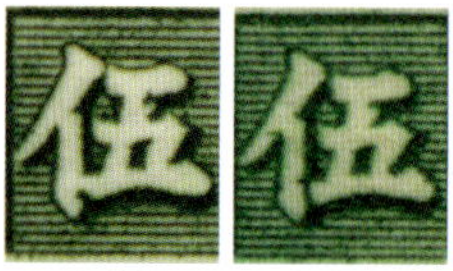

中華版　**大東版**
「伍」の字の2画目と6画目がつながっているのが中華版，離れているのが大東版。

8分

中華版　**大東版**
「捌」の字の“扌”と“別”が離れているのが中華版，つながっているのが大東版。

10分（1角）

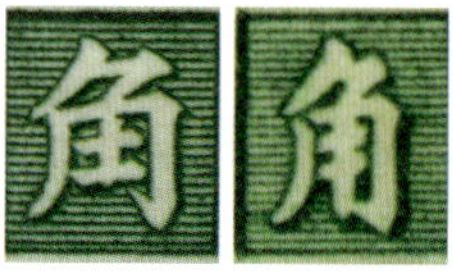

中華版　**大東版**
「角」の字の7画目が下まで抜けていないのが中華版，抜けているのが大東版。

1円～20円

中華版　**大東版**
「圓」の字の7画目と12画目がつながっているのが中華版，離れているのが大東版。

【大東版8分のタイプ違い】

#462　**実釦**
（実ボタン）
ボタンの中に「大」の字が入っている。

#463　**空釦**
（空ボタン）
「大」の字が入っていない。

(3) 香港大東版（1940-41）　19.5×22.5㎜

(*a*) P14，無水印

460	58	5c.	緑（'40.1.-）	30	30
461		5c.	橄緑（'40.1.-）	30	30
462		8c.	橄緑 実釦（'41.4.-）	40	30
463		8c.	橄緑 空釦（'40.12.-）	150	250
464		10c.	緑（'40.12.3）	30	30
465		30c.	紅（'40.12.-）	40	30

466	58	50c.	青 ('40.12.-)	50	30
467		$1	赤茶・黒茶 ('40)	250	30
468		$2	青・赤茶 ('40)	100	40
469		$5	赤・濃緑 ('40)	100	50
470		$10	緑・紫 ('40)	400	230
471		$20	赤紫・青 ('40)	1,200	350
			(12)	2,420	1,130

◇**無歯**

461□ 5c.	10,000	464□ 10c.	5,000
462□ 8c.	–	465□ 30c.	5,000

☆これらはすべて大東書局からの流出品で，正規に発行されたものではない。

(*b*) P14，W2

472	58	5c.	緑 ('40.1.-)	30	30
473		5c.	橄緑 ('40.1.-)	30	30
474		10c.	緑 ('40.12.-)	40	30
475		30c.	紅 ('40.12.-)	30	30
476		50c.	青 ('40.12.-)	60	30
477		$1	赤茶・黒茶 ('41.8.16)	450	280
478		$2	青・赤茶 ('41.8.16)	1,300	1,300
479		$5	赤・濃緑 ('41.8.16)	1,200	1,200
480		$10	緑・紫 ('41.8.16)	1,600	1,700
481		$20	赤紫・青 ('41.8.16)	2,500	2,000
			(10)	7,240	6,630

◇**有水印の分類**（○印が存在するもの）

正水印 … 正しい向きのすかし
反水印 … 裏表が逆のすかし
倒水印 … 天地が逆のすかし
倒反水印 … 天地と裏表がすかし

		正水印	反水印	倒水印	倒反水印
472	5c.	○	○	○	○
473	5c.	○			○
474	10c.	○			
475	30c.	○			
476	50c.	○	○		
477	$1	○	○		○
478	$2	○		○	
479	$5	○	○		
480	$10	○	○	○	
481	$20	○			

(*c*) P12½，無水印 (U65～67)，W2 (U68～70)

U65	58	8c.	橄緑	7,000
U66		10c.	緑	12,000
U67		30c.	紅	12,000
U68		$1	赤茶・黒茶	12,000
U69		$10	緑・紫	12,000
U70		$20	赤紫・青	12,000

☆U65～70は，香港を占領した日本軍がストの終わった中華書局で歯孔を入れさせ，南京政府に送って「華中暫售」加蓋の原票として使用させた。従って，加蓋のないこれらの郵票は，流出品である。

59　中国地図と中国，アメリカの国旗

1939（民国 28）**.7.4.**
美国（アメリカ）開国 150 年紀念

凹版（フレーム，地図）・平版（国旗部分），P12，51×36㎜，S100 (10×10)，美国鈔票公司 (American Bank Note Co., of New York)

482	59	5c.	緑・青・紅（300万枚）	180	50
483		25c.	青・紅（200万枚）	180	90
484		50c.	茶・青・紅（150万枚）	400	110
485		$1	桃・青・紅（150万枚）	650	230
			(4)	1,410	480

☆無銘版だが，印面下部に美国鈔票公司（右書）の文字が入っている。
アメリカ合衆国が独立，1787年9月17日に憲法を公布してから150年になったことを紀念して発売された。
1940年3月31日限りで発売中止，5月1日限りで使用が禁止された。10月31日までは郵局で同額の普通切手と交換できた。

(60)

1940（民国 29）**.3.1.　暫作欠資票**

T60（4号宋長体）を香港大東版孫文票に香港大東書局で黒，または赤加蓋

D486	58	$1 (#467)	800	2,500
D487		$2 (#468)（赤）	800	2,500
		(2)	1,600	5,000

☆包果郵便物などの増加に伴い，高額欠資票が不足してきたため発行された。

1940-41（民国 29-30）**.　香港版烈士票**

凹版，P11½～14，19.5×22㎜，S200 (20×10)，香港商務印書館

#489a

(1) 無水印

488	43	1/2c.	黒茶 ('40.6.20)	30	30
489	44	1c.	黄橙 ('40.6.20)	30	30
489a			政字不連	280	280
490	47	2c.	青 ('41.4.21)	30	30
491	43	21/2c.	桃 ('40.12.25)	30	30
492	45	3c.	茶 ('40.12.3)	30	30
493	43	4c.	灰青 ('41.6.26)	30	30
494	45	5c.	赤茶 ('41.6.26)	30	30
495	46	8c.	橙赤 ('40.12.25)	30	30
496	47	10c.	暗紫 ('40.6.20)	330	40
497	46	13c.	青緑 ('40.12.25)	30	70
498	45	15c.	茶紫 ('41.2.3)	40	60
499	47	17c.	橄緑 ('40.12.25)	40	30
500	48	20c.	青 ('40.12.3)	30	30
501	46	21c.	茶 ('41.6.26)	50	40
502	44	25c.	赤紫 ('41.5.23)	40	50
503	47	28c.	橄緑 ('41.6.26)	70	50
504	45	30c.	茶紫 ('41.10.10)	250	250
505	48	40c.	橙 ('41.2.22)	40	40
506	44	50c.	緑 ('40.6.20)	350	40
			(19)	1,510	940

◇変異

489b	1c.	□|□H	11,000	*u*
490a	2c.	□|□V	10,000	*u*
490b		□|□H	16,000	*u*
500a	20c.	□|□V	13,000	*u*
500b		□|□H	13,000	*u*

◇紙質別評価

		薄紙		厚紙	
488	1/2c.	30	30	−	−
489	1c.	30	30	500	500
490	2c.	30	30	1,000	2,000
491	21/2c.	30	30		
492	3c.	30	30		
493	4c.	30	30	150	2,000
494	5c.	30	30	1,000	2,000
495	8c.	30	30		
496	10c.	330	40		
497	13c.	30	70		
498	15c.	40	60	−	−
499	17c.	40	30		
500	20c.	30	30	200	2,000
501	21c.	50	40		
502	25c.	40	50	−	−
503	28c.	70	50		
504	30c.	250	250		
505	40c.	40	40	800	1,000
506	50c.	350	40		

◇無歯

488 □ 1/2c.	4,000	498 □ 15c. … 4,000
490 □ 2c. …	4,000	500 □ 20c. … 4,000
493 □ 4c. …	4,000	505 □ 40c. … 4,000

(2) 有水印 (W2)

507	43	1/2c.	黒茶 ('40.12.3)	30	30
508	44	1c.	黄橙 ('40.6.20)	30	30
509	47	2c.	青 ('41.5.23)	30	30
510	43	21/2c.	桃 ('40.12.3)	30	30
511	45	3c.	茶 ('40.12.3)	30	30
512	43	4c.	灰青 ('41.6.26)	30	30
513	45	5c.	赤茶 ('41.8.16)	30	30
514	46	8c.	橙赤 ('40.6.20)	30	30
515	47	10c.	暗紫 ('40.6.20)	30	30
516	46	13c.	青緑 ('40.12.3)	40	30
517	45	15c.	茶紫 ('41.2.3)	30	30
518	47	17c.	橄緑 ('40.12.25)	30	30
519	48	20c.	青 ('40.12.25)	30	30
520	46	21c.	茶 ('41.8.16)	110	130
521	44	25c.	赤紫 ('41.5.23)	30	30
522	47	28c.	橄緑 ('41.8.16)	30	30
523	45	30c.	茶紫 ('40.6.20)	50	30
524	48	40c.	橙 ('40.12.3)	30	30
525	44	50c.	緑 ('40.6.20)	30	30
			(19)	680	670

◇変異

523a	30c.	□|□V	13,000	*u*

◇有水印の分類

		正水印	反水印	倒水印	倒反水印
507	1/2c.	○	○	○	○
508	1c.	○	○	○	○
509	2c.	○	○	○	○
510	21/2c.	○	○	○	○
511	3c.	○	○	○	○
512	4c.	○	○		
513	5c.	○	○	○	
514	8c.	○	○	○	○
515	10c.	○	○	○	
516	13c.	○	○		
517	15c.	○	○	○	○
518	17c.	○	○		
519	20c.	○	○	○	
520	21c.	○		○	○
521	25c.	○		○	○
522	28c.	○	○	○	○
523	30c.	○			○
524	40c.	○	○		
525	50c.	○	○	○	○

☆香港版孫文票や烈士票は，日本軍占領下の中国各地でも使用された。使用時期・局名がはっきりと読める使用済をチェックしていけば判明する。1941年7月からは“5省”加蓋の台切手にも使われた。「日専日本関連地域編」中国占領地切手を参照。

1940.-41. 香港商務版長城航空票

凹版，P12～13，41×22.5㎜，S100（10×10），香港商務印書館

(1) 有水印 W2

A526	49	15c.	緑（'40.6.20）	100	60
A527		25c.	橙（'40.6.20）	130	80
A528		30c.	赤（'40.6.20）	100	60
A529		45c.	紫（'41.5.23）	100	60
A530		50c.	黒茶（'40.12.3）	100	60
A531		60c.	濃青（'41.6.23）	100	60
A532		90c.	橄緑（'41.5.23）	100	70
A533		$1	黄緑（'41.5.23）	100	70
A534		$2	茶（'41.6.26）	100	70
A535		$5	紅（'40.6.20）	250	120
			(10)	1,180	710

◇変異

A528a	30c.	⬚⬚V	50,000	*u*

(2) 無水印

A536	49	15c.	緑（'41）	70	30
A537		25c.	橙（'41.4.21）	70	30
A538		30c.	赤（'41.4.21）	70	30
A539		45c.	紫（'41.5.23）	70	50
A540		50c.	黒茶（'40.12.3）	70	60
A541		60c.	濃青（'41.5.23）	70	60
A542		90c.	橄緑（'41.5.23）	70	60
A543		$1	黄緑（'41.5.23）	70	70
A544		$2	茶（'41.5.23）	300	150
A545		$5	紅（'41.5.23）	200	130
			(10)	1,060	670

◇変異

A544a	$2	⬚⬚H	–	–

1940.10.23-1941. 香港商務版欠資票

凹版，P12～13，14.5×22㎜，S200（20×10），香港商務印書館

D546	50	1/2c.	橙	80	100
D547		1c.	橙	80	100
D548		2c.	橙（'41）	80	100
D549		4c.	橙	80	100
D550		5c.	橙（'41）	120	100
D551		10c.	橙（'41）	80	100
D552		20c.	橙（'41）	80	100
D553		30c.	橙	80	100
D554		50c.	橙	100	100
D555		$1	橙	120	100
D556		$2	橙	150	100
			(11)	1,050	1,100

肆と暫の間距 8.5㎜
(61)

1940.10.20. 暫作肆分（4分）票

T61（4号楷書体）を香港大東版票に香港大東書局で濃赤加蓋

557	58	4c./5c.	(#461)	60	60

◇変異

557a	4c./5c.	"暫作肆作" 誤蓋	3,000	3,300

☆ #557 には鮮紅加蓋（重慶発売）もある。

参と暫の間距 9㎜
(62) 浙江

9㎜
(63) 湖南

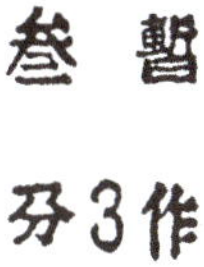

一定でない
(64) 甘粛

7㎜
(65) 江西

7.5㎜
(66) 上海

7.5～8.5㎜
(67) 東川

1940-41. 暫作参分（3分）票

香港中華版・大東版孫文票に郵政管理局ごとに加蓋

(1) 浙江加蓋 (1940.10.21)

T62（5号宋朝体, 数字は4号呉竹体）を麗水で赤加蓋

558	58	3c./5c. (#472) (200万枚) …	130	300
559		3c./5c. (#473) (200万枚) …	600	600

☆ #558～559は, 安徽省でも発売, 使用された。

(2) 湖南加蓋 (1940)

T63（4号楷書体大に手書き）を邵陽で黒加蓋

560	58	3c./5c. (#435) (11.9) ………	70	200
561		3c./5c. (#472) (12.17) ……	60	160

☆ #560～561は, 広東省や湖北省の一部でも発売, 使用された。

(3) 甘粛加蓋 (1940.12.20)

T64（宋朝体, 木製, あるいは牛角の印顆）を蘭州で手押し黒加蓋

562	58	3c./5c. (#435) ……………	70	200

☆ #562は, 寧夏, 青海でも発売, 使用された。11月21日発行ともいわれる。印顆の違いによって,
① 木製「分」の大折
② 木製「分」の小折（文字小さく, 間距広い）
③ 角製「3」の大頭
④ 角製「分」小字
⑤ 角製「分」の第4画“ノ”が短い
⑥ 角製「暫」の字が左づまり
の6種に分類できる。

◇変異

562a	3c./5c. (#461) ………………	–	–
562b	3c./5c. (#472) ………………	–	–

☆ #562aは, 蘭州局だけで発売された（タイプ①のみ）。#562bは, 郵趣家の依頼を受け, 局員が作製したという。倒蓋, 斜蓋も同じである。

(4) 江西加蓋 (1940.11.10)

T65（4号宋朝体）を贛県で黒加蓋

563	58	3c./5c. (#461) ………………	70	100
564		3c./5c. (#472) ………………	60	140

◇変異

		#563		#564	
a	“暫分参分”	7,500	7,500	8,500	8,500
b	“暫作”右移（間距8㎜）	900	1,000	500	700
c	“暫作”右移（間距7.5㎜）	900	1,000	500	700
d	“暫”左移（間距5㎜）	900	1,000	500	700
e	“作”右移（間距7.5㎜）	900	1,000	500	700
f	“作”左移（間距6㎜）	900	1,000	500	700
g	“参”右移（間距4.5㎜）	900	1,000	500	700
h	“3”高位	1,100	1,300	600	900
i	“3”切断	1,100	1,300	600	900

(5) 上海加蓋 (1940.12.3)

T66（4号楷書体）を香港大東書局で黒加蓋

565	58	3c./5c. (#434) ………	130	140
566		3c./5c. (#460) …………	60	130
567		3c./5c. (#461) …………	60	140
568		3c./5c. (#472) …………	60	160
569		3c./5c. (#473) ………	100	180

(6) 東川加蓋 (1940-41)

T67（4号楷書体）を重慶で黒加蓋

570	58	3c./5c. (#461)		
		間距8.5㎜ ('40.11.28) ……	60	160
570a		間距7.5㎜ ('41.8.28) ……	300	700
571		3c./5c. (#473) ('41.8.28) …	70	180

◇変異

570b	3c./5c.	複蓋 ………………	–	–
570c		“3”小字 ………	1,800	1,800
570d		“暫”字欠け ……	2,000	2,000
570e		“暫”漏蓋 ………	2,000	2,000
570f		“暫”高位 …………	500	500
570g		“作”低位 …………	500	500
571a	3c./5c.	“暫分参分”………	6,000	6,500
571b		“3”左移 ………	1,500	1,500

68

1941（民国30）.2.21.-4.21. 紐約（ニューヨーク）版孫文票（4次孫文票）

凹版, P12, 18.5×22.5㎜, Ⓢ窓口と印刷では異なり, 窓口200（10×20）＝分・角単位, 50（10×5）＝円単位, 印刷は窓口×2＝分・角単位, 窓口×6＝円単位, 美国鈔票公司

572	68	1/2c.	茶 ………………………	30	30
573		1c.	橙 ………………………	30	30
574		2c.	群青 (4.21) ……………	30	30
575		5c.	緑 ………………………	30	30
576		8c.	赤橙 ……………………	60	70
577		8c.	翠緑 (4.21) ……………	30	30
578		10c.	緑 ………………………	30	30
579		17c.	橄緑 …………………	450	1,200
580		25c.	赤紫 ……………………	30	100
581		30c.	紅 ………………………	40	30
582		50c.	青 ………………………	50	30
583		$1	茶・黒 …………………	60	30
584		$2	青・黒 …………………	80	30
585		$5	紅・黒 ………………	180	70
586		$10	緑・黒 ………………	500	280
587		$20	赤紫・黒 ……………	400	600
			(16)	2,030	2,620

◇変異

584a $2 中心倒蓋 …… *18,000,000*

☆ #584aは1945年10月, 重慶の東川郵政管理局から250枚が世に出た。

#588-593　経済建設を表す

#594　小全張

#594「旅華俄國郵票會郵票展覧紀念　1943.3.28」私製加蓋

1941.6.21.　節約建国票

凹版，P12，42 × 22.5㎜，S 100（10 × 10），香港中華書局

588	8c.	緑（2,000万枚）……	50	50
589	21c.	赤茶（400万枚）……	70	70
590	28c.	橄緑（215万枚）……	90	90
591	33c.	紅（210万枚）………	110	150
592	50c.	青（115万枚）………	130	130
593	$1	紫（120万枚）………	180	180
			(6) 630	670

594　**小全張**（□，無膠，156 × 167㎜）
（10万枚）…………… 7,000　7,000

◆小全張切抜

588a	8c. ………………	650	650
589a	21c.………………	650	650
590a	28c.………………	650	650
591a	33c.………………	650	650
592a	50c.………………	650	650
593a	$1 ………………	650	650

☆ #594には「旅華俄國郵票會郵票展覧紀念 1943.3.28」と中露文で私製加蓋したものがある。（約5,000枚，未・紀念押印とも評価8,000円）

☞ 限新省貼用　SK214 ～ 226

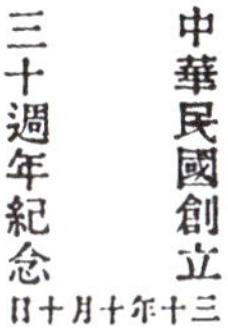

(69)

1941.10.10.　中華民国創立30週年紀念

T69（5号，6号宋朝体）を香港版烈士票，同中華版・同大東版孫文票に郵政総局上海供應處で青または赤加蓋

595	44	1c.	(#489)(38万枚) ………	30	60
596	58	2c.	(#447)(赤)(38.36万枚)	30	60
597	43	4c.	(#493)(赤)(38.62万枚)	30	60
598	58	8c.	(#448)(赤)(38.62万枚)	30	60
599		10c.	(#437)(赤)(35.2万枚)	30	60
600		16c.	(#440)(赤)(38.3万枚)	30	60
601	46	21c.	(#501)(赤)(39.178万枚)	30	60
602	47	28c.	(#503)(赤)(34.96万枚)	60	170
603	58	30c.	(#465)(39.02万枚) …	100	330
604		$1	(#442)(19.38万枚) …	400	400
				(10) 770	1,320

☆中華民国の創立30周年を紀念して発行された。当時，重慶にあった蒋介石政府の手で発行が企画されたが，加蓋は日本占領下の上海で行われ，同地域でも使用された。

☞ 「日専 日本関連地域編」中国占領地切手 華中8C112-121を参照。

E605
国内快遞票

R606
国内掛號票

1941. 国内快遞票 平版，点線歯，無膠，重慶中央信託局，17×42㎜，S 85（5×17）

E605	（$2）赤・黄 …………	3,500	3,300

1941. 国内掛號票 平版，点線歯，無膠，重慶中央信託局，17×42㎜，S 85（5×17）

R606	（$1.5）茶・緑…………	2,100	2,100

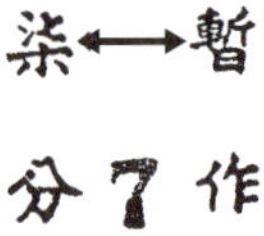

柒と暫の間距8㎜
(70) 浙江

7㎜
(71) 福建

5㎜
(72) 江西

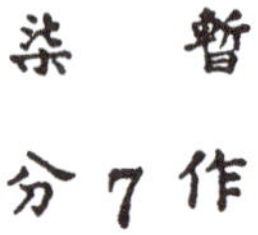

7㎜
(73) 東川

1941.11. 暫作柒分（7分）票

香港中華版・大東版孫文票に郵政管理局ごとに加蓋

(1) 浙江加蓋 (1941.11.20)

T70（4号楷書体）を黒加蓋

607	58	7c./8c.（#436）………	100	110
608		7c./8c.（#462）実釦 …	100	110
609		7c./8c.（#463）空釦 …	7,000	8,000

◇変異

608a	7c./8c.	「7」小字 ………	900	1,000
609a	7c./8c.	「7」小字 ………	900	1,000

(2) 福建加蓋

T71（5号宋朝体）を南台塔亭路・天泰印刷所で黒加蓋

610	58	7c./8c.（#436）………	100	110
611		7c./8c.（#462）………	100	90

(3) 江西加蓋

T72（4号宋朝体，「7」は5号）を黒加蓋

612	58	7c./8c.（#462）………	100	90

(4) 東川加蓋

T73（4号楷書体）を黒加蓋

613	58	7c./8c.（#448）………	100	60

◇変異

613a	7c./8c.	「7」小字 ………	900	1,000

☆“四分五裂”の中国郵政

日本が米・英両国との戦争に突入した1941年（民国30，昭和16）から42年にかけて，日中間の戦いはどうしようもない泥沼に陥っていた。日本軍は上海，北京などの都市部を占領，40年にはかつて中華民国政府行政院長を務めた汪兆銘（精衛）を首班とする“親日政権”を南京に樹立していたが，日本が実際に支配したのは，これら都市部を結ぶ“点と線”でしかなかった。

一方，蒋介石が率いる国民政府は四川省の重慶にあって抗日を続け，中国国民党と第2次国共合作を結んでいた中国共産党は主として農村部に根拠地を築いていた。

このような状態のなかで郵政も四分五裂。日本軍が占領する華北では河北，河南，山東，山西，蘇北の“5省”加刷を，内蒙古自治政府では蒙疆加刷，華中・華南地域でも独自の切手を発行，使用していた。国民政府側は，香港が日本軍に占領され香港中華・大東版の切手が供給できなくなったため，勢力下の各省ごとに暫作，改作切手を加刷して，需要をまかなった。

この頃，郵政事業の実務を担当する郵政管理局は，日本占領下の上海と国民政府側の重慶の2つがあり，お互いに連絡を取り合って，例えば“5省”加刷の台切手を重慶側が提供するような奇異な依存関係にあった。

これに対して中国共産党の支配地域では，1930年に始まった〈赤色郵政〉などをふまえて，晋（山西），察（チャハル），冀（河北），魯（山東），豫（河南）などの抗日根拠地で，独自の切手を発行，使用していた。さらに国民政府勢力下の新疆省では，〈限新省貼用〉票が，奉天・吉林・黒龍江の東3省では“満洲国”誕生に伴い，“満洲国”切手が使われるなど，まさに“四分五裂”の状況にあった。

3. 抗日後期 (1942-1945)

日中戦争がさらに激しさを増すにつれて，国民政府の支配地域に郵票を継続的に配給することが難しくなったため，正刷郵票と併行して各郵政管理局ごとに地方加蓋郵票が発行された。1942年（民国31）から日中戦争が終わる1945年（民国34）までを抗日後期と呼び，この時期の郵票を「抗戦時期分区加蓋票」「抗戦後期普通票」という。

74

75

76

1942（民国 31）. **北京仿版票**（不発行）

華北政務委員会印刷局と名称変更した北京の財政部印刷局では，香港製郵票の供給を受けることが困難になったため，倫敦版孫文票，香港中華版・大東版孫文票，北京版烈士票の図案を模して新たな郵票を製造した。これらは原版に比べて印刷は粗雑でぼんやりとしており不鮮明，紙質も悪く，一見して識別できる。いずれも「華北」占領地加蓋の台切手に使用された。

(1) 仿版孫文票

凹版，無水印，P14，20×22㎜

U71	**74**	2c.	橄緑	**10,000**
U72		4c.	緑	**10,000**
U73		5c.	緑	**10,000**
U74	**75**	9c.	緑	**10,000**
U75		16c.	茶	**10,000**
U76		18c.	黒味茶	**10,000**
U77		$1	黒茶・濁黄	**15,000**
U78		$2	赤茶・青	**15,000**
U79		$5	青緑	**15,000**
U80		$10	紫・緑	**15,000**
U81		$20	青・赤茶	**15,000**

(2) 仿版烈士票

凹版，無水印，P14，20×22㎜

U82	**76**	1c.	橙	**8,000**	
U83		8c.	橙（'41.6.5）	**1,300**	**5,800**
U84		10c.	暗紫	**10,000**	
U85		20c.	茶	**10,000**	
U86		30c.	暗紫	**10,000**	
U87		40c.	橙	**10,000**	
U88		50c.	緑	**10,000**	

☆ U83は，一部が無加蓋のまま日本占領下の北京で短期間使われた。詳しくは「日専　日本関連地域編」中国占領地切手 華北を参照。

★抗戦時期の分区加蓋票一覧

省名		郵票 発行年	暫作3分 40～41	暫作7分 41	改作1分 42～43	改作40分 42	軍郵 42～45	平信附加 42	改作伍角 43	改作貳角 43	割線伍角 43
安　徽	Anhwei							1			1
浙　江	Chekiang		2	3			2		1		
重　慶	Chungking G.P.O.						5		1		
福　建	Fukien			2	1			1			1
閩　浙	Fukien-Chekiang									3	
河　南	Honan							1	2	7	1
湖　南	Hunan		2				1	1	1	8	1
湘　粤	Hunan-Kwangtung				3	2					
湖　北	Hupeh						2	1		4	1
甘　粛	Kansu		1					1		7	1
江　西	Kiangsi		2	1	1		1	1		9	1
江　蘇	Kiangsu（上海）		5								
広　西	Kwangsi				2		1	1	1	7	1
広　東	Kwangtung						1	1	1	8	1
貴　州	Kweichow							1	1	6	1
陝　西	Shensi							1	1	4	1
東　川	East Szechwan		2	1		1		1	1	3	1
西　川	West Szechwan					1		1	1	7	1
雲　南	Yunnan					1		1		4	1

一と改の間距9㎜
(77) 福建

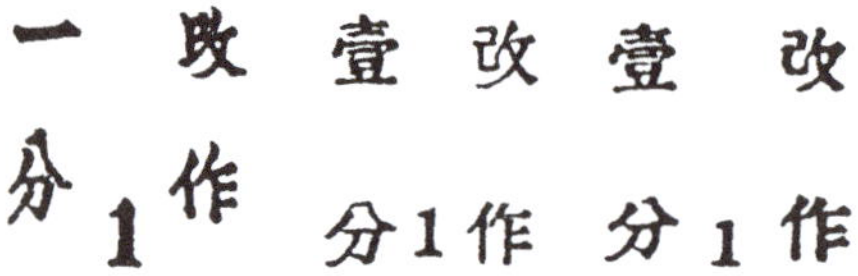

7㎜ (78) 湘粵　　5㎜ (79) 江西　　7㎜ (80) 広西

1942-43. 改作壹分(1分)票

北京版・香港版烈士票，紐約版孫文票に郵政管理局ごとに加蓋

(1) 福建加蓋 (1942.5.16)

T77 (4号宋朝体) を南平で赤加蓋

614	**43**	1c./1/2c. (#488) ……	**600**	**950**

◇変異

614a	1c./1/2c.	「1」左移 ……	**3,000**	**3,500**
614b		「分」頭欠け「八」…………	**3,000**	**3,500**

(2) 湘粵加蓋 (1942.8.-)

T78 (4号仿宋体) を長沙で赤加蓋

615	**43**	1c./1/2c. (#380) ……	**200**	**280**
616		1c./1/2c. (#488) ………	**90**	**200**
617	**68**	1c./1/2c. (#572) ……	**130**	**250**

◇変異

617a	1c./1/2c.	複蓋 …………	**3,000**	**3,500**

☆ #615～617は，湖(湖南)，粵(広東)両省で使用された。加蓋文字の大小，字体の微妙な変化などから，次の計14種に分類される。

①「大字小作」北京版高版　⑧「小字中位1」香港版
②「大字小作」北京版低版　⑨「小字低位1」香港版
③「大字大作」北京版高版　⑩「大字平頂分」香港版
④「大字大作」北京版低版　⑪「大字斜頂分」香港版
⑤「大字大作」香港版　⑫「大字尖頂分」香港版
⑥「小字高位1」北京版低版　⑬「小字」紐約版
⑦「小字高位1」香港版　⑭「大字」紐約版

(3) 江西加蓋 (1942.8.-)

T79 (4号宋朝体) を贛縣・大東書局江西印刷分廠で赤加蓋

618	**43**	1c./1/2c. (#488) ………	**80**	**160**

(4) 広西加蓋 (1943.7.-)

T80 (4号宋朝体) を桂林で赤加蓋

619	**43**	1c./1/2c. (#380) ……	**100**	**180**
620		1c./1/2c. (#488) ……	**170**	**250**

☆ #619には，高版と低版のいずれもが存在する。

(81) 湘粵

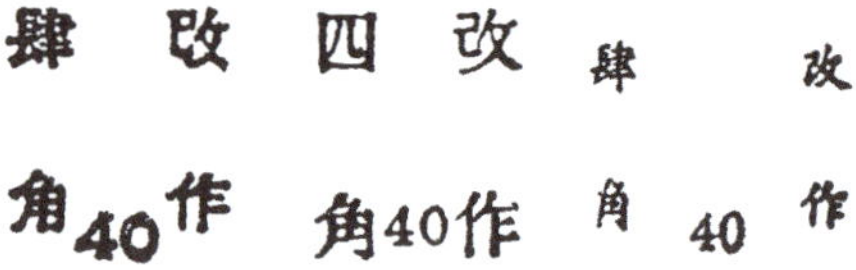

(82) 東川　(83) 西川　(84) 雲南

1942. 改作肆角(40分)票

香港版烈士票，香港大東版・紐約版孫文票に郵政管理局ごとに加蓋

(1) 湘粵加蓋 (1942.11.-)

T81 (4号仿宋体) を邵陽・瑞興隆印刷社で赤加蓋

621	**44**	40c./50c. (#525) ……	**180**	**650**
622	**68**	40c./50c. (#582) ……	**330**	**830**

(2) 東川加蓋 (1942.8.26)

T82 (4号明朝体) を重慶・南京中興印務局で赤加蓋

623	**58**	40c./50c. (#466) ………	**80**	**130**

(3) 西川加蓋 (1942)

T83 (4号宋朝体) を成都・蓉新印刷社で赤加蓋

624	**58**	40c./50c. (#466) ……	**430**	**600**

(4) 雲南加蓋 (1942)

T84 (5号楷書体) を昆明・光華実業印刷公司で赤加蓋

625	**58**	40c./50c. (#466) ……	**380**	**550**

◇変異

625a	40c./50c.	倒蓋 ………	**11,000**	**11,000**
625b		"改肆作角"誤蓋 …	**10,000**	*u*
625c		"政作肆角"誤蓋 …	**10,000**	*u*

85

1942-44
中信版孫文票(5次孫文票)

凸版，P10 ～ $13^{1}/_{2}$，無膠，18.5 × 22㎜，S 200 (20 × 10)，土紙・道林紙，重慶中央信託局

中信版

百城凸版

☆中信版孫文票は，百城凸版孫文票と同じ図案だが，図案中の秘符で区別できる。30c.，＄1，＄2，＄4，＄5に“C”，＄3の同じ位置に“A”(判読しにくい)の秘符がないものが中信版，あるものが百城凸版。

626	85	10c.	濃緑 ('43)	30	150
627		16c.	灰茶 ('42.9.15)	1,400	4,800
628		20c.	暗緑 ('42.10.)	30	150
629		25c.	紫 ('43)	30	100
630		30c.	橙 ('42.10.23)	30	100
631		40c.	赤茶 ('42)	30	100
632		50c.	黄緑 ('42.10.27)	30	30
633		＄1	暗紅 ('42)	40	30
634		＄1	緑 ('43)	40	40
635		＄1.50	群青 ('42)	40	50
636		＄2	青緑 ('43)	40	40
637		＄3	暗黄 ('43)	40	40
638		＄4	赤茶 ('44.8.)	40	50
639		＄5	薄赤 ('43)	40	40
			(14)	1,860	5,720

◇変異

627a	16c.	細字「16」	40,000	40,000
630a	30c.	「30」双連	300	800

◇歯孔別分類

○印が存在する，◎は大孔と小孔がある。
$P12^{1}/_{2}$だけが櫛型，あとはすべて単線で，各額面とも$P10^{1}/_{2}$～$P11^{1}/_{2}$は少ない。

		P10	$10^{1}/_{2}$	11	$11^{1}/_{2}$	$12^{1}/_{2}$	13	$13^{1}/_{2}$
626	10c.					◎	○	
627	16c.	○	○	○			○	
628	20c.			○	○		○	
629	25c.						○	
630	30c.	○	○	○			○	
631	40c.		○	○			○	○
632	50c.		○	○	◎		○	○
633	＄1 暗紅			○	○		◎	
634	＄1 緑						◎	
635	＄1.50			○	○		◎	
636	＄2					◎	○	
637	＄3					○	○	
638	＄4						○	
639	＄5					○	◎	

☆このほか，20c.のP12，40c.のP11 × 13が存在する。
☆16c.の$P10^{1}/_{2}$(直条紋紙)は貴州省湄潭，P11(横条紋紙)は同遵義で各1シート発売された。＄1暗紅のP11，$11^{1}/_{2}$は最低3シートが存在する。

◇用紙別分類

有条紋土紙　四川省銅梁県の中央造紙廠の製造で，紙の表裏に違いがあり，表面は光滑で裏は毛羽だっている。漂白していないため灰黄色か朱色っぽく，厚さは一定しないが，硬くて脆い。透かしてみると紙すきで生じた線条(条紋)が見られる。印面に対して，直紋，横紋，直斜紋，横斜紋，対角紋，不成理紋などに分けられる。

雲紋土紙　中元造紙廠の製造で，紙質は比較的薄いが，軟かくて強靭で，透かすと雲状に紙の厚薄が見える。

無条紋土紙　同じ中元造紙廠の製造で，厚手で裏面に紙むらの凸凹が見える。

国道林紙　龍章造紙廠の製造，紙質は粗雑で，やや弱い。透かすと厚薄のムラが見える。土紙に比べて白っぽく，表裏ともに光滑で軟かい紙と，裏が毛羽だつ紙がある。

洋道林紙　輸入紙で色が白く，紙質は強靭で，光沢がある。

		有条紋土紙	雲紋土紙	無条紋土紙	国道林紙	洋道林紙
626	10c.	○			○	
627	16c.	○				
628	20c.	○			○	
629	25c.	○				
630	30c.	○	◎		◎	
631	40c.	◎		○		
632	50c.	◎	◎	○		
633	＄1 暗紅	○	○	○	◎	○
634	＄1 緑	◎	○		○	
635	＄1.50				◎	○
636	＄2	○		○	◎	○
637	＄3				◎	○
638	＄4				○	
639	＄5				○	○

☆○印が存在する，◎は紙に厚薄がある。

◇刷色

各額面ともに著しい濃淡がある。

◇歯孔・用紙別評価

1. $P10^{1}/_{2}$～11，有条紋土紙

627a	16c.	20,000	20,000
628a	20c.	2,000	2,000
630a	30c.	400	500
631a	40c.	2,500	3,000
632a	50c.	900	1,800

2. P11，道林紙

633a	＄1	6,000	7,500
635a	＄1.50	40,000	15,000

3. P11 × 13，有条紋土紙

631b	40c.	4,000	4,000

☞ 百城凸版孫文票(#787～800)

86

1942-45　百城凹版孫文票（6次孫文票）

凹版，無膠，19.5 × 22.5 ㎜，S 100（10 × 10），国産道林紙，福建南平百城印務局

(1) □

640	86	$10	赤茶	180	130
641		$20	青緑	180	100
642		$20	淡紅（'44）	1,700	1,100
643		$30	紫（'43）	130	100
644		$40	紅（'43）	140	100
645		$50	青	200	130
646		$100	橙茶（'43）	800	500
			(7)	3,330	2,190

(2) 点線歯（ルレット目打）$6^1/_2$

647	86	$5	灰青（'44）	1,400	1,400
648		$10	赤茶	680	500
649		$50	青	730	600
			(3)	2,810	2,500

(3) P10½～15½

650	86	$4	青（'43）	80	130
651		$5	灰青（'43）	180	130
652		$10	赤茶	180	130
653		$20	青緑（'43）	180	100
654		$20	淡紅（'45）	10,000	12,500
655		$30	紫（'43）	130	100
656		$40	紅（'43）	130	100
657		$50	青	550	250
658		$100	橙茶（'45）	11,000	12,500
			(9)	22,430	25,940

◇変異

645a	$50	無目打×点線歯	650	650
647a	$5	点線歯× P12½	2,500	3,000
651a	$5	P13×点線歯	8,000	8,000

◇用紙別分類

薄　紙　表裏面とも滑らかで堅い。
特薄紙　さらに薄く半透明で，表だけが滑らか，裏は粗い。
厚　紙　表裏面とも滑らかだが，厚い。
仿宣紙　福建省産の土紙で，色白く厚い。

		薄紙	特薄紙	厚紙	仿宣紙
640	$10	○	○	○	○
641	$20 青緑	○	○		○
642	$20 淡紅	○	○	○	
643	$30	○	○	○	
644	$40	○	○	○	
645	$50	○	○		○
646	$100	○			
647	$5	○	○		
648	$10	○		○	
649	$50	○	○		
650	$4	○	○	○	
651	$5	○	○	○	
652	$10	○		○	○
653	$20 青緑	○			
654	$20 淡紅	○		○	
655	$30	○		○	
656	$40	○		○	
657	$50	○			
658	$100	○		○	

郵　軍
10㎜
(87) 浙江

郵　軍
8.5㎜
(88) 重慶

郵　軍
8.5㎜
(M665のみ7.5㎜)
(89) 重慶

郵　軍
8.5㎜
(90) 湖南

郵　軍
12.5㎜
(91) 湖北

郵　軍
6.5㎜
(92) 江西

郵　軍
9.5㎜
(93) 広西

郵　軍
12.5㎜
(94) 広東

1942-45.　軍郵加蓋票

香港中華版・大東版，紐約版，中信版，百城凸版孫文票に郵政管理局ごとに加蓋

(1) 浙江加蓋（1942.12.-）

T87（5号宋朝体）を赤加蓋

M659	58	8c.（#462）	600	1,000
M660		16c.（#440）	9,000	9,000

(2) 重慶加蓋（1942-43）

T88（3号楷書体）を赤加蓋

M661	85	16c.（#627）（'42.12.-）	1,100	900

T89（4号仿宋体）を黒または赤加蓋

M662	85	50c.（#632）（'43.3.-）（赤）	600	700
M663		$1（#633）（'43.8.1）	800	900
M664		$1（#634）（'43.12.-）	800	900
M665		$2（#636）（'44.6.10）（赤）	1,000	1,400

(3) 湖南加蓋 (1942)

T90（4号仿宋体）を赤加蓋

M666	68	8c.(#577) ……………	600	900

(4) 湖北加蓋 (1942–43)

T91（4号宋朝体）を赤加蓋

M667	58	8c.(#462)('42.10.1)…	600	900
M668	68	8c.(#576)('43)(黒)	55,000	–

(5) 江西加蓋 (1944)

T92（小4号仿宋体）を黒加蓋

M669	85	＄2(#789) …………	20,000	15,000

(6) 広西加蓋 (1943.4.-)

T93（4号宋朝体）を赤加蓋

M670	58	8c.(#462) ……………	600	900

(7) 広東加蓋 (1942.12.28)

T94（4号宋朝体）を赤加蓋

M671	68	8c.(#577) ……………	1,200	1,000

◇変異

M659a	8c.	"軍" 倒蓋 ………	25,000	–
M661a	16c.	P10 1/2～11 …	30,000	–

◇不発行

662b	50c.	黒加蓋 ………………	–	–

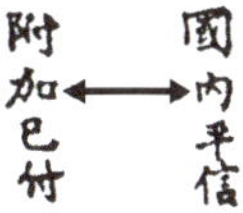

加と内の間距 9.5㎜と 11㎜の2種類がある
(95) 安徽
5号楷書体

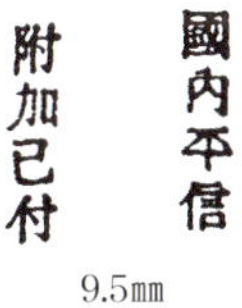

9.5㎜
(96) 福建
5号宋朝体

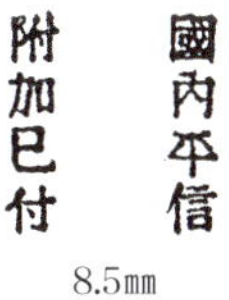

8.5㎜
(97) 河南
5号宋朝体

9.5～10.5㎜
(98) 湖南
6号仿宋体

8.5㎜
(99) 湖北
5号宋朝体

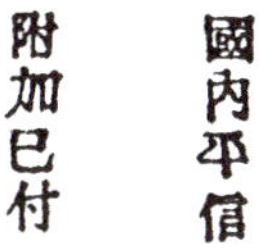

10.5～11.5㎜
(100) 甘粛
5号宋朝体

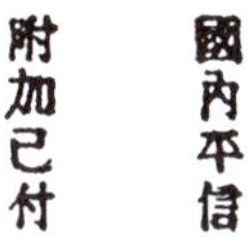

10㎜
(101) 江西
5号宋朝体

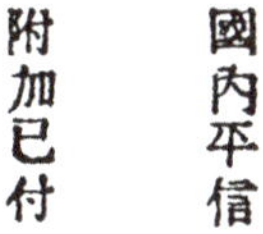

11㎜
(102) 広西
5号宋朝体

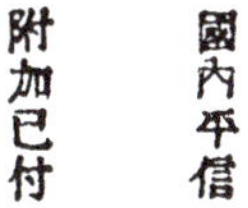

10.5㎜
(103) 広東
5号宋朝体

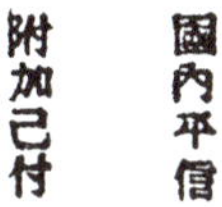

8.5㎜
(104) 貴州
5号宋朝体

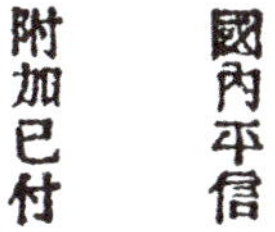

10.5㎜
(105) 陝西
5号宋朝体

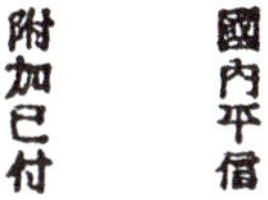

12～14㎜
(106) 西川
5号宋朝体

8～8.5㎜
(107) 東川
5号宋朝体

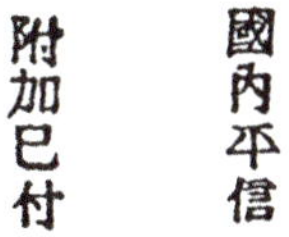

11.5㎜
(108) 雲南
5号宋朝体

寸法の表示はおよその目安である。

1942.11.1.「国内平信附加已付」加蓋票

1942年11月1日から中国国内の各郵便局相互間の料金は，書状20グラムまで毎に16分の基本料金に加えて戦時附加費1円が加算されることになり，各地方ごとに16分票に「国内平信附加已付（国内普通郵便に対する付加金納付ずみ）」の文字を加蓋した。ところが，発行直前に最高国防会議が「国民の負担が大きすぎる」との理由で実施を停止させた。このため，郵政当局では直ちに発行を中止するように通達したが，戦時中のため末端の局まで徹底せず，各地方で少数が売られた。

T95-108 を中信版孫文票（#627, P13）に郵政管理局ごとに黒または赤加蓋　　発售価：1.16円

672	(T95)	16c.	安徽（赤）…	55,000	55,000
673	(T96)	16c.	福建（赤）…	30,000	23,000
674	(T97)	16c.	河南 ………	85,000	85,000
675	(T98)	16c.	湖南 ………	50,000	50,000
676	(T99)	16c.	湖北（赤）P10 1/2 ………………………	93,000	85,000
677	(T100)	16c.	甘粛（赤）……	6,000	5,000
678	(T101)	16c.	江西（赤）……	7,800	6,000
679	(T102)	16c.	広西 …………	8,500	10,000
680	(T103)	16c.	広東（赤）…	68,000	68,000
681	(T104)	16c.	貴州（赤）…	28,000	20,000
682	(T105)	16c.	陝西 ………	25,000	26,000
683	(T106)	16c.	西川 ………	19,000	19,000
684	(T107)	16c.	東川（赤）…	12,000	7,500
685	(T108)	16c.	雲南（赤）……	6,000	5,000

◇変異

674a	河南	P10½ …………………	*Sp*	*u*
676a	湖北	P13 ………………………	*Sp*	−
679a	広西	P10½ ……………	55,000	−
681a	貴州	“圏”字 pos.172………	*Sp*	*u*
682a	陝西	倒蓋 …………………	30,000	−
684a	東川	P10½ ……………	50,000	50,000
685a	雲南	⬚⬚H ……………	65,000	*u*

☆ #672～685 の加蓋印刷所は次の通り。

672 不詳
673 不詳
674 西峡口・豫徳印刷局
675 邵陽・資一印刷社
676 省立印刷所
677 不詳
678 贛縣・大東書局
江西印刷分廠
679 広西印刷廠
680 曲江・大芳印刷所
681 貴陽・京漢印書館
682 西安・茂記印書廠
683 成都・大公印刷局
684 重慶・南京中興印務局
685 五華印務局

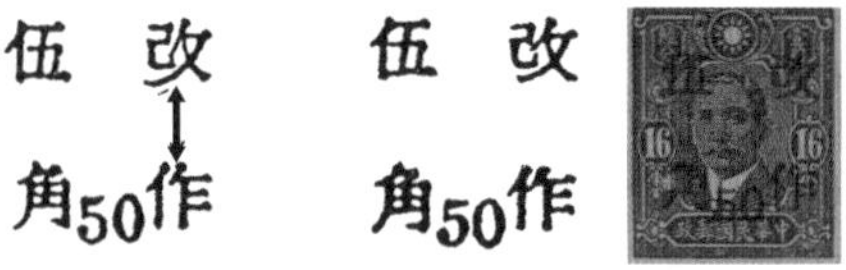

改と作の間距 5.25㎜
(109) 浙江
4号宋朝体

5.5㎜
(110) 重慶
4号宋朝体

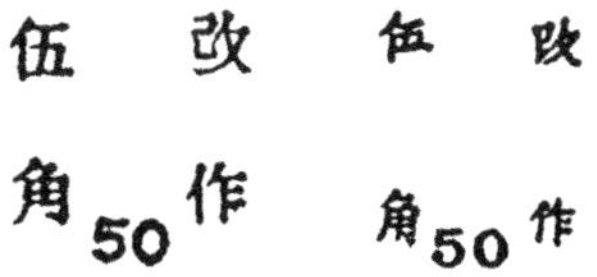

5.75㎜
(111) 河南
4号宋朝体

9㎜
(112) 湖南
5号楷書体

7.25㎜
(113) 広西
4号宋朝体

7.5㎜
(114) 広東
4号宋朝体

5.25㎜, 7.25㎜
の2種
(115) 貴州
4号宋朝体

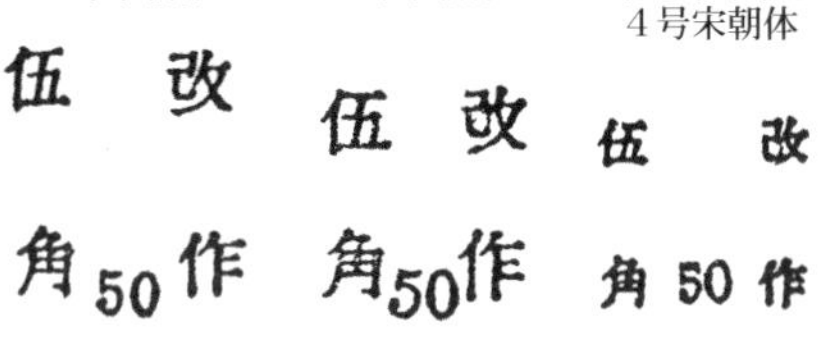

7.75㎜
(116) 陝西
4号宋朝体

5.25㎜
(117) 東川
4号宋朝体

6.5㎜
(118) 西川
新5号宋朝体

寸法の表示はおよその目安である。

1943.(民国 32). 改作伍角(50分)票

T109～T118 を中信版孫文票 (#627) に郵政管理局ごとに黒または赤加蓋

686	(T109)	50c./16c.	浙江 (赤) (5.-)	(200 万枚) …	4,300	5,000
687	(T110)	50c./16c.	重慶 (赤) (1.-)	(3,521 万枚)……	100	200
688	(T111)	50c./16c.	河南 (3.-)	(387,000) ……	1,100	1,100
688a			(赤加蓋) (7.-)	………………………	850	950
689	(T112)	50c./16c.	湖南 (赤) (3.-)	(5,119,800) ……	300	600
690	(T113)	50c./16c.	広西 (赤) (6.-)	(1,493,000) ……	650	750
691	(T114)	50c./16c.	広東 (赤) (5.-)	(100 万枚) ……	500	700
692	(T115)	50c./16c.	貴州 (赤) (2.-)	………………	1,100	1,300
693	(T116)	50c./16c.	陝西 (3.-)	(400 万枚) …	1,100	1,100
694	(T117)	50c./16c.	東川 (赤) (6.-)	………………	380	280
695	(T118)	50c./16c.	西川 (赤) (2.-)	………………	500	650

◇変異

689a	湖南	倒蓋 …………………	6,500	−
689b		複蓋 …………………	8,000	−
692a	貴州	“05”誤蓋…………	45,000	−
692b		“改伍作角”誤蓋 …	50,000	−
693a	陝西	複蓋 ………………	10,000	−
695a	西川	“改作”漏印 …………	5,000	−
695b		“5”漏印 …………	5,000	−

☆ #686～695 の加蓋印刷所は次の通り。

686 贛縣・大東書局
江西印刷分廠
687 重慶中央信託局印製處
688 西峡口・豫徳印刷局
689 邵陽・資一印刷社
690 桂林・一家印刷廠
691 不詳
692 貴陽・京漢印書館
693 西安・茂記印刷廠
694 重慶中央信託局印製處
695 成都・大公印刷局

◇歯孔別評価

		P10½～11		混合歯		P13	
686	浙江	*x*	*x*	*x*	*x*	4,300	5,000
687	重慶	400	400			100	200
	P13×10½			4,000	4,000		
688	河南	7,000	7,000	*x*	*x*	1,100	1,100
688a		6,000	6,000	*x*	*x*	850	750
689	湖南	6,000	6,000	*x*	*x*	300	600
690	広西	4,500	4,500	*x*	*x*	500	750
691	広東	4,000	4,000			500	700
	P10½×13			10,000	10,000		
692	貴州	*x*	*x*	*x*	*x*	1,100	1,300
693	陝西	3,500	3,500			1,100	1,180
	P10½×13			15,000	15,000		
694	東川	2,000	2,000			380	280
	P10½×13			6,000	6,000		
695	西川	6,000	6,000			500	650
	P10½×13			4,000	4,000		

貳と改の横距 5.5㎜
改と作の直距 5.5㎜
(119) 閩浙

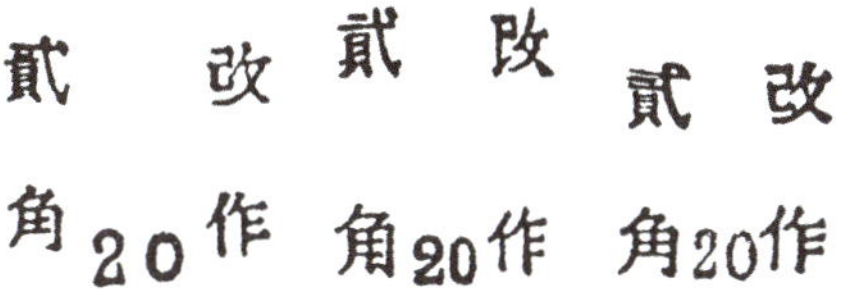

10㎜×6㎜ (120) 河南 | 6.5㎜×9㎜ (121) 湖南 | 5.5㎜×5.5㎜ (122) 湖北

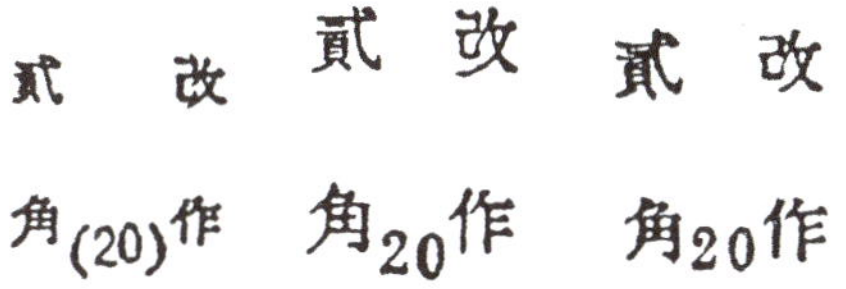

8㎜×6㎜ (123) 甘粛 | 5㎜×8㎜ (124) 江西 | 5.5㎜, 8㎜×7.5㎜ (125) 広西

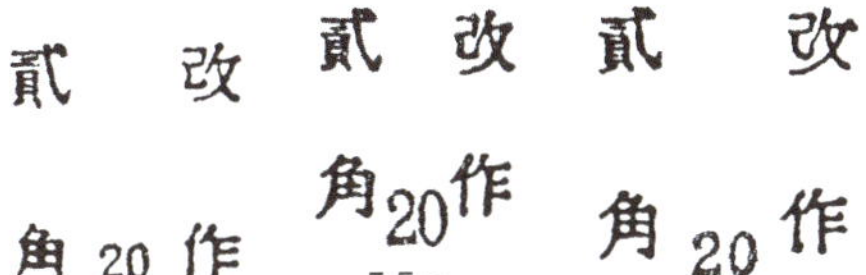

8㎜×8㎜ (126) 広東 | 5.5㎜, 8㎜×5.5㎜ (127) 貴州 | 8～9㎜×8.5㎜ (128) 陝西

5.5㎜×5.5㎜ (129) 東川 | 8㎜×8㎜ (130) 西川 | 8.5～9.5㎜×9㎜ (131) 雲南

寸法の表示はおよその目安である。

1943.2-12. 改作貳角（20分）票

T119～T131を次のいずれかに郵政管理局ごとに黒または赤加蓋

① 13c. 北京版烈士票（#386）
② 13c. 香港版烈士票無水印（#497）
③ 13c. 香港版烈士票有水印（#516）
④ 16c. 香港中華版孫文票（#440）
⑤ 17c. 香港版烈士票無水印（#499）
⑥ 17c. 香港版烈士票有水印（#518）
⑦ 17c. 紐約版孫文票（#579）
⑧ 21c. 香港版烈士票無水印（#501）
⑨ 21c. 香港版烈士票有水印（#520）
⑩ 28c. 香港版烈士票無水印（#503）
⑪ 28c. 香港版烈士票有水印（#522）

【改作貳角票の地方別分類】

	①	②	③	④	⑤	⑥	⑦	⑧	⑨	⑩	⑪	計
(1) 閩浙			○					○		○		3
(2) 河南		○	○	○	○		○	○		○		7
(3) 湖南	○	○	○	○		○	○	○		○		8
(4) 湖北	○	○	○					○				4
(5) 甘粛	○	○	○	○	○			○		○		7
(6) 江西	○	○	○	○	○			○	○	○	○	9
(7) 広西	○	○	○	○		○		○		○		7
(8) 広東	○	○	○	○	○	○		○		○		8
(9) 貴州		○	○	○	○			○		○		6
(10) 陝西	○	○	○	○								4
(11) 東川		○	○					○				3
(12) 西川	○	○	○	○	○			○		○		7
(13) 雲南		○	○					○		○		4
	8	12	13	9	6	3	2	12	1	10	1	77種

(1) 閩浙加蓋 (1943.6.5)

T119（4号仿宋体）を赤加蓋（印刷廠名不詳）

696 **46** 20c./13c. (#516) (120,000) **950** **1,000**
697 20c./21c. (#501) (921,200) **250** **480**
698 **48** 20c./28c. (#503) (665,000) **350** **480**

☆ #697～698は，閩（福建），浙江両省で使用された。深紅と薄赤加蓋がある。

(2) 河南加蓋 (1943.5-)

T120（4号宋朝体）を西峡口・豫徳印刷局で黒加蓋

699 **46** 20c./13c. (#497) (490,504) **950** **930**
700 20c./13c. (#516) ……… **35,000** **35,000**
701 **58** 20c./16c. (#440) (20,850) **1,100** **1,800**
702 **47** 20c./17c. (#499) (8,720) **4,000** **4,800**
703 **68** 20c./17c. (#579) (3,750) **21,000** **28,000**
704 **46** 20c./21c. (#501) (91,997) **250** **930**
705 **48** 20c./28c. (#503) (10,700) **4,000** **4,800**

(3) 湖南加蓋 (1942.9.1)

T121（4号仿宋体）を邵陽・資一印刷社で赤または黒加蓋

706 **46** 20c./13c. (#386) (1,765,280) ………… **110,000** *Sp*
707 20c./13c. (#497) ………… **1,100** **980**
708 20c./13c. (#516) (20,000) **250** **180**
709 **58** 20c./16c. (#440) (185,071) **1,100** **1,800**
709a 黒加蓋 ……………………… **350** **1,500**
710 **47** 20c./17c. (#518) (112,040) **250** **130**
711 **68** 20c./17c. (#579) (20,000) **1,800** **3,000**
712 **46** 20c./21c. (#501) (黒) (2,002,257) ……………… **230** **400**
713 **48** 20c./28c. (#503) (192,030) **190** **480**

(4) 湖北加蓋 (1943.12.-)

T122（４号宋朝体）を湖北省立新湖北印書館で赤加蓋

714	46	20c./13c.(#386)(1,019,200)	200	400
715		20c./13c.(#497)…………	230	400
716		20c./13c.(#516)(5万枚)	180	530
717		20c./21c.(#501)(100万枚)	230	400

(5) 甘粛加蓋 (1943.10.10)

T123（５号宋朝体）を蘭州・民国日報社で黒加蓋

718	46	20c./13c.(#386)(132万枚)	230	600
719		20c./13c.(#497)…………	230	280
720		20c./13c.(#516)(60万枚)	280	750
721	58	20c./16c.(#440)…………	350	1,400
722	47	20c./17c.(#499)…………	350	650
723	46	20c./21c.(#501)…………	250	680
724	48	20c./28c.(#503)(112万枚)………………	1,800	2,400

☆#718～724は，甘粛のほか寧夏，青海各省でも使用された。

(6) 江西加蓋 (1943.8.-)

T124（４号宋朝体）を贛縣・大東書局江西印刷分廠で赤加蓋

725	46	20c./13c.(#386)………	28,000	28,000
726		20c./13c.(#497)…………	450	400
727		20c./13c.(#516)…………	900	210
728	58	20c./16c.(#440)…………	230	1,400
729	47	20c./17c.(#499)…………	280	430
730	46	20c./21c.(#501)…………	180	550
731		20c./21c.(#520)………	1,100	1,200
732	48	20c./28c.(#503)…………	180	330
733		20c./28c.(#522)………	78,000	73,000

(7) 広西加蓋 (1943.9.-)

T125（４号宋朝体）を桂州・大信印刷廠で赤加蓋

734	46	20c./13c.(#386)…………	230	430
735		20c./13c.(#497)…………	230	350
735a		間距 5.5㎜×7.5㎜ …………	300	900
736		20c./13c.(#516)(1,469,650)………………	200	270
737	58	20c./16c.(#440)(47,600)	1,100	1,400
738	47	20c./17c.(#518)(125,100)	230	280
739	46	20c./21c.(#501)(633,100)	280	400
739a		間距 5.5㎜×7.5㎜ …………	400	1,200
740	48	20c./28c.(#503)(395,600)	480	480

(8) 広東加蓋 (1943.10.-)

T126（４号宋朝体）を曲江・大芳印刷所で赤加蓋

741	46	20c./13c.(#386)…………	8,500	9,500
742		20c./13c.(#497)…………	230	280
743		20c./13c.(#516)(173,000)………………………………	2,200	2,200
744	58	20c./16c.(#440)(6,200)	5,300	5,500
745	47	20c./17c.(#499)…………	3,000	4,300
746		20c./17c.(#518)(73,400)	380	1,500
747	46	20c./21c.(#501)(211,600)	380	500
748	48	20c./28c.(#503)(1,499,800)………………	430	630

☆#744（小字のみ）を除いて，「角」の字に大，小２種がある。

(9) 貴州加蓋 (1943.10.27)

T127（４号宋朝体）を貴陽・京漢印書館で赤加蓋

749	46	20c./13c.(#497)…………	230	1,000
750		20c./13c.(#516)(70万枚)	380	330
751	58	20c./16c.(#440)(200万枚)………………	230	1,400
752	47	20c./17c.(#499)(62万枚)	250	680
753	46	20c./21c.(#501)(3,304,000)………………	250	280
753a		間距 5.5㎜×８㎜ …………	350	1,100
754	48	20c./28c.(#503)(350,600)	480	480
754a		間距 5.5㎜×８㎜……………	650	1,800

(10) 陝西加蓋 (1943.10.-)

T128（４号宋朝体）を西京茂記印刷廠で黒加蓋

755	46	20c./13c.(#386)…………	350	550
756		20c./13c.(#497)…………	350	550
757		20c./13c.(#516)…………	230	430
758	58	20c./16c.(#440)…………	350	550

☆#755～758は，陝西省内では発売されず，のちに重慶の集郵處で売られたという。

(11) 東川加蓋 (1943.10.-)

T129（４号宋朝体）を重慶中央信託局印製處で赤加蓋

759	46	20c./13c.(#497)(132万枚)………………	230	350
760		20c./13c.(#516)(60万枚)	250	280
761		20c./21c.(#501)(112万枚)………………	180	430

(12) 西川加蓋 (1943.5.-)

T130（５号宋朝体）を成都・大公印刷局で黒加蓋

762	46	20c./13c.(#386)(1,095,400)………………	230	500
763		20c./13c.(#497)…………	3,500	4,300
764		20c./13c.(#516)(30万枚)	200	750
765	58	20c./16c.(#440)(200万枚)………………	230	280
766	47	20c./17c.(#499)(76,200)	350	550
767	46	20c./21c.(#501)(702,000)	230	400
768	48	20c./28c.(#503)(25,000)	2,500	6,500

(13) 雲南加蓋 (1943.9.23)

T131（新５号仿宋体）を昆明・大中華印刷公司で黒加蓋

769	46	20c./13c.(#497)(39,620)	230	480
770		20c./13c.(#516)(5,700)	2,100	3,500
771		20c./21c.(#501)(530,650)	250	400
771a		間距 8.5㎜×９㎜…………	300	3,000
772	48	20c./28c.(#503)(226,900)	350	630

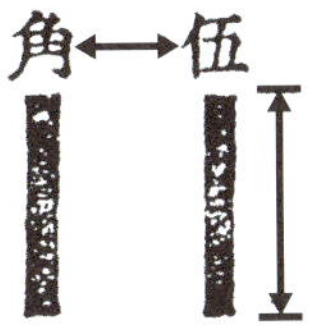

問距11㎜×長さ15.5㎜
(132) 安徽
4号宋朝体

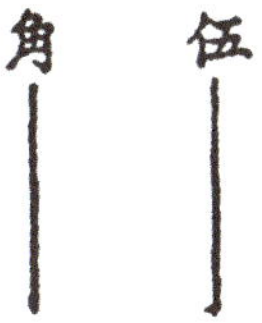

11.5～12㎜
×15.5㎜
(133) 福建
4号楷書体

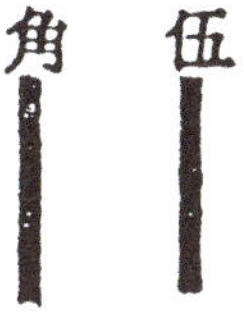

9～10㎜×
14.5㎜
(134) 河南
4号宋朝体

太線 11㎜×10.5㎜
細線 12㎜×10.5㎜
(135) 湖南
6号宋朝体

8㎜×14.5㎜
(136) 湖北
4号宋朝体

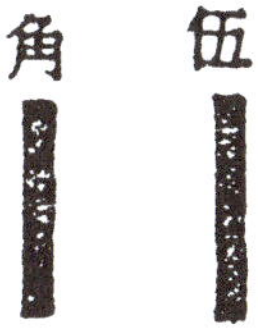

11.5～12㎜
×13.5㎜
(137) 甘粛
手蓋，機蓋など
変化多し
4号宋朝体

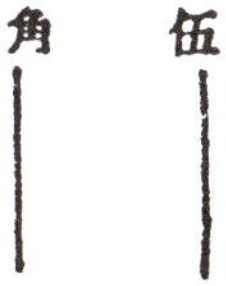

12.5㎜×13㎜
(138) 江西
5号宋朝体

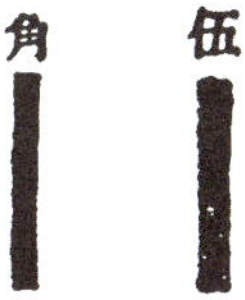

11～11.5㎜
×13～14.5㎜
(139) 広西
5号宋朝体

11.5～14.5㎜
×14.5㎜
(140) 広東
4号宋朝体

10.5㎜×12.5㎜
(141) 貴州
4号宋朝体

13㎜×14.5㎜
(142) 陝西
4号宋朝体

12.5㎜×
12～13㎜
(143) 西川
4号宋朝体

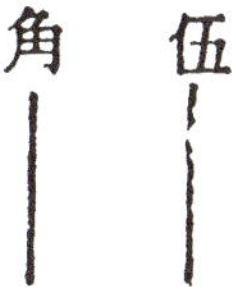

11㎜×13.5㎜
(144) 東川
4号宋朝体

12.5㎜×14.5㎜
(145) 雲南
5号宋朝体

寸法の表示はおよその目安である。

1943.3-12. 劃線伍角（50分）票

T132～T145を中信版孫文「国内平信附加已付」加蓋票（#672～685）に郵政管理局ごとに黒または赤加蓋

773	(T132)	50c./16c. 安徽（#672）（赤）(9.-)	9,500	30,000
774	(T133)	50c./16c. 福建（#673）（赤）(4.24)	650	850
775	(T134)	50c./16c. 河南（#674）(4.-)	1,200	1,000
776	(T135)	50c./16c. 湖南（#675）(3.-)	330	300
776a		細線	3,000	3,000
777	(T136)	50c./16c. 湖北（#676）（赤）(12.-)	500	500
778	(T137)	50c./16c. 甘粛（#677）（赤）(6.-)	350	500
779	(T138)	50c./16c. 江西（#678）（赤）(4.-)	550	1,000
780	(T139)	50c./16c. 広西（#679）(8.16)	600	600
781	(T140)	50c./16c. 広東（#680）（赤）(7.-)	650	600
782	(T141)	50c./16c. 貴州（#681）（赤）(5.12)	400	700
783	(T142)	50c./16c. 陝西（#682）(7.-)	430	500
784	(T143)	50c./16c. 西川（#683）(7.-)	1,100	850
785	(T144)	50c./16c. 東川（#684）(10.6)	330	300
786	(T145)	50c./16c. 雲南（#685）（赤）(5.29)	650	800

◇変異

777a	湖北	“国内平信附加已付”漏蓋	8,000	−
777b		劃線漏印	6,000	−
777c		#684（東川）に加蓋	6,000	−
777d		#684, P10½	20,000	−
778a	甘粛	劃線漏印	50,000	−
782a	貴州	倒蓋	50,000	−
782b		#681a“圏”に加蓋	−	−
784a	西川	倒蓋	25,000	−
784b		複蓋	12,000	−
785a	東川	劃線漏印	4,000	−

☆#773～786の加蓋印刷所は次の通り。

773	不詳	780	桂林・大信印刷廠
774	不詳	781	曲江・大芳印刷所
775	西峡口・豫徳印刷局	782	貴陽・京漢印書館
776	邵陽・資一印刷社	783	西安・茂記印刷所
777	省立印刷所	784	成都・大公印刷局
778	不詳	785	重慶中央信託局印製處
779	贛縣・大東書局 江西印刷分廠	786	雲南経済委員会印刷廠

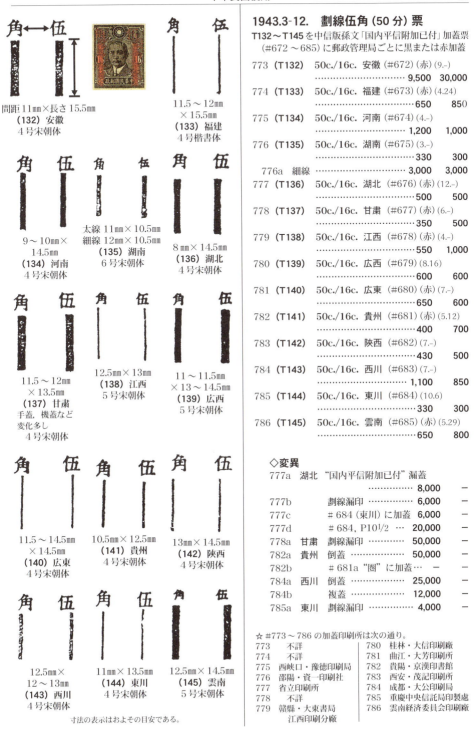

◇歯孔別評価

		P10½		P13	
773	安徽			**3,000**	**3,000**
774	福建	**6,000**	−	**1,000**	**1,300**
775	河南	**4,500**	−	**1,200**	**1,900**
776	湖南	**10,000**	−	**900**	**900**
777	湖北	**6,000**	*u*	**700**	**700**
778	甘粛			**500**	**550**
779	江西	**6,000**	−	**800**	**800**
780	広西	**2,500**	−	**800**	**800**
781	広東			**1,000**	**950**
782	貴州	**7,000**	−	**1,200**	**900**
783	陝西			**800**	**1,000**
784	西川			**1,000**	**900**
785	東川	**1,600**	**1,200**	**200**	**180**
786	雲南	**6,000**	−	**700**	**700**
780	広西	混合歯 P10½×13		**25,000**	−
785	東川	混合歯 P13×10½		**5,000**	−

1944-46 (民国33-35).
百城凸版孫文票（7次孫文票）

凸版，P10½～12½，18.5×22㎜，無膠，S 150 (15×10) = #787，790，794の一部，200 (20×10) = #788～800，100 (10×10) = #794の一部，宣紙・道林紙，福建南平百城印務局

787	**85**	30c.	茶（'46）	**40**	**1,300**
788		$1	緑（'44.9.27）	**400**	**500**
789		$2	紫茶（'44）	**20**	**20**
790		$2	青緑（'44）	**20**	**20**
791		$2	青（'44）	**180**	**600**
792		$3	黄（'45）	**160**	**80**
793		$4	紫茶（'45）	**20**	**20**
794		$5	紅（'45）	**20**	**20**
795		$6	灰紫（'45）	**20**	**40**
796		$10	赤茶（'45）	**20**	**20**
797		$20	群青（'46）	**20**	**20**
798		$50	灰緑（'46）	**400**	**20**
799		$70	紫茶（'46）	**500**	**20**
800		$100	茶（'46）	**30**	**20**
			(14)	**1,850**	**2,700**

☆百城凸版孫文票は，1944年12月に郵政総局の発行告示が出されたが，それより早いものもあり，個々の発行日や発売局の究明はまだ終わっていない。

◇変異

789a	$2 茶	□□	**3,000**	**2,500**
793a	$4	□□	**6,000**	**10,000**
796a	$10	□□	**6,000**	**10,000**

◇用紙別分類

宣紙：紙の表裏に違いがあり，一方が光滑で，一方は粗毛である。また色は白色で，厚さは厚いもの，薄いもの，その中間の3つに分けられる。条紋紙と同じ性質。

道林紙：わずかに黄色味がかり，透かすと網目のような点状に透けて見える。一部に象と文字のすかしが入ったものが存在する。

		宣紙	道林紙
787	30c.	○	○
788	$1		○
789	$2 紫茶	○	
790	$2 青緑	○	○
791	$2 青		○
792	$3		○
793	$4	○	
794	$5	○	○
795	$6	○	
796	$10	○	
797	$20	○	
798	$50	○	
799	$70	○	
800	$100	○	

◇歯孔別評価（○印が存在するもの）

		P10½	P12	P12½
787	30c.		○	○
788	$1		○	○
789	$2 紫茶*		○	○
790	$2 青緑	○	○	○
791	$2 青		○	○
792	$3			○
793	$4*		○	○
794	$5*	○	○	○
795	$6*		○	○
796	$10*		○	○
797	$20		○	○
798	$50*		○	○
799	$70		○	○
800	$100		○	○

*これらに下辺が無歯のものがある。これは，シートの用紙の大きさによって最下段のみ目打を入れなかったために生じたもので，変異ではない。

◇歯孔・用紙別評価

790a	$2	P10½	道林紙	**7,500**	**7,500**
794a	$5	P10½	道林紙	**7,500**	**7,500**

146

1944-46
重慶中華版孫文票（8次孫文票）

凸版，P12½，無膠，19.5×22㎜，S 200 (20×10)，土紙，重慶中華書局

801	**146**	40c.	赤茶（'44）	**30**	**30**
802		$2	灰茶（'45）	**30**	**30**
803		$3	赤（'45）	**30**	**30**
803a			橙赤	**400**	**400**
804		$3	灰紫（'45）	**100**	**70**

805	146	$6	茶('45)	………	30	40
806		$10	赤茶('45)	………	30	40
807		$20	紅('45)	………	30	30
808		$50	茶('46)	………	40	50
809		$70	紫('46)	………	50	50
					(9) 370	370

◇歯孔別分類

P12½が標準だが, $20にはP13½, P15½, $50にはP14, $70にはP14～16(ただし, 抜けが悪いので正確に測るのは困難)が存在する。

◇歯孔別評価

807a	$20	P15½ ………	40,000	50,000

1944-46 中信版包果(小包)票

凹版, P13, 無膠, 18×22mm, Ⓢ100(10×10), 重慶中央信託局

P810～814 トラック(左向き)

P810	$500	緑	………	1,200	100
P811	$1,000	青	………	1,200	100
P812	$3,000	桃赤	………	2,200	160
P813	$5,000	茶	………	15,000	3,000
P814	$10,000	紫	………	27,000	5,000
				(5) 46,600	8,360

◆不発行

U89 $20,000 赤橙 …… 500,000

1944 中信1版欠資票

平版, P13, 無膠, 14.5×21mm, Ⓢ200(20×10), 道林紙, 重慶中央信託局

D815～821

D815	10c.	緑	………	80	300
D816	20c.	青	………	80	300
D817	40c.	赤	………	80	300
D818	50c.	緑	………	80	300
D819	60c.	青	………	80	300
D820	$1	赤	………	80	200
D821	$2	紫	………	80	200
				(7) 560	1,900

#822～827 避難する家族

#828 小全張

1944.10.10.「賑済難民」附捐票

凹版, P12, 38.5×28.5mm, Ⓢ100(10×10), 新額面を黒加蓋, 美国鈔票公司 実際発行量

822	$2+$2/50c.+50c.	群青(46.2万枚)	200	200
823	$4+$4/8c.+8c.	緑(9.42万枚)	200	200
824	$5+$5/21c.+21c.	赤茶(9.59万枚)	200	200
825	$6+$6/28c.+28c.	橄緑(9.56万枚)	400	400
826	$10+$10/33c.+33c.	赤(9.73万枚)	500	500
827	$20+$20/$1+$1	紫(9.17万枚)	600	600
			(6) 2,100	2,100

828 小全張(P11½, 192×110mm)
(実際発行量 166,858) ……… 8,500 6,000

◇変異

828a 小全張 複蓋 ……… 500,000 −

◆不発行

U90	50c.+50c.	未加蓋	…	60,000
U91	8c.+8c.	未加蓋	…	60,000
U92	21c.+21c.	未加蓋	…	60,000
U93	28c.+28c.	未加蓋	…	60,000
U94	33c.+33c.	未加蓋	…	60,000

☆1937年から中国全土に拡大した日中戦争の被害を受けて, 家屋や財産, 土地を失った難民が急増したため, 救済金を募る附加票が発行された。当初, 1941年に発行が予定されたが, この年まで遅れ, その間戦時インフレが激しかったため, 郵便料金・附加金とも高額に改められた。U90～94は美国鈔票公司製の原票だが, 正式発行されたものではない。

1944.10.- 郵政儲金図票

凹版, P12½～13, 無膠, 18×22mm, Ⓢ200(20×10), 道林紙・招貼紙, 重慶中央信託局

#829～832 貯金箱と郵便局の窓口

829	$40	灰青	………	30	90
830	$50	黄緑	………	30	30
831	$100	黄茶	………	30	30
832	$200	灰緑	………	30	30
				(4) 120	180

◇歯孔・用紙別分類

		P12½		P13	
		招貼紙（薄紙）	道林紙（厚紙）	招貼紙（薄紙）	道林紙（厚紙）
829	$40	○	○	○	
830	$50		○	○	○
831	$100		○	○	○
832	$200				○

1944.12.25.
中国国民党 50 年紀念

平版，P13，無膠，22.5 × 31㎜，S 100（10 × 10），道林紙，重慶中央信託局

#833 ～ 837　孫文

		総発行量		
833	$2	緑（101.65万枚）……	70	200
834	$5	淡茶（30.95万枚）……	70	200
835	$6	暗紫（31.32万枚）……	140	350
836	$10	青紫（31.35万枚）……	280	700
837	$20	紅（11.46万枚）………	530	900
			(5) 1,090	2,350

銘版：「中央信託局印製處」50，60 番下の２枚掛け
当初は東川，西川，雲南，貴州，湖北，陝西，甘粛，新疆の８郵区で発売され，後に昆明，蘭州，廸化に航空輸送された。
☆ 1893 年 11 月に，孫文がハワイにおいて中国国民党の前身である興中会を創立してから 50 年になることを紀念して発行された。

1945.（民国 34）.1.1.
中信版軍郵票

凸版，P12½，無膠，18 × 21.5㎜，国産道林紙，重慶中央信託局

M838　戦場の兵士

M838	(－)	紅 ……………………	30	1,000

1945.3.12.
国父逝世 20 週年紀念

平版，P13，無膠，20 × 30.5㎜，S 100（10 × 10），道林紙，重慶中央信託局

839 ～ 844　孫文

839	$2	緑（100万枚）………	50	180
840	$5	赤茶（100万枚）……	60	180
841	$6	紫（40万枚）………	70	230
842	$10	青（100万枚）………	100	180
843	$20	紅（30万枚）………	130	400
844	$30	黄茶（30万枚）……	200	600
			(6) 610	1,770

銘版：「中央信託局印製」50，60 番下の２枚掛け
☆孫文が死去してから 20 周年になることを紀念して発行された。

1945.7.7.
平等新約紀念

凹版・平版（国旗の部分），P12，39 × 29.5㎜，S 100（5 × 10 × 2），美国鈔票公司

#845 ～ 850
英米中の国旗と蒋介石

845	$1	群青・赤・青（100万枚）…	50	50
846	$2	緑・赤・青（300万枚）……	50	100
847	$5	橄緑・赤・青（100万枚）…	50	100
848	$6	茶・赤・青（100万枚）……	100	130
849	$10	紫・赤・青（35万枚）……	500	700
850	$20	深紅・赤・青（35万枚）…	500	950
			(6) 1,250	2,030

銘版はないが耳紙に「F11690-REP. OF CHINA STAMPS」「BOTTOM GRIPPER」「SIDE-GUIPE」などの文字が入っている。
東川，西川，雲南，甘粛，貴州，陝西，新疆，湖北の８郵区で発売された。
☆中国と美国（アメリカ），英国（イギリス）の間で不平等条約を撤廃し，互恵平等を原則とした新しい国家間条約が 1943 年５月 20 日に発効したことを紀念して，２年後に発行された。

1945.8.1.　林主席紀念

凹版，P12，22.5 × 32㎜，S 200（10 × 5 × 4），美国鈔票公司

#851 ～ 856　林森（1867-1943）

851	$1	群青・黒（100万枚）…	70	200
852	$2	翠緑・黒（300万枚）…	70	200
853	$5	紅・黒（100万枚）……	70	200
854	$6	紫・黒（100万枚）……	90	200
855	$10	茶・黒（35万枚）……	400	400
856	$20	橄緑・黒（35万枚）…	430	600
			(6) 1,130	1,800

銘版はないが耳紙に「F1174」「A1」「A2」などの文字が入っている。
☆ 1931 年から 35 年まで国民政府主席をつとめた林森が，1943 年８月１日に重慶で死去したことを追悼して，２年後に発行された。

1945.　北京新民版孫文票

平版，P14，北京新民印書館

147

U95	147	$1	茶 ………………	10,000
U96		$2	青 ………………	5,000
U97		$5	朱 ………………	5,000
U98		$10	灰緑 ……………	2,000
U99		$20	暗紫 ……………	10,000
U100		$50	濃茶 ……………	10,000

☆香港大東版孫文票を模して製造された。北京仿版と同じく「華北」占領加蓋の台切手に使用され，無加蓋は不発行である。

V　国共内戦時期

1945－1949

1945年(民国34)8月, 日中戦争に勝利した後, 国民党と共産党の対立は再び激化し, 国内はまたも戦場と化した。一方, 極度のインフレが民衆を苦しめた。この時期を「国共内戦時期」と呼び, 流通した通貨(国幣, 金圓, 銀圓)によって細分する。

1.　国幣時期 (1945.8.－1948.8.)

日本軍の占領地域で使用されていた加蓋票は国民政府が接収。流通していた中儲券は200対1, 聯銀券は5対1で国幣に換算された。

(148)

1945 (民国34).9.
暫售票「国幣」加蓋(上海加蓋)

T148 (5号楷書体) を華中暫售加蓋票に上海中華書局永寧印刷廠で緑加蓋

857	58	10c./$20/3c. (#433) (8C30) (9.17)	20	100
858	47	15c./$30/2c. (#490) (8C84) (9.25)	20	100
859	68	25c./$50/1c. (#573) (8C94) (9.25)	20	90
860	58	50c./$100/3c. (#433) (8C34) (9.25)	20	50
861	44	$1/$200/1c. (#489) (8C85) (9.15)	20	20
862	58	$2/$400/3c. (#433) (－) (9.17)	20	30
863	68	$5/$1,000/1c. (#573) (8C100) (9.18)	20	20
		(7)	140	410

☆ (8C00) は「日専 日本関連地域編」中国占領地切手のカタログ番号

◇歯孔変異		V		H	
858	15c./$30/2c.	17,000	u	18,000	u
861	$1/$200/1c.			18,000	u

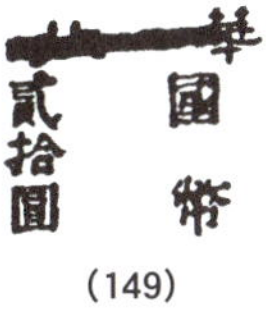

(149)

1945.10.9. 華北票「国幣」加蓋(開封加蓋)

T149 (5号宋朝体) を華北加蓋票に緑加蓋

864	76	$10/20c. (U85) (6C94)	800	1,200
865		$20/40c. (U87) (6C96)	2,500	2,900
866		$50/30c. (U86) (6C95)	1,900	2,200
		(3)	5,200	6,300

☆ (6C00) は「日専　日本関連地域編」中国占領地方切手のカタログ番号

◇変異	複蓋	倒蓋	"圓"倒蓋	
864 $10/20c.			5,000	6,000
865 $20/40c.	7,500	6,000	5,000	6,000
866 $50/30c.	15,000	15,000	5,000	6,000

☆ 1945年12月15日限りで使用が禁止された。これらの使用済評価は, 注文消(CTO)に対するものである。

1945.10.10.
蒋主席就職紀念

凹版, P12, 23.5×35.5㎜, S 200 (10×5×4), 美国鈔票公司

#867～872
蒋介石主席と青天白日旗

867	$2	緑・赤・青 (500万枚)	50	100
868	$4	薄青・赤・青 (100万枚)	50	100
869	$5	灰・赤・青 (200万枚)	50	150
870	$6	茶・赤・青 (100万枚)	150	230
871	$10	灰・赤・青 (50万枚)	400	700
872	$20	紫・赤・青 (50万枚)	500	700
		(6)	1,200	1,980

銘版はないが耳紙に「F11811」「REPUBLIC OF CHINA」「GRIPPER SIDE GUIDE」などの文字が入っている。国民党支配地域のほか, 上海, 江蘇郵区でも発売された。
☆ 1943年8月に林森国民政府主席が死去した後, 中国国民党第5回中央委員会第11次全体会議で後任に蒋介石軍事委員長が推挙され, 同年10月10日に国民政府主席に就いたことを紀念して, 就職2周年の紀念日に発行された。

1945.10.10.
慶祝勝利紀念

平版, P13, 無膠, 28×22㎜, S 50 (5×10), 道林紙, 重慶中央印刷廠

#873～876　蒋介石主席と青天白日旗

873	$20	緑・赤・青 (2000万枚)	30	30
874	$50	茶・赤・青 (800万枚)	50	50
875	$100	薄青・赤・青 (600万枚)	50	40
876	$300	赤・青 (600万枚)	50	40
		(4)	180	160

◇歯孔変異

873a	$20	□□H	12,000	*u*
873b	上辺漏蓋耳紙付		20,000	*u*
873c	右辺漏蓋耳紙付		20,000	*u*
873d	左辺漏蓋耳紙付		20,000	*u*
873e	底辺漏蓋耳紙付		20,000	*u*
874a	$50	□□H	12,000	*u*
874b	右辺漏蓋耳紙付		20,000	*u*
874c	左辺漏蓋耳紙付		20,000	*u*
875a	$100	左辺漏蓋耳紙付	20,000	*u*
876a	$300	底辺漏蓋	20,000	*u*

銘版「中央印製廠」

☆8年間に及ぶ日中戦争が中国側の勝利に終わったのを紀念して発行された。辛亥革命記念日の10月10日に合わせようと急遽作られたため，精緻さを欠き，どの額面にも図案の旗の刷色濃淡や，定常変種とまでは断定しにくいバラエティ，漏蓋など多くの変化がある。

150

1945-46. 重慶大東版孫文票(9次孫文票)

凸版，P12 1/2，無膠，18.5 × 21.5㎜，S 200 (20 × 10)，土紙，重慶大東書局

877	150	$2	淡緑('45.12.-)	20	30
878		$5	灰緑('45.12.-)	20	30
879		$10	青('46.1.-)	20	30
880		$20	赤('46.1.-)	20	30
			(4)	80	120

◇変異

878a	$5	両面印刷	2,300	−

◇歯孔変異

		□□		□□H	
879	$10	22,000	*u*		
880	$20	22,000	*u*	15,000	*u*

◇紙質別分類

全額面とも有条紋土紙，無条紋土紙，白灰土紙の3種に分けられる。

1945. 中信2版欠資票

平版，P13，無膠，20 × 15㎜，S 800 (10 × 20 × 4)，重慶中央信託局印製處

D881 ～ 886

D881	$2	赤	80	200
D882	$6	赤	80	200
D883	$8	赤	80	200
D884	$10	赤	80	200
D885	$20	赤	80	200
D886	$30	赤	100	200
		(6)	500	1,200

151

1945-46. 重慶中央版孫文票(10次孫文票)

凸版，P12 1/2，13，無膠，18 × 22㎜，S 200 (20 × 10)，道林紙，重慶中央印製廠

887	151	$20	赤('45.12.-)	20	20
888		$30	青('45.12.-)	20	20
889		$40	橙('46)	60	120
890		$50	緑('46)	100	30
891		$100	茶('46)	20	20
892		$200	濃茶('46)	20	20
			(6)	240	230

☆重慶中央信託局印刷處が改組して，重慶中央印製廠となった。

◇歯孔別評価

		P12 1/2		P13	
887	$20	20	20	50	50
888	$30	20	20		
889	$40	60	120	300	250
890	$50	100	30		
891	$100	20	20		
892	$200	20	20	300	250

☆全額面とも用紙に厚薄がある。

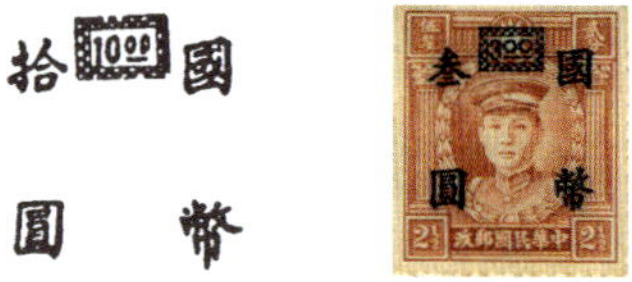

(152)

1945.11.-46. 上海永寧「国幣」加蓋(上框)

T152 を烈士票に上海中華書局永寧印刷廠で黒加蓋(発行日は未確認のものが多い)

(*a*) 北京版烈士票

893	46	$70/13c. (#386)	21,000	21,000

(*b*) 香港版烈士票無水印

894	43	$3/2 1/2c. (#491)	750	630
895	45	$10/15c. (#498)	20	20
896	46	$20/8c. (#495)	20	20
897	48	$20/20c. (#500) ('45.)	30	30
898	43	$30/1/2c. (#488)	20	20
899	46	$50/21c. (#501)	40	50
900		$70/13c. (#497) ('45.)	40	50
901	47	$100/28c. (#503)	40	40

(*c*) 香港版烈士票有水印

902	46	$20/8c. (#514)	20	60
903	43	$30/1/2c. (#507)	200,000	200,000
904	46	$50/21c. (#520)	20	20

905	46	$70/13c. (#516)	………	20	20
906	47	$100/28c. (#522)	……	20	60

☆#903は，杭州で50枚が発見され，南京などで売られた。

◇歯孔変異

895A	$10/15c.	⬚⬚H	……	5,000	*u*
897A	$20/20c.	⬚⬚H	……	4,000	*u*

42

1946（民国35）.3.-.　倫敦3版孫文票（11次孫文票）

凹版，P11½～13½，20×22.5㎜，S 200（20×10），英国倫敦徳納羅公司

907	42	$1	紫	………………	30	150
908		$2	橄緑	………………	30	300
909		$20	黄緑	………………	30	50
910		$30	濃茶	………………	30	50
911		$50	赤橙	………………	30	50
				(5)	150	600

◆不発行

U101	$4	青	………………	40,000	
U102	$5	赤	………………	40,000	

☆#907～911は，日中戦争の最中に発行が計画されたが，戦争のためにイギリスからの納品，配給が遅れ，この時期まで発行が延期された。$1，$2は倫敦版単圏と同図案だが，刷色で区別できる。

◇歯孔別評価

いずれも櫛型だが，歯孔を郵票印面に添って縦に打ったもの（直打）と，横に打ったもの（横打）があり，大きいブロックやシートなら区別できる。

	P11½ × P12½		P12 × P12½		P12½		P12½ × P13		P13½	
907 $1							80	80	30	50
908 $2	80	120					150	150	30	50
909 $20					80	80	250	250	30	50
910 $30					30	50			50	50
911 $50					30	50				
U101 $4			–	–					20,000	
U102 $5			20,000							

1946.　倫敦版包果（小包）票

凹版，P12½，20×27.5㎜，S 200（10×20），英国倫敦徳納羅公司

#912～915　トラック（右向き）

P912	$3,000	橙赤	………	3,000	200
P913	$5,000	濃青	………	4,000	200
P914	$10,000	紫	………	4,500	500
P915	$20,000	赤	………	5,000	500
			(4)	16,500	1,400

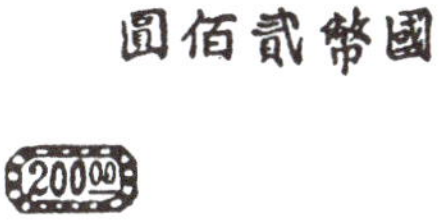

(153)

1946.5.2.　重慶「国幣」加蓋航空票

T153（5号楷字体，八角形框）を航空票に重慶中央印製廠で黒加蓋

(*a*) 北京版長城航空票

A916	49	$53/15c. (A392)	………	150	120
A917		$73/25c. (A393)		200,000	200,000

(*b*) 香港版長城航空票無水印

A918	49	$23/30c. (A538)	………	60	100
A919		$53/15c. (A536)	………	60	100
A920		$73/25c. (A537)	………	60	150
A921		$100/$2 (A544)	………	60	60
A922		$200/$5 (A545)	………	60	40

(*c*) 香港版長城航空票有水印

A923	49	$23/30c. (A528)	………	70	70
A924		$53/15c. (A526)	……	2,000	2,500
A925		$73/25c. (A527)	………	70	70
A926		$100/$2 (A534)	……	120	50
A927		$200/$5 (A535)	………	70	70

◇変異

倒蓋

A918	$23/30c.	………	45,000	*u*
A920	$73/25c.	………	120,000	*u*
A922	$200/$5	………	50,000	*u*

漏印

A918	"23.00" 漏印	………	25,000	–
	"國幣貳拾参圓" 漏印	…	12,000	–
	"國" 漏印	………	12,000	–

◇歯孔変異

A919	$53/15c.	⬚⬚H	…	150,000	70,000

(154)

1946.6.-48. 上海永寧「国幣」加蓋（下框）

T154を孫文票，烈士票に上海中華書局永寧印刷廠で黒または赤加蓋

(*a*) 倫敦版孫文票 (1946.8.-)

928	42	$ 1,000/2c. (#366) ………	60	30

(*b*) 香港中華版孫文票 (1946–47)

929	58	$ 20/3c. (#433) ('46.10.-) …	20	30
930		$ 50/3c. (#433) ('46.12.-) …	20	20
931		$ 50/5c. (#435) ……………	20	20
932		$ 100/3c. (#433) ('46.10.-)	20	20
933		$ 100/8c. (#436) ('47.2.-)	1,400	1,400
934		$ 100/8c. 改版 (#448) ……	20	20
935		$ 200/10c.(#437)('47.2.26.)…	70	20
936		$ 300/10c. (#437)('47.12.-)…	20	20
937		$ 500/3c. (#433) ('46.7.-) …	50	20

(*c*) 香港大東版孫文票無水印

938	58	$ 50/5c. (#461) ('47.2.-) …	90	170
939		$ 100/8c. (#462) (実釦) …	30	30
940		$ 100/8c. (#463) (空釦)	2,500	1,600
941		$ 200/10c. (#464) ('47.2.-) …	70	20

(*d*) 香港大東版孫文票有水印

942	58	$ 50/5c. (#472) ……………	30	80
943		$ 50/5c. (#473) …………	2,100	2,000

(*e*) 香港版烈士票無水印

944	46	$ 20/8c. (#495) ……………	20	20
945	45	$ 50/5c. (#494) ……………	20	20
946	44	$ 100/1c. (#489) …………	20	20
946a		政字不連 ……………………	6,800	6,800

(*f*) 香港版烈士票有水印

947	45	$ 50/5c. (#513) ……………	20	120
948	44	$ 100/1c. (#508) …………	20	110

(*g*) 紐約版孫文票

949	68	$ 50/5c. (#575) ('46.5.-) …	20	20
950		$ 100/8c. (#577) ('47.2.-) …	20	20
951		$ 300/10c. (#578) ('46.8.-) …	20	20

(*h*) 中信版孫文票

952	85	$ 50/ $ 1 緑 (#634) ………	20	20
953		$ 250/ $ 1.50 (#635) ………	30	250

(*i*) 百城凸版孫文票

954	85	$ 1,000/ $ 2 紫茶 (#789) ('47.12.-) …………………………	30	20
955		$ 1,000/ $ 2 青緑 (#790) …	20	20
956		$ 1,000/ $ 2 青 (#791) ('47.2.-) …………………………	20	50
957		$ 2,000/ $ 5 (#794) ………	30	20

(*j*) 重慶大東版孫文票 (1948)

958	150	$ 1,000/ $ 2 (#877) (6.-) …	20	50
959		$ 2,000/ $ 5 (#878) (赤) (2.-)	30	20

(*k*) 倫敦 3 版孫文票

960	42	$ 100/ $ 1 (#907) ('47.4.-) …	20	20
961		$ 200/ $ 4 (U101) ('47.1.-) …	50	20
961a		複蓋 ……………………	2,300	2,300
962		$ 250/ $ 2 (#908) ('47.5.-) …	50	20
963		$ 250/ $ 5 (U102) ('47.1.-) …	50	20
964		$ 500/ $ 20 (#909) ………	20	20
965		$ 800/ $ 30 (#910) ………	30	20

(*l*) 大東 1 版孫文票

966	156	$ 100/ $ 20 (#983) ………	30	30

◇歯孔変異		□□		P10～11½	
953	$ 250/ $ 1.50			25,000	25,000
954	$ 1,000/ $ 2	3,000	3,000		
955	$ 1,000/ $ 2	–	–		

(155)

1946.6.-47. 重慶中央「国幣」加蓋

T155 を孫文票，烈士票に重慶中央印刷廠で黒加蓋

(*a*) 香港中華版孫文票

967	58	$ 20/8c. (#436) …………	20	30
968		$ 20/8c. 改版 (#448) …	30	30
969		$ 50/5c. 緑 (#434) ……	720	670
970		$ 50/5c. 橄緑 (#435) …	50	120

(*b*) 香港大東版孫文票無水印

970A	58	$20/5c. (#460) ……	110,000	*u*
971		$20/8c. (#462) (実釦) …	20	50
972		$20/8c. (#463) (空釦) …	450	450
973		$50/5c. (#460)('46.10.1)	70	70
974		$50/5c. (#461) …………	50	30

(*c*) 香港大東版孫文票有水印

975		$ 50/5c. (#472) …………	20	20
976		$ 50/5c. (#473) …………	20	50

(*d*) 香港版烈士票無水印

977	46	$20/8c. (#495)('47.5.-) …	20	20
978	45	$50/5c. (#494)('45.10.-)	20	20

(*e*) 香港版烈士票有水印

979	46	$ 20/8c. (#514) ……	20,000	20,000

(*f*) 紐約版孫文票

980	68	$ 20/8c. 赤橙 (#576) …	20	20
981		$ 20/8c. 翠緑 (#577) …	20	20
982		$ 50/5c. (#575) …………	50	20

◇**変異**

971a	$20/8c. 5c.に誤蓋	…	60,000	*Sp*
971b	複蓋・一部裏面加蓋	……	3,300	3,300
980a	$20/8c. "0" 漏印	………	650	800
980b	倒複蓋	……………	6,000	3,500

		複蓋		倒蓋	
967	$20/8c.				
968	$20/8c.				
969	$50/5c.	3,300	3,300	1,500	1,500
971	$20/8c.	3,300	3,300	2,000	2,000
972	$20/8c.			2,300	2,300
976	$20/8c.	2,000	2,000		
977	$50/5c.	2,800	2,800	2,800	3,300
980	$20/8c.	1,300	1,300	1,300	1,300
981	$50/5c.	1,600	1,600		

156

1946.7.-47. 上海大東1版孫文票(12次孫文票)

凹版，P14，無膠，18.5×22㎜，S 200 (20×10) = #983～992，50(10×5) = #993，上海大東書局

983	156	$20	赤('46.7.23)	……	620	20
984		$30	濃青('47)	………	30	20
985		$50	濃紫('46.12.-)	…	20	20
986		$70	橙('47)	………	1,700	250
987		$100	深紅('46.12.-)	…	20	20
988		$200	緑('47)	…………	20	20
989		$500	青緑('46.12.-)	…	30	20
990		$700	茶('46.12.-)	……	20	20
991		$1,000	紫('46.12.-)	……	30	30
992		$3,000	青('46.12.-)	……	100	40
993		$5,000	朱・緑('46.12.-)	…	100	40
				(11)	2,660	500

◇**紙質別分類**

		薄紙	厚紙
983	$20	○	
984	$30	○	○
985	$50	○	○
986	$70	○	○
987	$100	○	○
988	$200	○	○
989	$500	○	○
990	$700	○	
991	$1,000	○	
992	$3,000	○	○
993	$5,000	○	○

☆#983～992には，印面の横幅の違い(広版，狭版)が，すべての額面にある。#993には，縦幅の違い(高版，低版)がある。
広版：18.5㎜，狭版：18.0㎜
高版：22.0㎜，低版：21.5㎜

(157)

1946.9.-10. 重慶大東「国幣」加蓋

T157を孫文票，烈士票に重慶大東書局で青または赤加蓋

(a) 香港中華版孫文票

994	58	$20/2c.(#447)(赤)	……	20	30
995		$20/3c.(#433)	…………	20	30

(b) 香港版烈士票無水印

996	44	$10/1c.(#489)	…………	20	20
996a		政字不連	…………………	1,000	1,200
997	45	$20/3c.(#492)	…………	20	20
998	43	$30/4c.(#493)(赤)	……	20	20

(c) 香港版烈士票有水印

999	44	$10/1c.(#508)	…………	20	20
1000	45	$20/3c.(#511)	……	80,000	80,000

(d) 紐約版孫文票

1001	68	$10/1c.(#573)	…………	20	20
1002		$20/2c.(#574)(赤)	……	30	20

◇**変異**		複蓋		倒蓋		倒複蓋	
994	$20/2c.	1,500	1,500			800	1,000
995	$20/3c	2,300	2,300				
996	$10/1c			4,000	4,000		
997	$20/3c	2,000	2,000				
998	$30/4c	900	900	1,000	1,000		
999	$10/1c			4,000	4,000		
1001	$10/1c	2,000	2,000				
1002	$20/2c.	2,500	2,500	2,500	3,000		

1946.9.10. 上海版航空票

平版，P14，無膠，36×22.0㎜，S 100 (5×20)，上海大東書局

158 南京・紫金山の孫文陵上空を飛ぶ航空機

A1003	158	$27	青	………………	60	100

1946.10.31.
蒋主席誕生60年紀念

凹版, P10 1/2～11 1/2, 14, 有膠, 無膠, 23.5×31.5㎜, S 25(5×5), 50(10×5), 上海大業印刷公司, 上海大東書局

#1004～1009 蒋介石主席

(1) 上海大東書局製 P14, 無膠

1004	$20	赤('47.3.31)(100万枚)	50	60
1005	$30	緑('46.10.31)(100万枚)	50	70
1006	$50	朱('46.10.31)(100万枚)	50	60
1007	$100	青緑('47.3.31)(100万枚)	60	110
1008	$200	黄橙('46.10.31)(100万枚)	100	100
1009	$300	紫赤('46.10.31)(100万枚)	100	60
		(6)	410	460

(2) 上海大業印刷公司製 P10 1/2～11 1/2

無膠

1004A	$20	赤('46.10.31)(225万枚)	110	150
1005A	$30	緑('47.3.31)(100万枚)	110	150
1006A	$50	朱('47.3.31)(100万枚)	110	150
1007A	$100	青緑('46.10.31)(127.5万枚)	300	300
1008A	$200	黄橙('47.3.31)(100万枚)	200	200
1009A	$300	紫赤('47.3.31)(100万枚)	250	250
		(6)	1,080	1,200

有膠('47.1.20)

1004B	$20	赤(125万枚)	100	120
1005B	$30	緑(200万枚)	100	120
1006B	$50	朱(200万枚)	100	120
1007B	$100	青緑(272.5万枚)	100	120
1008B	$200	黄橙(200万枚)	100	120
1009B	$300	紫赤(200万枚)	100	120
		(6)	600	720

◇変異

1004a	$20	⬚⬚H	30,000	–
1004Aa	$20	右片漏歯耳紙付	20,000	–
1004Ab	$20	左片漏歯耳紙付	20,000	–
1004Ac	$20	底片漏歯耳紙付	20,000	–
1004Ad	$20	⬚⬚H	20,000	–
1004Ae	$20	⬚⬚V	20,000	–
1005Aa	$30	下片漏歯耳紙付	20,000	–
1006Aa	$50	下片漏歯耳紙付	20,000	–
1007a	$100	⬚⬚H	30,000	–
1007Aa	$100	右片漏歯耳紙付	20,000	–
1007Ab	$100	下片漏歯耳紙付	20,000	–
1007Ba	$100	縦3枚連中間無目打	40,000	–
1007Bb	$100	⬚⬚V	40,000	–
1008a	$200	下片漏歯耳紙付	20,000	–
1008Aa	$200	底辺漏歯耳紙付	20,000	–
1008Ba	$200	下片漏歯耳紙付	20,000	–
1009a	$300	下片漏歯耳紙付	20,000	–
1009Ba	$300	左片漏歯耳紙付	20,000	–

※この切手は上海大東書局で製版され, 同局と上海大業印刷公司で印刷された。発行初日の1946年10月31日には, 大東製の30, 50, 200, 300圓の4種と, 大業製の20圓, 100圓の2種の計6種が売られた。いずれも無膠。大東製の4種は5×5=25面シートで銘版はなく, シートの左上に1, 2, 3の版號が入っている。大業製の20圓は5×10=50面シート, 100圓は5×5=25面シートで,「大業印刷公司」(20圓=45, 46番下, 100圓=23番下)の銘版がある。

6額面とも後に大東製は10×5=50面シート, 大業製は5×10=50面シートで刷られた。また1947年1月20日には大業印刷公司製の有膠が出現した。紙質は白色で, 大東製は薄く, 大業製はそれより厚い。大東製はP14の1種だけ, 大業製はP10 1/2, 11, 11 1/2の3種があり, 縦横が一定ではないのでさらに細く分類できるといわれる。

☆蒋介石国民政府主席は光緒13年(1887)10月31日, 浙江省奉化県渓口鎮に生まれた。この年60歳を迎えたのを紀念して発行された。

☞ 東北貼用, 台湾貼用

1946.11.15.
国民大会紀念

平版, P14, 無膠, 31×22.5㎜, S 50(5×10), 西道林紙, 上海大東書局

#1010～1013 南京の国民大会堂

1010	$20	緑(800万枚)	70	40
1011	$30	青(300万枚)	70	40
1012	$50	茶(400万枚)	70	40
1013	$100	赤(300万枚)	70	40
		(4)	280	160

◇変異

1012a	$50	⬚⬚H	9,500	9,500
1010a	$20	底辺漏歯耳紙付	–	*u*
1013a	$100	左辺漏歯耳紙付	–	*u*

銘版「大東書局上海印刷廠印製」(右書)

☆国民大会が11月12日, 南京の国民大会堂に1,300人余りが出席して開かれたのを紀念して発行された。

☞ 東北貼用, 台湾貼用

1947(民国36).1. 上海版欠資票

平版, P14, 無膠, 20.5×16㎜, S 800(10×20×4), 道林紙, 上海大東書局

D1014～1022

D1014	$50	赤紫	80	200
D1015	$80	赤紫	80	200
D1016	$100	赤紫	80	200
D1017	$160	赤紫	80	200
D1018	$200	赤紫	80	200
D1019	$400	赤紫	80	200
D1020	$500	赤紫	80	200
D1021	$800	赤紫	80	200
D1022	$2,000	赤紫	80	200
		(9)	720	1,800

◇変異

D1020a	$500	⬚⬚V	8,000	–

P1023～1031　P1032～1039

P1023～1039　トラック（左向き）

1947-48.　北京版包果（小包）票

平版，P13 1/2，17.5×20.5㎜，S 100（10×10），北京中央印製廠

(a) 第1版（フレームあり）

P1023	$1,000	黄		900	150
P1024	$3,000	青緑		900	150
P1025	$5,000	橙赤		900	150
P1026	$7,000	青		900	150
P1027	$10,000	赤		1,000	200
P1028	$30,000	橄緑		1,000	200
P1029	$50,000	青黒		1,000	200
P1030	$70,000	赤茶		1,400	400
P1031	$100,000	紫		1,400	400

(b) 第2版（フレームなし）

S 200（20×10）

P1032	$200,000	濃緑		1,800	400
P1033	$300,000	桃		1,800	400
P1034	$500,000	茶紫		1,800	400
P1035	$3,000,000	青紫	('48.9)	2,000	700
P1036	$5,000,000	紫	('48.9)	2,000	700
P1037	$6,000,000	灰	('48.9)	2,200	1,000
P1038	$8,000,000	赤	('48.9)	2,200	1,100
P1039	$10,000,000	黒緑	('48.9)	2,500	1,400
			(17)	25,700	8,100

1947.5.5.
国民政府遷都紀念

凹版，P14，無膠，30.5×18㎜，S 50（5×10），西道林紙，北京中央印製廠

#1040～1044　孫文陵

1040	$100	緑	(300万枚)	30	30
1041	$200	青	(300万枚)	30	30
1042	$250	赤	(200万枚)	30	30
1043	$350	黄茶	(200万枚)	30	30
1044	$400	濃紫	(200万枚)	30	30
			(5)	150	150

銘版「中央印刷廠北平廠」（右書）

☆国民政府は日中戦争の拡大により1936年から重慶を戦時陪都としていたが，1946年4月30日に遷都命令が出，同5月5日政府機構が正式に南京へ戻ったのを紀念して，1年後の同日に発行された。

☞ 東北貼用，台湾貼用

159

1947.5.23.　倫敦4版孫文票（火炬型，13次孫文票）

凹版，P11 1/2×12 1/2，12 1/2，13 1/2，20×22.5㎜，S 200（10×20），英国倫敦徳納羅公司

1045	159	$500	橄緑	20	20
1046		$1,000	緑・赤	20	20
1047		$2,000	青・赤茶	30	20
1048		$5,000	橙赤・黒	30	20
			(4)	100	80

◇歯孔別評価

		P11 1/2×12 1/2		P12 1/2		P13 1/2	
1045	$500			20	20	200	200
1046	$1,000	50	50	20	20		
1047	$2,000	50	50	20	20		
1048	$5,000	50	50	20	20		

#1049 孔子

#1050 孔子の講義所跡・杏壇

#1051 孔子の墓・至聖墓

#1052 孔子廟大成殿

1947.8-10.　教師節紀念

#1049は平版，他は凹版，P14，無膠，21.5×30.5㎜＝#1049～1050，30×21.5㎜＝#1051，29×21.5㎜＝#1052，S 100（10×5×2＝#1049～1050，5×10×2＝#1051～1052），上海大東書局

1049	$500	赤	(8.27)	(300万枚)	60	70
1050	$800	茶	(10.17)	(150万枚)	50	80
1051	$1,250	緑	(10.17)	(150万枚)	50	120
1052	$1,800	青	(10.17)	(150万枚)	50	190
				(4)	210	460

銘版「大東書局上海印製廠印製」（右書）

160

2版

3版

上海大東2版の額面は分位，上海大東3版は円位

1947.10.17-1948.　上海大東2版孫文票（梅花1版，14次孫文票）

凹版，P14，無膠，18×22㎜，S 200（20×10）＝#1053～1062，50（10×5）＝#1063～1069，上海大東書局

1053	160	$150	灰青	20	800
1054		$250	灰紫	30	150
1055		$500	緑	20	20
1056		$1,000	茶赤	20	20
1057		$2,000	橘	20	20
1058		$3,000	青	20	20
1059		$4,000	灰('48.1.20)(4,000万枚)	20	20
1060		$5,000	灰茶	20	20
1061		$6,000	桃紫('48.2.7)(5,000万枚)	20	20
1062		$7,000	赤茶('48.3.20)(5,000万枚)	20	20
1063		$10,000	赤・青	110	20
1064		$20,000	黄緑・赤	30	20
1065		$50,000	青・緑	130	20
1066		$100,000	橄緑・黄('48.3.31)(800万枚)	180	20
1067		$200,000	青・茶紫('48.3.31)(500万枚)	230	40
1068		$300,000	赤茶・茶('48.3.31)(400万枚)	230	50
1069		$500,000	茶・灰青('48.3.31)(400万枚)	300	50
			(17)	1,420	1,330

◆不発行

U103	160	$100	赤	90,000
U104		$350	黄橙	90,000
U105		$700	赤茶	90,000

◇印面寸法別分類（○が両者が存在するもの）

印面寸法は上海大東1版と同じように，18.5×22.0㎜が標準だが，横印面幅の違い（広版と狭版），縦印面幅の違い（高版と低版）があり，用紙にも厚紙と薄紙がある。次のように区別できる。

これらは次の上海大東3版にもある。

			広版 狭版	高版 低版
1054	$250		○	
1055	$500		○	
1056	$1,000		○	
1057	$2,000		○	
1058	$3,000	厚紙	○	
		薄紙	○	
1059	$4,000			○
1060	$5,000	厚紙		○
		薄紙		
1062	$7,000	厚紙		
		薄紙	○	
1063	$10,000			○
1064	$20,000	厚紙		○
		薄紙		
1065	$50,000			○
1066	$100,000			○

☆他の額面は，印面寸法，紙質とも変化はない。

1947.10.25. 台湾光復紀念（1次）

凹版，P14，22.5×30㎜，S 50（10×5），北京中央印製廠

#1070～1071 台湾地図と青天白日旗

1070	$500	赤（200万枚）	40	100
1071	$1,250	緑（150万枚）	40	100
		(2)	80	200

1948（民国37）.4.21. 台湾光復紀念（2次）

凹版，P14，30×22.5㎜，S 50（5×10），北京中央印製廠

#1072～1073 台北市の中山堂

1072	$5,000	紫（200万枚）	30	120
1073	$10,000	赤（150万枚）	30	120
		(2)	60	240

☆日清戦争で日本に割譲された台湾が，日中戦争の勝利で中国に返還され，1945年10月25日に台湾で降伏式典が行われてから2周年になるのを紀念して発行された。この郵票は台湾でも$500が$7（台幣），$1,250が$18（台幣）で発売，使用された。

(161)

1947.10.-1948. 上海大業「国幣」加蓋

T161を孫文票に上海大業印刷公司で黒加蓋

***(a)* 中信版孫文票**（1948.4.-）

1074	85	$2,000/$3（#637）	50	20

***(b)* 百城凸版孫文票**（1948.2.5）

1075	85	$3,000/$3（#792）	20	20

***(c)* 重慶中華版孫文票**

1076	146	$2,000/$3 赤（#803）	20	20
1076a		橙赤（#803a）	650	220
1077		$3,000/$3（#804）	20	20

***(d)* 倫敦3版孫文票**

1078	42	$500/$20（#909）	20	20

***(e)* 上海大東1版孫文票**

1079	156	$1,250/$70（#986）	20	20

***(f)* 上海大東2版孫文票**

1080	160	$1,800/$350（U104）	20	20
		(7)	170	140

◇変異

1077a	$3,000/$3	複蓋	1,500	1,500
1078a	$500/$20	複蓋	1,100	1,400

162　南京市行政院前の行動郵局（移動郵便車）

163　上海市中山公園入口の郵亭

1947.11.5.　行動郵局・郵亭票

凹版，P14，33.5×21.5㎜＝#1081，#1084，32.5×21.5㎜＝#1082，#1083，S 50（5×10），北京中央印製廠

1081	162	$500	赤（400万枚）……	20	50
1082	163	$1,000	紫（200万枚）……	20	50
1083		$1,250	緑（200万枚）……	20	80
1084	162	$1,800	青（200万枚）……	20	110
				(4) 80	290

164　中国地図と飛行機，汽車，大型船

165　山道を行く集配人と郵便車

166　飛行機とジャンク

1947.12.16.
中華民国郵政総局成立50年紀念

凹版，P12，31.5×22㎜＝#1085，#1088，#1089，21.5×32㎜＝#1086，#1087，S 300（5×10×6）＝#1085，#1088，#1089，300（10×5×6）＝#1086，#1087，美国鈔票公司

1085	164	$100	紫（2,000万枚）…	20	100
1086	165	$200	緑（500万枚）……	20	100
1087		$300	茶（500万枚）……	20	100
1088	166	$400	赤（500万枚）……	20	100
1089		$500	青（500万枚）……	20	100
				(5) 100	500

☆1946年3月20日に国家郵政事業が開業して50周年になるのを紀念して発行される予定だったが，発行が遅れ，郵政総局成立紀念に改められた。

#1090～1092
南京の国民大会堂と憲法典

1947.12.25.　行憲紀念

凹版，P14，無膠，33.5×21.5㎜，S 100（5×10×2），上海大東書局

1090	$2,000	赤（300万枚）…………	50	60
1091	$3,000	青（300万枚）…………	50	60
1092	$5,000	緑（300万枚）…………	50	60
			(3) 150	180

銘版「大東書局上海印製廠印製」（右書）
☆中華民国の新憲法が1946年の国民大会で制定され，この日から施行されたのを紀念して発行された。

(167)

168

1948（民国37）.3.8.　倫敦2版加蓋欠資票

（台票は凹版，P13 1/2×14，20×17㎜，S 200〔10×20〕，英国倫敦徳納羅公司）

T167（6号楷字体）を168に上海大業印刷公司で黒加蓋

D1093	168	$1,000/$20	赤紫（199.75万枚）	70	250
D1094		$2,000/$30	赤紫（199.75万枚）	70	250
D1095		$3,000/$50	赤紫（349.75万枚）	70	250
D1096		$4,000/$100	赤紫（499.75万枚）	70	200
D1097		$5,000/$200	赤紫（549.75万枚）	70	200
D1098		$10,000/$300	赤紫（549.75万枚）	70	100
D1099		$20,000/$500	赤紫（439.75万枚）	70	100
D1100		$30,000/$1,000	赤紫（249.75万枚）	70	100
				(8) 560	1,450

☆無加蓋の欠資郵票は8種ともごく少数が存在する。

#1101～1104
光復紀念票と郵政総局50年紀念票

1948.3.-5.　郵政紀念日郵票展覧紀念

平版，P14（#1101，#1103），□（#1102，#1104），無膠，45×26㎜，S 300（5×10×6），上海大業印刷公司

(1) 南京郵票展 (3.20)

1101	$5,000	桃，P14（125万枚）…	100	400
1102	$5,000	桃，□（50万枚）……	120	300

(2) 上海郵票展 (5.19)

1103	$5,000	灰緑，P14（125万枚）	100	400
1104	$5,000	灰緑，□（50万枚）……	100	250
			(4) 420	1,350

銘版「DAYEH PRINTING CO. LTD., 大業印刷股份公司」（右書）
☆郵政当局が3月20日を郵政紀念日と定め，中国最初の郵票が発行されてから70周年を迎えたことと，南京と上海での郵票展覧会開催をあわせて紀念して発行された。

(169)

1948.4.-10.　高額改値「国幣」加蓋

(1) 永寧1次加蓋（分単位）

T169を中信版・百城凸版・重慶中央版孫文票に上海中華書局永寧印刷廠で黒または赤加蓋

1105	85	$5,000/$1 (#634) (8.-) ………	20	20
1106		$5,000/$1 (#788) (10.-) …	2,000	2,000
1107		$5,000/$2 (#636) (4.-) ………	20	20
1108	151	$10,000/$20 (#887) (5.-) ……	20	20
1109	85	$20,000/10c. (#626) (7.-) ……	20	20
1110		$20,000/50c. (#632) (赤) (8.-)…	20	50
1111		$30,000/30c. (#630) (8.1) ……	20	50
		(7)	2,120	2,180

(170)

(2) 永寧2次加蓋（円単位）

T170を中信版・百城凸版孫文票に上海中華書局永寧印刷廠で黒または赤加蓋

1112	85	$15,000/10c. (#626) (8.-) ……	20	20
1113		$15,000/$4 (#793) (8.-)……	20	20
1114		$15,000/$6 (#795) (赤) (9.-)	20	20
		(3)	60	60

(171)

(3) 大業1次加蓋（分単位）

T171を上海大東2版孫文票に上海大業印刷公司で黒加蓋

1115	160	$4,000/$100 (U103) (8.-) …	20	2,500
1116		$5,000/$100 (U103) (5.-) …	20	20
1117		$8,000/$700 (U105) (7.-) …	30	90
		(3)	70	2,610

(172)

(4) 大業2次加蓋（円単位）

T172を中信版孫文票に上海大業印刷公司で黒加蓋

1118	85	$15,000/50c. (#632) (8.-) ……	20	50
1119		$40,000/20c. (#628) (9.-) ……	20	90
1120		$60,000/$4 (#638) (9.1) ……	40	50
		(3)	80	190

◇歯孔別評価

1111a	$30,000/30c.	P10 1/2 …	1,000	1,000
1119a	$40,000/20c.	P11………	1,000	750

(173)

(174)

A1121～1127　　A1128

1948.5.18.　航空改値加蓋

(1) T173（仿宋字体，長形框）を大業印刷公司で加蓋

(a) 北京版長城航空票に赤加蓋

A1121	49	$50,000/$1 (A399) …	18,000	15,000

(b) 香港商務版長城航空票無水印に黒または赤加蓋

A1122	49	$10,000/30c. (A538) ………	60	70
A1123		$20,000/25c. (A537) ………	60	70
A1124		$30,000/90c. (A542) (赤) …	60	100
A1125		$50,000/60c. (A541) (赤) …	60	100
A1126		$50,000/$1 (A543) (赤) …	60	90

(c) 香港商務版長城航空票有水印に黒加蓋

A1127	49	$10,000/30c. (A528) ………	60	100

(2) T174を上海版航空票に上海大業印刷公司で黒加蓋

A1128	158	$10,000/$27 (A1003)……	70	300
			(8)	18,430	15,830

1948.7.5. 資助防癆附捐票

平版, P14 または□, 無膠, 23×30㎜, S 50 (10×5), 道林紙, 上海大業印刷公司

#1129～1134　万里の長城

(*a*) P14

1129	$5,00+$2,000	紫赤 (100万枚)	50	250
1130	$10,000+$2,000	茶赤 (50万枚)…	50	250
1131	$15,000+$2,000	灰赤 (50万枚)…	50	250

(*b*) □

1132	$5,000+$2,000	紫赤 (50万枚)…	50	300
1133	$10,000+$2,000	茶赤 (50万枚)…	50	300
1134	$15,000+$2,000	灰赤 (50万枚)…	50	300
		(6)	300	1,650

◇変異

1129a	$5,000+$2,000	⬚⬚V	−	*u*
1129b	底片無目打耳紙付		−	*u*
1130a	$10,000+$2,000	⬚⬚V	−	*u*

銘版「大業印刷股份有限公司」(右書)

☆「防癆」とは「結核予防」のことで, 附加金は政府の結核予防基金に充てられた。

175

1948.7.5.-9. 上海大東3版孫文票 (梅花2版, 15次孫文票)

凹版, P14, 無膠, 18×22㎜, S 200 (20×10)=#1135～1143, 100 (10×10)=#1144～1146, 上海大東書局

1135 175	$20,000	赤桃 (7.5) (5,000万枚)	50	30
1136	$30,000	濃茶 (3,000万枚)……	20	20
1137	$40,000	緑 (2,000万枚)………	20	20
1138	$50,000	灰青 (7.17) (6,000万枚)……………………………	20	20
1139	$100,000	橄緑 (9.11) (2,300万枚)……………………………	20	20
1140	$200,000	茶紫 (9.11) (1,500万枚)……………………………	70	20
1141	$300,000	黄緑 (9.11) (1,500万枚)…………………………	270	100
1142	$500,000	桃紫 (9.11) (1,000万枚)…………………………	120	20
1143	$1,000,000	淡紫 (1,000万枚)……	70	20
1144	$2,000,000	橙赤 (1,000万枚)…	150	20
1145 175	$3,000,000	橄黄 (9.11) (300万枚)…………………………	300	50
1146	$5,000,000	淡青 (9.11) (200万枚)………………………	600	90
		(12)	1,710	430

◇印面寸法別分類 (○が両者が存在するもの)

			広版 狭版	高版 低版
1135	$20,000		○	
1136	$30,000			○
1137	$40,000			○
1138	$50,000			○
1139	$100,000	厚紙		○
		薄紙		○
1140	$200,000	厚紙		○
		薄紙		○
1141	$300,000			○
1142	$500,000			○

☆他の額面は, 印面寸法, 紙質とも変化ない。上海大東3版が発行されて間もなく, 極度のインフレを打開するため金本位制に移行したので, 低額の使用例は入手しにくい。

#1149～1150　航行中の江亜輪

#1147～1148　新旧の輪船

1948.8.16. 国営招商局75周年紀念

凹版, P14, 無膠, 22.5×30㎜=#1147, #1148, 30×22.5㎜=#1149, #1150, S 50 (10×5, 5×10), 上海大東書局

1147	$20,000	青 (300万枚) ………	60	170
1148	$30,000	桃紫 (300万枚) ……	60	170
1149	$40,000	黄茶 (200万枚) ……	60	270
1150	$60,000	橙赤 (200万枚) ……	60	270
		(4)	240	880

銘版「大東書局上海印刷廠印製」
(1147～48 縦書, 1149～50 横右書)

☆中国最大の汽船会社である招商局が, 1872 (同治11) 年, 李鴻章によって上海に設立されてから75周年になるのを紀念して発行された。

(176)

1948.9.29. 広西「国幣」加蓋

T176を上海大東1版孫文票に桂林崇文印刷廠で黒加蓋

1151	156	$5,000/$100 (#987) (170万枚)…………………………	700	7,000

2. 金圓時期 (1948.8. –1949.4.)

インフレーションはとどまるところを知らず，国幣はついに破たん，1948年8月19日国幣300万圓を1圓として20億圓を限度に新しい通貨である金圓制が採られた。

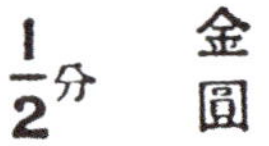

(177)

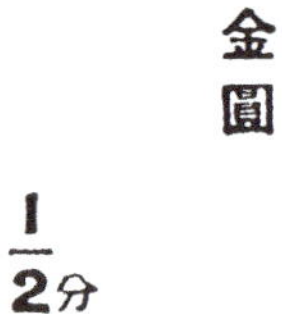

(178)

(179)

(180)

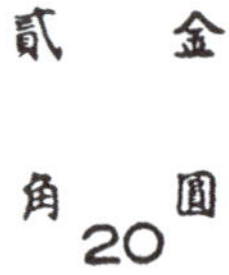

(181)

1948.10.7. 上海大業「金圓」加蓋

(1) T177 を中信版孫文票に上海大業印刷公司(以下同)で黒加蓋

1152 **85** 1/2c./30c. (#630) ('48.11.27) (1,200万枚) ………… **20** **500**

(2) T178 を上海大東2版孫文票に黒加蓋

1153 **160** 1/2c./$500 (#1055) ('48.10.9) (1億2,000万枚) … **20** **20**

原票：A，B両型，高版，低版がある。

☞ 赤加蓋は#1187を参照

(3) T179 を上海大東1版孫文票に黒加蓋

1154 **156** 1c./$20 (#983) (600万枚) … **20** **220**

原票：広版，狭版がある。

(4) T180 を中信版孫文票に黒または赤加蓋

1155 **85** 2c./$1.50 (#635) (赤) (800万枚) ………… **20** **320**

1156 3c./$5 (#639) (570万枚) … **20** **320**

1157 4c./$1 紅 (#633) (2,000万枚) **20** **320**

1158 **85** 5c./50c. (#632) (1,000万枚) **20** **40**

(5) T181 を黒または赤加蓋

1159 **151** 5c./$30 (渝中央版孫文, #888) (赤) ('48.11.27) (120万枚) ……… **20** **140**

1160 **58** 10c./2c. (港中華改版孫文, #447) (320万枚) ………… **20** **170**

1161 **43** 10c./2 1/2c. (港烈無水印, #491) ('48.11.27) (120万枚) ……… **20** **110**

1162 10c./2 1/2c. (港烈有水印, #510) ('48.11.27) (5,700万枚) …… **40** **400**

1163 **85** 10c./$20 (百城凸版, #797) (赤) (5,700万枚) ……… **20** **20**

1164 **146** 10c./$70 (渝中華版, #809) ('48.11.23) (2,200万枚) …… **20** **50**

1165 20c./$6 (〃, #805) (1,420万枚) ………… **20** **30**

1166 **42** 20c./$30 (倫敦3版, #910) (320万枚) ………… **40** **470**

1167 **156** 20c./$30 (申大東1版, #984) (赤) (2,700万枚) ……… **60** **370**

原票：広版，狭版がある。

(16) **400** **3,500**

◇歯孔別評価

1158a 5c./50c. P11 ………… **650** **650**

◇変異

1154a	1c./$20	複蓋	……… **1,700**	**1,700**
1159a	5c./$30	複蓋	……… **1,700**	**1,700**
1161a	10c./2 1/2c.	倒蓋	……… **1,300**	**1,300**
1161b		複蓋	……… **750**	**750**
1164a	10c./$70	複蓋	……… **1,500**	**1,500**
1165a	20c./$6	複蓋	……… **1,000**	**1,000**

(182)

#1185～1186は額面が分位(0付き)

1948.10.9. 上海三一「金圓」加蓋

T182 を孫文票に上海三一印刷公司で黒または赤，青，緑加蓋

1168 **85** 10c./25c. (中信版, #629) (青) ('48.12.23) (1,360万枚) … **20** **120**

1169 **146** 10c./40c. (渝中華版, #801) ('49.1.2) (1,200万枚) …… **20** **140**

1170 10c./$2 (〃, #802) ('48.11.20) (4,120万枚) … **20** **20**

1171 **151** 10c./$30 (渝中央版, #888) (赤) (770万枚) ……… **20** **150**

1172 **85** 50c./30c. (中信版, #630) (青) ………… **20** **140**

1173 **85** 50c./40c.（〃, #631）（青）（'48.11.29）
………… **20** **90**
1174 50c./$4（百城凸版, #793）（青）
………… **20** **200**
1175 50c./$20（〃, #797）（赤）（2,600万枚）
………… **20** **20**
1176 **146** 50c./40c.（渝中華版, #801）（青）
………… **25** **100**
1177 **150** 50c./$20（渝大東版, #880）（青）
………… **25** **120**
1178 **85** $1/40c.（中信版, #631）（2,000万枚）
………… **20** **20**
1179 **146** $2/$2（渝中華版, #802）（赤）（2,000万枚）
………… **20** **20**
1180 $5/$2（〃, #802）（1,000万枚）
………… **20** **20**
1181 $10/$2（〃, #802）（緑）（900万枚）
………… **20** **30**

☞ 赤加蓋は# 1211を参照

1182 $20/$2（〃, #802）（赤）（400万枚）
………… **20** **20**
1183 $50/$2（〃, #802）（青）（1,000万枚）
………… **30** **20**
1184 $100/$2（〃, #802）（赤）（1,000万枚）
………… **30** **30**
1185 **175** $50,000/$20,000
（申大東3版, #1135）（青） **140** **40**

原票：高版, 低版がある。

1186 $100,000/$30,000
（申大東3版, #1136）…… **270** **90**

原票：高版, 低版がある。

（19）**780** **1,390**

◇歯孔別評価

1173a 50c./40c. P11 ………… **900** **1,000**

(183)

1948.10.12. 上海永寧「金圓」加蓋

(1) T183を上海大東2版孫文票に上海中華書局永寧印刷廠（以下同）で赤加蓋

1187 **160** ½c./$500（#1055）（5,000万枚）
………… **20** **90**

(184)

(2) T184を孫文票, 烈士票に黒または赤加蓋

1188 **146** 5c./$20（渝中華版, #807）（赤）
（800万枚）………… **20** **110**
1189 **85** 10c./$1 緑（中信版, #634）
（4,000万枚）……… **20** **30**
1190 10c./$1（百城凸版, #788）
………… **28,000** **23,000**
1191 **146** 10c./$20（渝中華版, #807）
………… **30,000** **30,000**
1192 **150** 10c./$20（渝大東版, #880）
（4,800万枚）……… **20** **20**
1193 **156** 10c./$20（申大東1版, #983）
………… **100** **350**
1194 **43** 50c./½c.（平烈, #380）… **7,500** **7,500**
1195 50c./½c.（港烈無水, #488）
（2,100万枚）……… **20** **60**
1196 50c./½c.（港烈有水, #507）
（2,100万枚）……… **20** **80**
1197 **85** 50c./20c.（中信版, #628）（900万枚）
………… **20** **50**
1198 50c./$4（百城凸版, #793）（1,000万枚）
………… **100** **350**
1199 50c./$70（〃, #799）（赤）（1,200万枚）
………… **30** **30**
1200 **156** 50c./$20（申大東1版, #983）
………… **20** **120**
1201 **85** $1/$1 紅（中信版, #633）
（1,000万枚）……… **50** **200**
1202 $1/30c.（百城凸版, #787）
（1,000万枚）……… **20** **20**
1203 $1/$5（〃, #794）（1,000万枚）
………… **70** **40**
1204 **151** $2/$20（渝中央版, #887）（1,800万枚）
………… **20** **20**
1205 **156** $2/$100（申大東1版, #987）
（750万枚）………… **20** **20**
1206 **47** $5/17c.（港烈無水, #499）（80万枚）
………… **90** **90**
1207 **160** $5/$3,000（申大東2版, #1058）（赤）
（1,500万枚）……… **20** **150**
1208 **48** $8/20c.（港烈無水, #500）（80万枚）
………… **50** **50**
1209 **175** $8/$30,000（申大東3版, #1136）（赤）
（1,000万枚）……… **20** **250**
1210 **48** $10/40c.（港烈無水, #505）
（90万枚）……… **120** **100**
1211 **146** $10/$2（渝中華版, #802）（赤）
（1,500万枚）……… **20** **30**
1212 **156** $20/$20（申大東1版, #983）
（650万枚）……… **470** **300**
1213 **85** $50/30c.（中信版, #630）
………… **20** **30**
1214 **156** $80/$20（申大東1版, #983）
………… **20** **100**

1215 **85** $100/$1（百城凸版, #788）
…………………………… **20** **100**
(28) **66,920** **63,200**

◇変異

1188a	10c./$1	複蓋	………	650	650
1192a	10c./$20	倒蓋	………	700	700
1192b		複蓋	………	550	550
1195a	50c./$1/2$c.	倒蓋	………	2,500	2,500
1195b		複蓋	………	1,100	1,100
1197a	50c./20c.	複蓋	………	650	650
1202a	$1/30c.	複蓋	………	1,600	1,600
1207a	$5/$3,000	複蓋	………	1,400	1,400
1211a	$10/$2	倒蓋	………	1,300	1,300

1948.12.- 上海順発「金圓」加蓋

T184 を上海大東2版孫文票に上海順発印刷所で黒加蓋

1216 **160** 50c./$6,000（#1061）…… **200** **350**

用紙に厚紙, 薄紙, 原票に広版, 狭版がある。

1948.12.- 上海元華「金圓」加蓋

T184 を上海大東2版孫文票に上海元華印刷廠で青加蓋

1217 **160** 50c./$6,000（#1061）……… **20** **150**

用紙に厚紙, 薄紙, 原票に広版, 狭版がある。

1948.12.7. 四川成都「金圓」加蓋

T184 を上海大東版孫文票に成都昌文印刷所で黒加蓋

1218 **175** 10c./$20,000（申大東3版, #1135）
…………………………… **20** **470**

1219 **156** 20c./$100（申大東1版, #987）
…………………………… **20** **300**

◇変異

1218a	10c./$20,000	複蓋	………	700	700
1219a	20c./$100	倒蓋	………	2,200	2,200
1219b		複蓋	………	2,500	2,500
1219c		“20”の0漏印	………	2,500	2,500

(185)

1948.12.- 南京「金圓」加蓋

T185 を上海大東2版孫文票に南京郵政儲金滙業局印刷所で黒加蓋

1220 **160** 10c./$7,000（#1062）…… **100** **100**

◇加蓋字幅変異

	1次：狭距（7～8㎜）		2次：広距（9.5㎜）	
1220 10c./$7,000	100	100	1,600	900

原票：1次は厚紙狭版, 2次は厚紙広版

(186)

1948.12.17. 包果票改作「金圓」加蓋

T186 を倫敦版包果票に上海三一印刷公司で黒または赤加蓋

P1221 $200/$3,000（P912）(350万枚) **70** **50**

P1222 $500/$5,000（P913）(赤) (250万枚)
…………………………… **70** **40**

P1223 $1,000/$10,000（P914）(75万枚)
…………………………… **70** **50**

(3) **210** **140**

187

大東版

中央版

1949.（民国38）.1.6. 上海大東4版孫文票（金圓凹版孫文, 16次孫文票）

凹版, P14, 無膠, 18×21㎜, Ⓢ200（20×10）, 道林紙, 上海大東書局

1224	**187**	$1	橙黄	………………	40	60
1225		$10	緑	………………	50	60
1226		$20	紫茶	………………	40	60
1227		$50	黒緑	………………	40	60
1228		$100	橙茶	………………	40	60
1229		$200	橙赤	………………	40	60
1230		$500	桃紫	………………	40	60
1231		$800	紅	………………	40	250
1232		$1,000	青	………………	40	60
				(9)	**370**	**730**

1949.1.- 上海中央版金圓孫文票

凹版, P$12\frac{1}{2}$～14, 無膠, 18×21㎜, Ⓢ200（20×10）, 道林紙, 上海中央印製廠

1233	**187**	$10	緑	………………	40	500
1234		$20	紫茶	………………	40	50
				(2)	**80**	**550**

◇歯孔別分類

		P$12\frac{1}{2}$		P13		P14	
1233	**$10**	40	500	50	550	400	800
1234	**$20**	40	50	40	90	110	450

1949.1.- 印花税票改作「金圓」票

金圓制が実施されたあとも大量の国幣印花税票(収入印紙)が残っていたので，これに「中華民国郵政／金圓○○圓」と加蓋した改作票が発行された。印花税票には平版と凹版があり，製造印刷所別に前者は４種，後者は２種に分類できる。加刷は４ヵ所で行われた。

188
汽車と汽船と飛行機

【原票と印刷所別特徴】

1) $20

中央版
“20” は細く，“2” にハネがある。

大東版
“20” は肉太，“2” にハネがない。

2) $30と$50

中央版
右下隅は空白

大東版
隅に縦棒

大業版
隅に “Y” の文字

振明版
隅に三角形

3) $100と$300

大東版
“D” の文字

大業版
“D” と “日” の文字

4) 振明版のタイプ違い

I 型
#1237, 1238, 1243

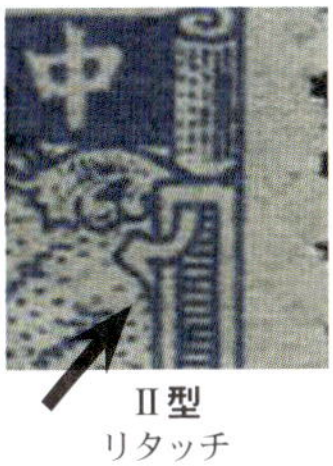

II 型
リタッチ

←花紋の幅は 18.5mm
←「中…政」は字幅 11mm

(189)

(1) 上海現代加蓋

T189を188に上海現代書局で黒または赤加蓋

1235	188	50c./$20(中央平版)………	20	50
1236		50c./$20(大東平版)………	20	50
1237		$3/$50(振明平版) ………	20	100
1238		$50/$50(〃)(赤)……	20	40
		(4)	80	240

◇振明平版のタイプ別評価

		I 型		II 型	
1237	$3/$50	20	50	900	900
1238	$50/$50	20	50	2,400	2,400

◇変異

1237a	$3/$50	複蓋………	450	900
1238a	$50/$50	複蓋………	400	800

←花紋の幅は 18.5mm
←「中…政」は字幅 11.5mm

(190)

(2) 上海永寧加蓋

T190を188に上海中華書局永寧印刷廠で黒，茶，青または紫加蓋

1239	188	$1/$15(中央平版) ………	20	50
1240		$10/$30(〃)(青)……	70	180
1241		$10/$30(大業平版)(青)	20	40
1242		$80/$50(〃)(紫)……	20	120
1243		$100/$50(振明平版) I	100	60
1244		$100/$50(大業平版)…	500	1,700
1245		$100/$50(〃)(茶) …	200	200
1246		$500/$15(中央平版)(青)	150	420
1247		$500/$30(大業平版)……	70	300
1248		$1,000/$50(〃)(赤)…	900	900
		(10)	2,050	3,970

◆不発行

U106 $5,000/$100(大東平版)(赤)
………… 25,000 *u*

◇振明平版のタイプ別評価

		I 型		II 型	
1243	$100/$50	100	60	40,000	50,000

◇変異

1241a	$10/$30	複蓋………	650	1,300

←花紋の幅は 18.5㎜
←「中…政」は字幅 13㎜

(191)

(3) 上海三一加蓋

T191 を 188 に上海三一印刷公司で黒，赤，青または緑加蓋

1249	188	$2/$50（大東平版）(赤) …	20	100
1250		$2/$50（大業平版）(赤) …	40	120
1251		$2/$50（〃）(青) ………	20	100
1252		$5/$500（中央平版）………	20	90
1253		$15/$20（〃）(青) ……	20	40
1254		$25/$20（〃）(緑) ……	20	40
1255		$50/$300（大東凹版）(赤)	20	60
1256		$50/$300（大業凹版）(赤)	20	50
1257		$200/$50（大東平版）……	90	90
1258		$200/$500（中央平版）(青)	60	70
1259		$300/$50（大東平版）(赤)	120	120
1260		$300/$50（大業平版）(赤)	170	200
1261		$1,000/$100（大業凹版）	1,400	1,500
1262		$1,000/$100（大東凹版）…	300	450
1263		$1,500/$50（大東平版）(濃青) ………………………	250	300
1264		$2,000/$300（大業凹版）(青) …………………………	40	60
		(16)	2,610	3,390

◇変異

1255a	$50/$300	複蓋 ………	650	1,300

←花紋の幅は 19.5㎜
←「中…政」は字幅 16㎜
(#1272 ～ 1274 の花紋は 18.5㎜)

(192)

(4) 漢口加蓋 (1949.4.19)

T192 を 188（すべて大東平版票）に漢口復興印商館で黒，青または緑加蓋

1265	188	$50/$10 ……………………	950	1,100
1266		$100/$10 (青) …………	1,100	1,400
1267		$500/$10 ………………	900	650
1268		$1,000/$10 (青) ………	700	700
1269		$5,000/$20 (青) ………	2,900	2,500
1270		$10,000/$20 …………	1,700	1,400
1271		$50,000/$20 (青) ……	2,000	2,500
1272		$100,000/$20 …………	2,500	2,500
1273		$500,000/$20 (青) ……	35,000	25,000
1274		$2,000,000/$20 (緑) …	90,000	37,000
1275		$5,000,000/$20 (青) …	160,000	75,000
		(11)	297,750	149,750

◇変異

1265a	$50/$10 "國" 字倒蓋 (25/100) …………	8,000	8,000
1267a	$500/$10 複蓋 ……	5,000	5,000
1268a	$1,000/$10 複蓋 ……	5,000	5,000
1270a	$10,000/$20 "中華民圓郵政 (23/100) …………	12,000	10,000
1273a	$500,000/$20 "中華民華郵政" …………	60,000	50,000

193

1949.3.- 上海大東 5 版孫文票 (金圓平版孫文,17 次孫文票)

平版, P12 1/2, 無膠, 18×21㎜, S 200 (20×10)，道林紙，上海大東書局
#1287 のみ円単位

1276	193	$50	黒緑 ……………	30	270
1277		$100	茶 ……………	30	50
1278		$200	赤橙 ……………	60	300
1279		$500	桃紫 ……………	30	50
1280		$1,000	青 ……………	30	50
1281		$2,000	紫 ……………	30	150
1282		$5,000	薄青 ……………	30	40
1283		$10,000	灰茶 ……………	30	40
1284		$20,000	黄緑 ……………	30	150
1285		$50,000	桃 ……………	30	40
1286		$80,000	赤橙 ……………	70	450
1287		$100,000	青緑 ……………	40	40
			(12)	440	1,630

☆上海大東 5 版孫文票は，4 版 (#1224 ～ 1232) に比べて画線が粗く，雑な感じがする。また，目打数も異なる。

194

1949.4.- 重慶華南 1 版孫文票 (金圓平版孫文 ,18 次孫文票)

平版, P12 1/2, 無膠, 18×21㎜, S 200 (20×10)，道林紙，重慶華南印刷廠
#1294 ～ 1295 は円単位

1288	194	$50	緑 ……………	40	4,000
1289		$1,000	青 ……………	50	200
1290		$5,000	紅 ……………	60	200
1291		$10,000	茶 ……………	400	750
1292		$20,000	橙 ……………	120	200
1293		$50,000	薄青 ……………	300	350
1294		$200,000	青紫 ……………	500	370
1295		$500,000	紫茶 ……………	600	300
			(8)	2,070	6,370

☆華南版金圓孫文票は，周囲のフレームが太く，全体にインクがにじんだような印象を与える。

(195)

1949.　北京版包果票「金圓」加蓋

T195 を北京版包果票に上海中華書局永寧印刷廠で黒または赤加蓋

P1296	150	$10/$3,000 (P1024)……	500	100
P1297		$20/$5,000 (P1025)……	500	100
P1298		$50/$10,000 (P1027) …	500	100
P1299		$100/$3,000,000 (P1035) (赤) ……………………	800	200
P1300		$200/$5,000,000 (P1036) ……………………	1,200	200
P1301		$500/$1,000 (P1023) …	2,200	20
P1302		$1,000/$7,000 (P1026)	2,200	30
		(7)	7,900	750

(196)

1948.11.1.　欠資票改作「金圓」加蓋

T196 (新5号宋朝体) を重慶中央版孫文票$40(#889)に上海中華書局永寧印刷廠で黒加蓋

D1303	151	1c./$40 (200万枚) ………	70	1,000
D1304		2c./$40 (200万枚) ………	70	1,000
D1305		5c./$40 (100万枚) ………	70	1,000
D1306		10c./$40 (300万枚) ………	70	1,000
D1307		20c./$40 (100万枚) ………	70	1,000
D1308		50c./$40 (100万枚) ………	70	1,000
D1309		$1/$40 (100万枚) ………	70	1,000
D1310		$2/$40 (100万枚) ………	70	1,000
D1311		$5/$40 (100万枚) ………	100	1,000
D1312		$10/$40 (100万枚) ……	100	500
		(10)	760	9,500

(197)

1949.4.30.　福州「金圓」加蓋

T197 を上海大東3版孫文票に福州中華印刷所で黒または赤加蓋

1313	175	$20,000/$40,000 (#1137)(赤)(50万枚) ……………………	1,500	2,100
1314		$50,000/$30,000 (#1136) (24万枚) ……………………	1,500	2,100
1315		$100,000/$20,000 (#1135) (100万枚) ……………………	1,500	2,100
1316		$200,000/$40,000(#1137)(赤)(60万枚) ……………………	1,500	2,100
1317		$200,000/$50,000(#1138)(赤)(50万枚) ……………………	1,500	2,100
		(5)	7,500	10,500

原票にはいずれも高版と低版があるが，高版の方が少ない。

3.　銀圓時期 (1949.4.-10.)

国民政府軍の敗北は決定的になり，金圓制は1年足らずで崩壊。1949年(民国38) 7月，銀元制に変わり，銀元を基準に各地の実勢レートで換算することになった。

本カタログでは，郵政総局発行のものだけをここに採録，省区，地方郵政局発行のものは別項 (95頁以降) にまとめた。したがって発行日順が前後する場合がある。

198
汽車と汽船

199
泰山風景

200
オートバイに乗る配達夫

201
飛行機

1949.5.-9.　単位票

平版，無額面，無膠，18×21㎜，S 200 (20×10)，西道林紙

(1) 上海大東版 (1949.5.2)

P12½，上海大東書局

1318	198 (国内信函)	橙黄	… 500	250
1319	199 (国内掛號)	赤	… 1,000	1,500
1320	200 (国内快逓掛號)	淡紫	… 900	2,000
1321	201 (国内航空)	緑	…… 700	700
		(4)	3,100	4,450

(2) 香港亜洲版 (1949.7-)

点線歯，香港亜州石印局

1322	198 (国内信函)	橙黄	1,300	1,000
1323	199 (国内掛號)	赤 …	1,200	1,800
1324	200 (国内快逓掛號)	淡紫	1,200	2,100
1325	201 (国内航空)	緑 …	1,200	1,700
	(4)		4,900	6,600

☆国内信函は20グラムまでの国内普通郵便，掛號は書留，快逓掛號は速達書留，航空は20グラムまでの航空料金。利用者は利用するその時点の郵便料金を算出した金額を銀圓で支払い，郵票を受け取った。

1949.5.- 上海版飛雁基数票

平版，P12 1/2，無膠，18×21㎜，
S 200（20×10），上海大東書局

202 雁と地球

1326 202 $1 橙 ……………… 1,500 1,700
1327 $2 青 ……………… 7,500 3,000
1328 $5 赤 ……………… 7,500 3,200
1329 $10 青緑 ………… 7,500 6,500
(4) 24,000 14,400

◆不発行

U107 202 10c. 紫青 ……… 3,000
U108 16c. 橄緑（□，上海三一印刷公司）……………… 3,000
U109 50c. 暗緑（□，〃）……………… 60,000
U110 $20 紫 ……………… –

☆上記のほか，$50の不発行がある。無額面緑は，台湾で発行された加蓋票に使われた。

(203)

1949.5.16. 印花税票改作基数票

P12 1/2～14，無膠，S 100（10×10）

(1) 上海正中加蓋

T203を188に上海正中書局で黒または青，緑加蓋

1330 188 1c./$5,000（大東凹版）(緑) 850 550
1331 4c/$3,000（〃）(青)…… 600 200
1332 10c./$1,000（中央凹版）… 850 320
1333 20c./$1,000（中央平版）(青) …………………… 850 500
(4) 3,150 1,570

◇変異

1332a 10c./$1,000 倒蓋 …… 11,000 11,000
1332b ⬚|⬚V ………… 40,000 *u*
1332c 中央平版$1,000へ誤蓋… 9,000 *u*
1333a 20c/$1,000 倒蓋 ……… 8,000 *u*
1333b 複蓋 ……… 8,000 *u*

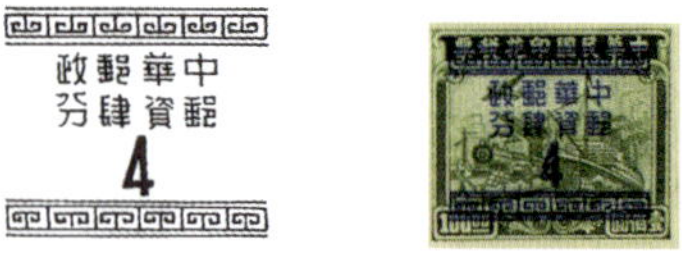

(204)

(2) 上海三一加蓋

T204を188に上海三一印刷公司で黒または青，赤茶加蓋

1334 188 4c./$100（大東凹版）(青) … 600 370
1335 10c./$50（大東平版）(赤茶) 850 270
1336 $1/$50（〃）………… 2,500 3,500
(3) 3,950 4,140

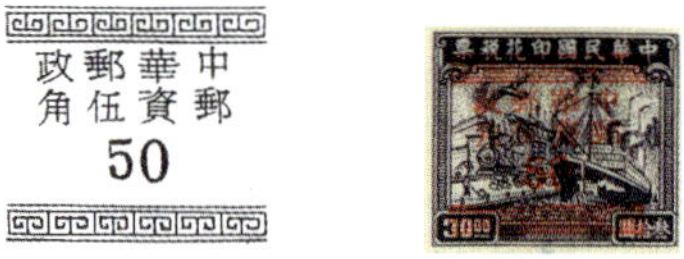

(205)

(3) 上海永寧加蓋

T205を188に上海中華書局永寧印刷廠で赤加蓋

1337 188 50c./$30（大業平版）…… 4,700 600
1338 50c./$50（〃）……… 2,100 270
(2) 6,800 870

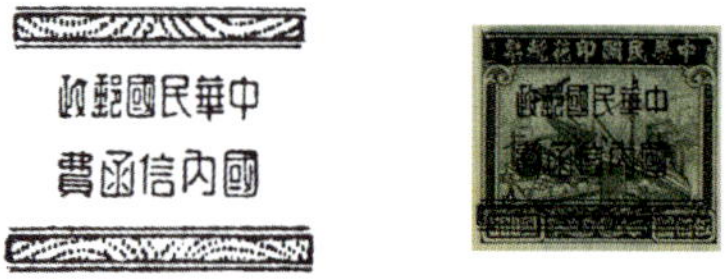

(206)

1949.5.- 印花税票改作単位票

T206を188に広州南京印刷局で黒または赤，濃茶，青加蓋

1339 188 国内信函/$30（大業平版）(55万枚) ………… 13,000 12,000
1340 国内信函/$200（大東凹版）(375万枚) …………… 1,500 1,200
1341 国内信函/$500（〃）(965万枚) …………… 2,000 2,000
1342 国内掛號/$50（大東平版）(赤) (120万枚) ……… 3,500 2,400
1343 国内快遞/$10（〃）(濃茶) (75万枚) ……… 5,500 5,500
1344 国内航空/$100（大東凹版）(青) ………… 12,000 11,000
(6) 37,500 34,100

☆ #1341には紅加蓋があるが，正式発行されなかった（評価7,000円）。

(207)

1949.5.-6. 孫文票改作基数票

T207を上海大東1，2，3版孫文票に福州知行印刷局で黒加蓋

(a) 手蓋（手押し加刷）(1949.5.18.)

1345 **160** 1c./＄7,000 (#1062) (4.807万枚) ………………… **1,500 2,000**

(b) 機蓋（機械加刷）(1949.6.4.)

1346 **160** 1c./＄500 (#1055) (26万枚) ………………… **800 1,000**

1347 **175** 2c./＄2,000,000 (#1144) (45万枚) ………………… **350 450**

1348 2½c./＄50,000 (#1138) (5万枚) ………………… **500 650**

1349 **156** 4c./＄100 (#987) (73万枚) ………………… **350 450**

1350 10c./＄200 (#988) (7.4万枚) ………………… **700 800**

1351 **160** 10c./＄3,000 (#1058) (17.5万枚) ………………… **250 350**

1352 10c./＄4,000 (#1059) (7.8万枚) ………………… **650 800**

1353 10c./＄6,000 (#1061) (24万枚) ………………… **250 350**

1354 **175** 10c./＄100,000 (#1139) (9.1万枚) ………………… **350 500**

1355 10c./＄1,000,000 (#1143) (13.6万枚) ………………… **250 350**

1356 40c./＄200,000 (#1140) (27万枚) ………………… **600 600**

(12) **6,550 8,300**

◇変異

1346a 1c./＄500 複蓋 ………… **6,000**
1347a 2c./＄2,000,000 複蓋 …… **6,000**
1349a 4c./＄100 複蓋 ………… **6,000**
1351a 10c./＄3,000 複蓋 ……… **6,000**
1353a 10c./＄6,000 複蓋 ……… **6,000**

208

1949.6.8. 重慶華南2版（基数）孫文票（19次孫文票）

平版，P12½, 13, 混合歯（コンパウンド目打），無膠，18×21㎜，S 200 (20×10)，道林紙，重慶華南印刷廠

1357 **208** 1c. 草緑 (690万枚) … **2,900 1,100**
1358 2c. 黄橙 (500万枚) … **900 1,700**
1359 4c. 灰緑 (3,000万枚) …… **30 200**
1360 10c. 紫 (1,500万枚) …… **30 200**
1361 16c. 橙赤 (1,000万枚) … **70 1,700**
1362 20c. 薄青 (1,500万枚) … **40 550**
1363 50c. 茶 (1,000万枚) … **240 4,800**
1364 100c. 濃青 (500万枚) **47,000 47,000**
1365 500c. 紅 (500万枚) … **50,000 52,000**

(9) **101,210 109,250**

☆華南版基数孫文票は，華南1版（金圓）孫文票に似ているが，額面は「郵資〇分」と漢字で表記されており，区別できる。孫文票の最後のセット。

#1366 伝書鳩と地球

1949.8.1. 国際郵聯 (UPU) 75周年紀念

凹版，□，無膠，30×23㎜，S 50 (5×10)，道林紙，上海大東書局（額面は広州南京印務局で加蓋）

1366 ＄1 橙赤（額面黒加蓋）… **1,200 1,700**

◇変異

1366a ＄1 額面漏蓋 ………… **180,000** *u*

銘版「大東書局上海印刷廠印製」（右書）

#1367 仏香閣

#1368 鎮海鍋牛

1949.8.20. 北京頤和園風景図銀圓票

凹版，点線歯，無膠，22×29㎜＝#1367，30×23＝#1368，S 100 (10×5×2＝#1367，5×10×2＝#1368)，道林紙，上海大東書局（額面は広州南京印務局で加蓋）

1367 15c. 茶（額面緑加蓋）…… **800 950**
1367a ⊔⊓ ………………… **6,000**
1368 40c. 緑（額面紅加蓋）…… **920 950**

(2) **1,720 1,900**

◇変異

1367b 15c. 額面漏蓋・□ … **12,000 12,000**
1367c 額面複蓋…………… **6,000 8,000**
1368a 40c. 額面漏蓋・□ … **12,000 12,000**
1368b 額面複蓋 ……… **12,000 12,000**
1368c “郵肆資角”誤蓋 … **9,000 11,000**

☆#1367～1368は，1949年7月14日に発行されたとする説もある。
銘版「大東書局上海印刷廠印製」(15c. 縦書，40c. 横右書)

(209)

1949.8-10. 東川金圓改作銀圓票

T209 を華南1版，上海大東4，5版（金圓）孫文票に重慶華南印務局で黒または赤加蓋

1369 **194** 2½c./＄50 (#1288) (8.1) ………………… **270 370**

1370 2½c./＄50,000 (#1293) (8.1) ………………… **750 370**

1371	**194**	5c./$1,000 (#1289) (赤) (10.1) ·······················	**600**	**370**
1372		5c./$20,000 (#1292) (8.30) ·······················	**400**	**320**
1373		5c./$200,000 (#1294) (赤) (10.8) ·······················	**550**	**320**
1374		5c./$500,000 (#1295) (9.19) ·······················	**550**	**320**
1375		10c./$5,000 (#1290) (10.17) ·····················	**1,100**	**800**
1376		10c./$10,000 (#1291) (10.17) ·····················	**1,100**	**800**
1377	**187**	15c./$200 (#1229) (10.27) ·····················	**1,300**	**1,600**
1378	**193**	25c./$100 (#1277) (10.27) ·····················	**2,700**	**3,000**
		(10)	**9,320**	**8,270**

◇変異

1372a	5c.	“5” 漏印 ··············	**5,000**	*u*
1373a	5c.	底辺漏歯 ··············	**2,500**	*u*

(210)

1949.9.5. 広州版改作銀圓票

T210 を上海大東4，5版，上海中央版金圓孫文票に広州南京印務局で黒加蓋

1379	**187**	1c./$100 (#1228) ······	**1,500**	**1,000**
1380	**193**	1c./$100 (#1277) ······	**1,500**	**1,000**
1381	**187**	2½c./$500 (#1230) ···	**1,900**	**1,100**
1382	**193**	2½c./$500 (#1279) ···	**2,100**	**1,200**
1383	**187**	15c./$10 (#1225) ······	**3,000**	**4,000**
1384		15c./$20 (#1234) ······	**4,200**	**6,500**
		(6)	**14,200**	**14,800**

◇変異

1379a	1c./$100	倒蓋 ·········	**3,800**	*u*
1379b		三重複蓋 ···	**6,000**	*u*
1380a	1c./$100	“1” 漏印	**15,000**	*u*
1381a	2½c./$500	倒蓋 ·········	**3,800**	*u*
1382a	2½c./$500	倒蓋 ·········	**3,800**	*u*
1382b		“2” 漏印 ···	**8,000**	*u*
1383a	15c./$10	倒蓋 ·········	**7,000**	*u*
1383b		複蓋 ·········	**4,000**	*u*
1384a	15c./$20	複蓋 ·········	**8,000**	*u*
1384b		倒蓋 ······	**10,000**	*u*

☆次の5種の加蓋票も準備されたが不発行である。
15c./$20 (#1226) (黒)
35c./$2,000 (#1281) (赤)
55c./$200 (#1229)
55c./$200 (#1278)
55c./$50,000 (#1285)

VI 限省加蓋票

辛亥革命で中華民国が誕生した後，各地で軍閥同士の抗争が繰り返され，統一した通貨や経済基盤を持つことが出来なかった。1928年の国民革命軍による北伐完了後も北京，南京，上海などの都市部と新疆，雲南，吉黒，四川などの農村部とではこの差が埋まらず, 例えば新疆の地方通貨は, 北京の通貨の3分の1に下落した。この低い地方通貨でも，切手は額面のまま買えたので，為替差損益が生じることになった。

こうした不合理を解決するため，特定した地方だけでしか使用できない，地域を限定した限省加蓋票が次々に発行された。

1. 新省貼用

(1)

(2)

T1 は“限”の字だけが1㎜ほど左に偏っていることから,「歪頭」と呼ばれる。文字の長さは16㎜。

T2 は正しく改められ,「直頭」と呼ばれる。文字の長さは15½㎜。

1915.
北京老版帆船“限新省貼用”票（歪頭）

T1 を北京財政部印刷局で黒または赤加蓋

SK1	**34**	½c. (#257) ···············	**180**	**100**
SK2		1c. (#258) ···············	**180**	**70**
SK3		2c. (#260) ···············	**240**	**130**
SK4		3c. (#261)···············	**240**	**70**
SK5		4c. (#262) ···············	**480**	**110**
SK6		5c. (#263)···············	**350**	**100**
SK7		6c. (#264)···············	**650**	**280**
SK8		7c. (#265)···············	**650**	**850**
SK9		8c. (#266) ···············	**550**	**550**
SK10		10c. (#267)···············	**550**	**280**
SK11	**35**	15c. (#269) ···············	**650**	**350**
SK12		16c. (#270) ············	**1,300**	**930**
SK13		20c. (#271)············	**1,300**	**750**
SK14		30c. (#272)············	**1,500**	**1,100**
SK15		50c. (#273) ············	**4,000**	**1,900**
SK16	**36**	$1 (#274) (赤) ······	**15,000**	**6,300**
		(16)	**27,820**	**13,870**

◇変異

SK16a	$1 “限省新貼用” 誤蓋	**7,000,000**	*u*

1916.-19.
北京老版帆船“限新省貼用”票(直頭)

T2 を北京財政部印刷局で黒または赤加蓋

SK17	34	1/2c.	(#257) ……………	200	240
SK18		1c.	(#258) ……………	330	180
SK19		1 1/2c.	(#259) ('19) ……	450	400
SK20		2c.	(#260) ……………	330	180
SK21		3c.	(#261) ……………	550	70
SK22		4c.	(#262) ……………	550	130
SK23		5c.	(#263) ……………	550	90
SK24		6c.	(#264) ……………	800	130
SK25		7c.	(#265) ……………	800	1,100
SK26		8c.	(#266) ……………	880	850
SK27		10c.	(#267) ……………	880	130
SK28	35	13c.	(#268) ('19) ………	480	800
SK29		15c.	(#269) ……………	600	850
SK30		16c.	(#270) ……………	550	400
SK31		20c.	(#271) ……………	450	300
SK32		30c.	(#272) ……………	680	600
SK33		50c.	(#273) ……………	930	550
SK34	36	$1	(#274) (赤) ……	2,900	1,100
SK35		$2	(#275) (赤) ……	2,800	1,200
SK36		$5	(#276) (赤) ……	11,000	3,800
SK37		$10	(#277) (赤) ……	28,000	18,000
SK38		$20	(#278) (赤) ('19) ………………	150,000	90,000
			(22)	204,710	121,100

1915.12.-. 洪憲紀念“限新省貼用”

T2 を北京財政部印刷局で青加蓋

◆不発行

USK1	5c.	(U59)
USK2	10c.	(U60)
USK3	50c.	(U61)

SPECIMEN 加蓋 **(3) 250,000** *u*

☆洪憲紀念は不発行に終わったが，U59 ~ 61 とともに“限新省貼用”にも見本加刷が存在する。

　また，この時期に北京老版帆船票(#257 ~ 273 のうち #259 と #263 を除く) 15 種に“中華帝国 SPECIMEN”と加蓋し，さらに **T2** を青加蓋した様票が存在する。

用貼省新限

(3)

1921.10.10. 郵政 25 年紀念“限新省貼用”

T3 を北京財政部印刷局で黒加蓋

			総発行量		
SK39	1c.	(#327)	(10.41 万枚)	180	180
SK40	3c.	(#328)	(6.41 万枚) …	350	150
SK41	6c.	(#329)	(5.41 万枚)	1,400	1,400
SK42	10c.	(#330)	(1.41 万枚)	8,000	8,000
			(4)	9,930	9,730

新疆省 貼用

(4)

1923.12.7. 憲法紀念“新疆省貼用”

T4 を北京財政部印刷局で黒加蓋

SK43	1c.	(#333)	(10 万枚) …	160	160
SK44	3c.	(#334)	(15 万枚) …	650	650
SK45	4c.	(#335)	(6.25 万枚)	1,000	1,000
SK46	10c.	(#336)	(5 万枚) ……	2,800	2,800
			(4)	4,610	4,610

1924.-36. 北京新版帆船“限新省貼用”票

T2 を北京財政部印刷局で黒または赤加蓋，文字の長さは 15 1/2㎜

SK47	34	1/2c.	(#279) ……………	150	300
SK48		1c.	(#280) ……………	150	300
SK49		1 1/2c.	(#281) ……………	280	500
SK50		2c.	(#282) ……………	430	140
SK51		3c.	(#283) ……………	430	130
SK52		4c.	(#284) 灰 ………	430	680
SK53		4c.	(#285) 橄緑 ('26)	550	550
SK54		5c.	(#286) ……………	140	100
SK55		6c.	(#287) 紅 …………	750	280
SK56		6c.	(#288) 茶 ('36.12.-)	2,000	2,000
SK57		7c.	(#289) ……………	850	750
SK58		8c.	(#290) …………	1,700	1,500
SK59		10c.	(#291) ……………	680	190
SK60	35	13c.	(#292) ……………	600	850
SK61		15c.	(#293) ……………	880	680
SK62		16c.	(#294) …………	1,000	980
SK63		20c.	(#295) ……………	850	630
SK64		30c.	(#296) ……………	980	680
SK65		50c.	(#297) …………	1,000	680
SK66	36	$1	(#298) (赤) ……	1,800	850
SK67		$2	(#299) (赤) ……	4,000	1,200
SK68		$5	(#300) (赤) ……	9,500	1,900
SK69		$10	(#301) (赤) ……	30,000	17,000
SK70		$20	(#302) (赤) ……	43,000	33,000
			(24)	102,150	65,870

◇用紙別分類

4c. 灰 (SK52)，$10 (SK69)，$20 (SK70) は薄紙だけ。4c. 橄緑 (SK53)，6c. 茶 (SK56) は厚紙だけ。それ以外は薄紙と厚紙がある。

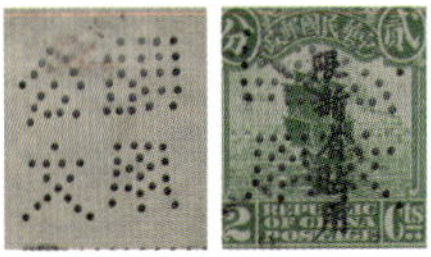

正しい向きの穿孔

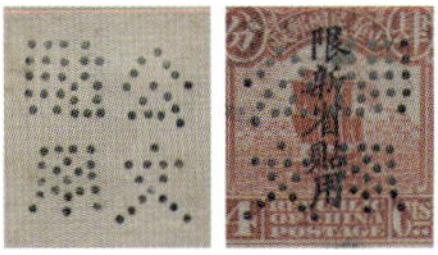

表裏逆向きの穿孔

☆新省貼用普通票には,「公文貼用」の文字が穿孔されているものがある(**上図参照**)。現在確認されているのはSK1～36(7・8・14・16を除く),SK48～68(47・49・53を除く),倫敦版双圏孫文票(1c.・20c.),同単圏孫文票(2c.・4c.・15c.濃緑・15c.朱・25c.),北京版烈士票(北京加蓋½c.・1c.・3c.・8c.・10c.・13c.・17c.・30c.・50c.,上海加蓋3c.・13c.・20c.・40c.),香港版烈士票(無水印½c.・1c.・3c.,有水印1c.),香港中華2版孫文票(5c.・8c.・10c.・15c.・25c.),香港大東版孫文票(有水印5c.・10c.・30c.・50c.)。これらは北京の郵政総局で穿孔して迪化局へ提供され,公用郵便に用いられた。

(5)

SK71～74

SK75～78

SK79～82

1928.5.21. 陸海軍大元帥就職紀念"新疆貼用"

T5を北京財政部印刷局で赤または青加蓋

SK71	1c.	(#337)(20万枚) …	180	180
SK72	4c.	(#338)(10万枚) …	280	280
SK73	10c.	(#339)(5万枚) ……	650	650
SK74	$1	(#340)(青)(2万枚)	5,500	5,500
		(4)	6,610	6,610

☆1928年9月5日限りで使用が禁止された。

1929.5.21. 国民政府統一紀念"新疆貼用"

T5を北京財政部印刷局で赤加蓋

		総発行量		
SK75	1c.	(#341)(34.5万枚) …	280	280
SK76	4c.	(#342)(34.5万枚) …	480	480
SK77	10c.	(#343)(13.5万枚) …	1,200	1,200
SK78	$1	(#344)(5.1万枚) …	9,000	9,000
		(4)	10,960	10,960

1929.7.15. 孫総理国葬紀念"新疆貼用"

T5を北京財政部印刷局で黒加蓋

		総発行量		
SK79	1c.	(#345)(34.5万枚) …	230	230
SK80	4c.	(#346)(34.5万枚) …	350	350
SK81	10c.	(#347)(13.5万枚) …	800	800
SK82	$1	(#348)(5.1万枚)	9,500	9,500
		(4)	10,880	10,880

(6)

1932.-33. 限新省貼用"航空"加蓋票

T6(「航空」の文字)を新疆郵政管理局で赤加蓋

(a) 北京新版帆船"限新省貼用"

SK83	34	5c.	(SK54)('33.6.8)(3,209) ………………	40,000	29,000
SK84		10c.	(SK59)('33.6.8)(5,050) ………………	40,000	23,000
SK85	35	15c.	(SK61)('32.11.25)(790) ………………	270,000	78,000

(b) 北京老版帆船"限新省貼用"(直頭)

SK86	35	30c.	(SK32)('32)(750) ………………	120,000	99,000
			(4)	470,000	229,000

☆SK83～86は,精巧な偽加蓋が多いので注意が必要である。限省加蓋票以下では,航空の"A"は省略している。

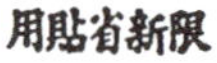

(7)

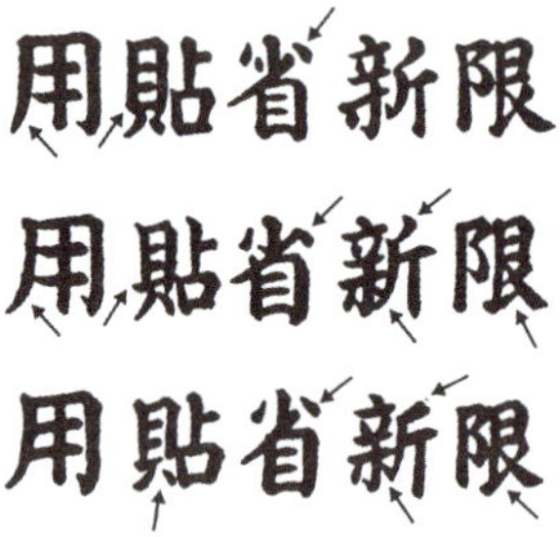

(a) 倫敦加蓋(幅 11½mm)

(b) 北京加蓋(幅 12½mm)

(c) 上海加蓋(幅 12mm)

1932.-38. 倫敦版孫文"限新省貼用"票

T7を(a)英国倫敦徳納羅公司,(b)北京財政部印刷局,(c)上海供應處交商で黒加蓋

(1) 倫敦版双圏孫文票

(a) 倫敦加蓋 (1932)

SK87	42	1c.	(#359) ………………	180	400
SK88		2c.	(#360) ………………	430	580

SK89	42	4c.	(#361)	250	650
SK90		20c.	(#362)	400	830
SK91		$1	(#363)	1,200	2,000
SK92		$2	(#364)	3,500	4,300
SK93		$5	(#365)	4,000	6,000

(*c*) 上海加蓋 (1938)

SK94	42	2c.	(#360)	3,900	3,000
			(8)	13,860	17,760

(2) 倫敦版単圏孫文票

(*a*) 倫敦加蓋 (1932)

SK95	42	2c.	(#366)	100	100
SK96		4c.	(#367)	900	800
SK97		15c.	濃緑 (#369)	500	450
SK98		25c.	(#372)	400	300
SK99		$1	(#373)	550	500
SK100		$2	(#374)	1,200	1,500
SK101		$5	(#375)	2,500	3,500
			(7)	6,150	7,150

(*b*) 北京加蓋 (1933)

SK102	42	2c.	(#366)	40	200
SK103		4c.	(#367)	120	400
SK104		5c.	(#368)	80	400
SK105		15c.	濃緑 (#369)	110	400
SK106		15c.	朱 (#370)	110	400
SK107		25c.	(#372)	120	400
SK108		$1	(#373)	950	1,100
SK109		$2	(#374)	2,000	3,200
SK110		$5	(#375)	4,000	6,500
			(9)	7,530	13,000

(*c*) 上海加蓋 (1938)

SK111	42	2c.	(#366)	2,000	2,000
SK112		4c.	(#367)	700	230
SK113		5c.	(#368)	200	200
SK114		15c.	朱 (#370)	200	200
SK115		20c.	(#371)	200	200
SK116		25c.	(#372)	300	300
			(6)	2,790	3,130

1933.2.1.
譚院長紀念 "新疆貼用"

T5 を北京財政部印刷局で黒加蓋

SK117 ～ 120

SK117	2c.	(#410)	(108,000)	370	370
SK118	5c.	(#411)	(108,000)	470	470
SK119	25c.	(#412)	(52,000)	1,500	1,500
SK120	$1	(#413)	(38,000)	7,500	6,500
			(4)	9,840	8,840

1933.-38.
北京版烈士 "限新省貼用" 票

T7 を (*a*) 北京財政部印刷局, (*b*) 上海供應處交商で黒加蓋

(*a*) 北京加蓋 (T7*b*) (1933–34)

SK121	43	1/2c.	(#380)	20	350
SK122	44	1c.	(#381)	110	420
SK123	43	2 1/2c.	(#382)	20	320
SK124	45	3c.	(#383)	20	320
SK125	46	8c.	(#384)	70	350
SK126	47	10c.	(#385)	20	320
SK127	46	13c.	(#386)	20	450
SK128	47	17c.	(#387)	20	250
SK129	48	20c.	(#388)	110	650
SK130	45	30c.	(#389)	40	450
SK131	48	40c.	(#390)	60	320
SK132	44	50c.	(#391)	70	250
			(12)	580	4,450

(*b*) 上海加蓋 (T7*c*) (1938)

SK133	44	1c.	(#381)	300	500
SK134	43	2 1/2c.	(#382)	2,500	3,500
SK135	45	3c.	(#383)	50,000	50,000
SK136	46	13c.	(#386)	150	700
SK137	48	20c.	(#388)	200	800
SK138		40c.	(#390)	3,500	4,500
			(6)	56,650	60,000

1940.-43.
香港版孫文 "限新省貼用" 票

T7*c* を上海供應處交商で黒加蓋

(*a*) 香港中華 2 版

SK139	58	2c.	(#432)	('40.12.3)	80	100
SK140		3c.	(#433)	('42.5.11)	20	150
SK141		5c.	緑 (#434)	('40.12.3)	20	150
SK142		5c.	橄緑 (#435)	('41.4.21)	20	150
SK143		8c.	(#436)	('42.5.11)	20	70
SK144		10c.	(#437)	('42.5.1)	20	110
SK145		15c.	赤 (#438)	('40.12.3)	50	250
SK146		16c.	(#440)	('42.5.11)	40	100
SK147		25c.	(#441)	('40.12.3)	50	270
SK148		$1	(#442)	('41.10.-)	620	1,100
SK149		$2	(#443)	('41.10.-)	450	1,100
SK150		$5	(#444)	('41.10.-)	2,600	3,200
				(12)	3,990	6,750

(*b*) 香港大東版無水印票

SK151	58	8c.	(#462) 実釦 ('41.2.3)	110	160
SK152		8c.	(#463) 空釦 ('42.5.11)	1,900	2,200
SK153		10c.	(#464) ('41) ………	1,000	1,300
SK154		30c.	(#465) ('43.1.18) ……	30	110
SK155		50c.	(#466) ('43.1.18) ……	50	170
SK156		$1	(#467) ('40.12.3) ……	50	220
SK157		$2	(#468) ('40.12.3) ……	50	220
SK158		$5	(#469) ('40.12.3) ……	60	370
SK159		$10	(#470) ('40.12.3) …	190	270
SK160		$20	(#471) ('40.12.3) …	350	550
			(10)	3,790	5,570

(*c*) 香港大東版有水印票 ('40.12.3)

SK161	58	5c.	橄緑 (#473) ……………	30	250
SK162		10c.	(#474) …………………	30	370
SK163		30c.	(#475) …………………	30	500
SK164		50c.	(#476) …………………	40	250
			(4)	130	1,370

1941.12.3.-45. 香港版烈士"限新省貼用"票

T7*c* を上海供應處交商で黒加蓋

(*a*) 無水印

SK165	43	1/2c.	(#488) …………………	30	320
SK166	44	1c.	(#489) ('45) ………	30	240
SK167	47	2c.	(#490) ('45) ………	320	370
SK168	45	3c.	(#492) …………………	30	450
SK169	43	4c.	(#493) ('45) ………	30	450
SK170	46	8c.	(#495) …………………	30	550
SK171	46	13c.	(#497) ('45) ………	60	400
SK172	45	15c.	(#498) ('45) ………	30	400
SK173	47	17c.	(#499) ('45) ………	100	450
SK174	48	20c.	(#500) ('45) ………	30	320
SK175	46	21c.	(#501) ('45) ………	120	450
SK176	47	28c.	(#503) ('45) ………	140	550
SK177	48	40c.	(#505) ('45) ………	300	1,400
SK178	44	50c.	(#506) ('45) ………	200	700
			(14)	1,450	7,050

(*b*) 有水印

SK179	44	1c.	(#508) …………………	30	240
SK180	43	21/2c.	(#510) ……………	30	450
SK181	46	8c.	(#514) ('45) ………	570	1,200
SK182	47	10c.	(#515) …………………	40	300
SK183	46	13c.	(#516) …………………	100	550
SK184	47	17c.	(#518) …………………	100	520
SK185	44	25c.	(#521) ('45) ………	200	720
SK186	48	40c.	(#524) ('45) ………	350	920
			(8)	1,420	4,900

(8)

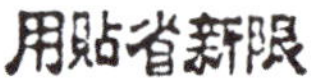

(9)

1942.-44. 長城航空票"限新省貼用"票

(1) T8 を新疆郵政管理局で赤手蓋 (1942.11.30)

(*a*) 北京版長城航空票

SK187	49	15c.	(A392) ………………	720	900
SK188		25c.	(A393) ………………	43,000	37,000
SK189		30c.	(A394) ………………	1,500	2,700
SK190		45c.	(A395) ………………	1,100	1,900
SK191		50c.	(A396) ………………	4,500	5,000
SK192		60c.	(A397) ………………	1,100	2,100
SK193		90c.	(A398) ………………	5,700	8,000
SK194		$1	(A399) ………………	1,200	2,000
			(8)	58,820	59,600

(*b*) 香港商務版長城航空票有水印

SK195	49	15c.	(A526) ………………	670	1,500
SK196		25c.	(A527) ………………	670	1,700
			(2)	1,340	3,200

(*c*) 香港商務版長城航空票無水印

SK197	49	25c.	(A537) ………………	670	1,300
SK198		30c.	(A538) ………………	670	1,300
SK199		50c.	(A540) ………………	900	1,500
SK200		$2	(A544) ………………	4,200	4,200
SK201		$5	(A545) ………………	4,200	4,200
			(5)	10,640	12,500

(2) T9 を新疆郵政管理局で黒手蓋 (1944.5.25)

(*a*) 北京版長城航空票

SK202	49	15c.	(A392) ………………	800	–
SK203		25c.	(A393) ………………	800	–
SK204		45c.	(A395) ………………	800	–
SK205		60c.	(A397) ………………	1,000	–
SK206		$1	(A399) ………………	1,200	–
			(5)	4,600	–

(*b*) 香港商務版長城航空票有水印

SK207	49	25c.	(A527) ………………	1,000	–

(*c*) 香港商務版長城航空票無水印

SK208	49	15c.	(A536) ………………	12,000	–
SK209		25c.	(A537) ………………	600	–
SK210		30c.	(A538) ………………	600	–
SK211		50c.	(A540) ………………	800	–
SK212		$2	(A544) ………………	1,400	–
SK213		$5	(A545) ………………	1,400	–
			(6)	16,800	–

SK214～219

1942-44. 節約建国"限新省貼用"票

T9 を新疆郵政管理局で手蓋

(1) 赤加蓋 (1942.11.30) 木戳大字

SK214	8c. (#588)	…………	33,000	–
SK215	21c. (#589)	…………	1,200	–
SK216	28c. (#590)	…………	2,000	–
SK217	33c. (#591)	…………	23,000	–
SK218	50c. (#592)	…………	1,200	–
SK219	$1 (#593)	…………	5,000	–
		(6)	65,400	–
SK220	小全張 (#594)	………	150,000	100,000

(2) 黒加蓋 (1944) 木戳小字と銅戳大字がある

SK221	8c. (#588) (9.-)	……	1,200	–
SK222	21c. (#589) (5.25)	……	1,200	–
SK223	33c. (#591) (9.-)	……	1,200	–
SK224	50c. (#592) (5.25)	……	20,000	–
SK225	$1 (#593) (5.25)	……	1,200	–
		(5)	24,800	–
SK226	小全張 (#594)	………	200,000	–

1943. 中信版孫文"限新省貼用"票

T10 (新疆廸化), あるいは **T10*a*** (重慶加蓋) = 14㎜を黒または赤加蓋

用貼省新限　用貼省新限

(10) 新疆廸化加蓋　**(10*a*)** 東川重慶加蓋

SK227	85	10c. (#626) (赤)	…………	170	770
SK228		20c. (#628) (赤)	…………	200	770
SK229		25c. (#629)	………………	30	850
SK230		30c. (#630)	………………	90	900
SK231		40c. (#631)	………………	30	850
SK232		50c. (#632)	………………	30	500
SK233		$1 紅 (#633)	…………	370	500
SK234		$1 緑 (#634)	…………	30	850
SK235		$1.50 (#635) (赤)	………	30	950
SK236		$2 (#636) (赤)	………	240	700
SK237		$3 (#637)	………………	30	1,200
SK238		$5 (#639)	………………	240	1,100
			(12)	1,490	9,940

◇変異

SK232a	50c.	P11	………………	1,600	2,400

☆ 10c. (SK227), $1 (SK234), $2 (SK236) には **T10*a*** の加蓋があり, 2種に分けられる。

用貼省新限

(11)

1943. 成都"限新省貼用"加蓋票

T11 を香港中華2版孫文票, 香港版烈士票, 香港大東版孫文票に成都印刷廠で黒加蓋

SK239	58	10c. (#437)	…………	2,500	3,000
SK240	48	20c. (#500)	…………	2,500	3,000
SK241	58	50c. (#476)	…………	2,500	3,000
			(3)	7,500	9,000

1944. 百城凹版孫文"限新省貼用"票

T10 = 14㎜を百城印務局で黒加蓋

(*a*) □

SK242	86	$10 (#640)	…………	14,000	12,000
SK243		$20 桃 (#642)	…………	670	1,700
SK244		$30 (#643)	………………	500	1,700
SK245		$40 (#644)	………………	500	1,700
SK246		$50 (#645)	………	100,000	110,000
SK247		$100 (#646)	…………	1,500	1,200
			(6)	117,170	128,300

(*b*) P12～15 1/2

SK248	86	$4 (#650)	………………	200	1,300
SK249		$5 (#651)	………………	350	1,300
SK250		$10 (#652)	………………	350	1,300
SK251		$20 青緑 (#653)	………	200	1,500
SK252		$20 桃 (#654)	………	14,000	14,000
SK253		$30 (#655)	………………	400	1,700
SK254		$40 (#656)	………………	400	1,600
SK255		$50 (#657)	………………	450	1,700
SK256		$100 (#658)	…………	16,000	14,000
			(9)	32,350	38,400

用貼省新限
角貳分　改作壹

(12)

1944.8.1. 改作加蓋票

T12 を中信版孫文"限新省貼用"票に新疆郵政管理局で黒手蓋

SK257	85	12c./10c. (SK227)	……	900	2,700
SK258		24c./25c. (SK229)	……	900	2,700
			(2)	1800	5,400

◇変異

SK257a	12c./10c.	倒蓋 ………	6,000	8,000
SK258a	24c./25c.	倒蓋 ………	6,000	8,000

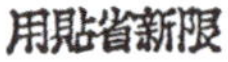

(13)

1945. 重慶中華版“限新省貼用”票

T13 を重慶中華書局で黒加蓋

SK259	146	40c. (#801) …………………	40	2,000
SK260		$3 (#803) …………………	40	1,800
		(2)	80	3,800

☆ “限新省貼用” 郵票はこのあと SP55-60 に続く。

2. 滇省(雲南)貼用

(1)

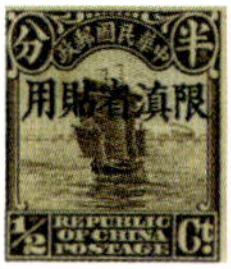

1926.8.15. 北京新版帆船“限滇省貼用”票

T1 を北京財政部印刷局で黒加蓋

YN1	34	1/2c. (#279)…………………	110	30
YN2		1c. (#280)…………………	170	30
YN3		1 1/2c. (#281) ………………	370	420
YN4		2c. (#282)…………………	270	50
YN5		3c. (#283)…………………	270	30
YN6		4c. 橄緑 (#285) …………	350	50
YN7		5c. (#286)…………………	350	50
YN8		6c. 紅 (#287) ……………	520	120
YN9		7c. (#289)…………………	550	190
YN10		8c. (#290)…………………	470	140
YN11		10c. (#291)…………………	300	30
YN12	35	13c. (#292)…………………	170	190
YN13		15c. (#293)…………………	170	190
YN14		16c. (#294)…………………	350	190
YN15		20c. (#295)…………………	850	320
YN16		30c. (#296)…………………	520	570
YN17		50c. (#297)…………………	550	570
YN18	36	$1 (#298)………………	2,000	1,400
YN19		$2 (#299)………………	3,500	1,400
YN20		$5 (#300)………………	24,000	26,000
		(20)	35,840	31,970

◆不発行

UYN1		6c. 茶 (#288) ………	*300,000*

◇用紙別分類

$5 (YN20) は薄紙だけ。3c. (YN5) は薄紙と厚紙の両方があり，他はすべて厚紙である。

(2)

1929.4.28. 国民政府統一紀念“滇省貼用”

T2 を北京財政部印刷局で赤加蓋

		総発行量		
YN21	1c. (#341)	(34.5 万枚) …	220	220
YN22	4c. (#342)	(34.5 万枚) …	370	570
YN23	10c. (#343)	(13.5 万枚)	1,200	900
YN24	$1 (#344)	(5.1 万枚)	12,000	9,000
		(4)	13,790	10,690

1929.5.31. 孫総理国葬紀念“滇省貼用”

T2を北京財政部印刷局で黒加蓋

		総発行量		
YN25	1c. (#345)	(34.5 万枚) …	220	200
YN26	4c. (#346)	(34.5 万枚) …	220	370
YN27	10c. (#347)	(13.5 万枚) …	900	850
YN28	$1 (#348)	(5.1 万枚)	7,700	6,700
		(4)	9,040	8,120

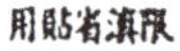

(3)

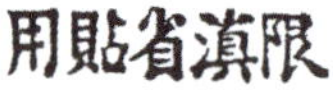

(*a*) 倫敦加蓋
(11㎜)

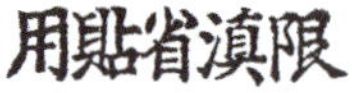

(*b*) 北京加蓋
(12㎜)

1932.-34. 倫敦版孫文“限滇省貼用”票

T3 を (*a*) 英国倫敦徳納羅公司, (*b*) 北京財政部印刷局で黒加蓋

(1) 倫敦版双圏孫文票 倫敦加蓋 (1932)

YN29	42	1c. (#359)………………	400	270
YN30		2c. (#360)………………	500	550
YN31		4c. (#361)………………	320	550
YN32		20c. (#362)………………	320	300
YN33		$1 (#363) ……………	5,000	5,500
YN34		$2 (#364)……………	8,200	8,500
YN35		$5 (#365) ……………	25,000	29,000
		(7)	39,740	44,670

(2) 倫敦版単圏孫文票

(*a*) 倫敦加蓋 (1932)

YN36	42	2c. (#366) ……………	5,000	5,000
YN37		4c. (#367) ……………	5,000	5,000

YN38	42	15c. 濃緑 (#369) ……	5,000	5,000
YN39		25c. (#372)……………	50,000	3,000
YN40		$1 (#373)……………	50,000	50,000
YN41		$2 (#374)…………	100,000	50,000
YN42		$5 (#375)…………	120,000	50,000
		(7)	335,000	168,000

(*b*) **北京加蓋** (1933-34)

YN43	42	2c. (#366)……………	2,600	2,600
YN44		4c. (#367)……………	1,700	1,100
YN45		5c. (#368)……………	1,500	1,000
YN46		15c. 濃緑 (#369) ………	800	870
YN47		15c. 朱 (#370) …………	800	1,000
YN48		25c. (#372)……………	1,100	1,100
YN49		$1 (#373)……………	6,700	6,700
YN50		$2 (#374)……………	12,000	12,000
YN51		$5 (#375)……………	26,000	26,000
		(9)	53,200	52,370

1933.10.28.
譚院長紀念“滇省貼用”

T2を北京財政部印刷局で黒加蓋

YN52	2c. (#410) (10.8万枚) …	180	180
YN53	5c. (#411) (10.8万枚) …	300	240
YN54	25c. (#412) (5.2万枚) …	520	550
YN55	$1 (#413) (3.8万枚)	8,000	6,500
	(4)	9,000	7,470

1933.-34.
北京版烈士“限滇省貼用”票

T3(*b*)を北京財政部印刷局で黒加蓋

YN56	43	1/2c. (#380)………………	170	160
YN57	44	1c. (#381)………………	350	270
YN58	43	2 1/2c. (#382) ……………	400	450
YN59	45	3c. (#383)………………	620	220
YN60	46	8c. (#384)………………	270	270
YN61	47	10c. (#385)………………	400	450
YN62	46	13c. (#386)………………	250	110
YN63	47	17c. (#387)………………	1,200	1,200
YN64	48	20c. (#388)………………	320	320
YN65	45	30c. (#389)………………	1,000	1,000
YN66	48	40c. (#390)……………	4,700	4,700
YN67	44	50c. (#391)……………	4,700	4,700
		(12)	14,380	13,850

☆“滇省貼用”郵票は,1935年7月31日限りで廃止された。

3. 吉黒貼用

用貼黒吉限

(1)

1927.3.18.
北京新版帆船“限吉黒貼用”票

T1を北京財政部印刷局で黒加蓋

NE1	34	1/2c. (#279) …………	190	30
NE2		1c. (#280) …………	190	30
NE3		1 1/2c. (#281) ………	250	190
NE4		2c. (#282) …………	250	190
NE5		3c. (#283) …………	170	70
NE6		4c. 橄緑 (#285) ………	80	30
NE7		5c. (#286) …………	170	30
NE8		6c. 紅 (#287) ………	250	190
NE9		7c. (#289) …………	520	190
NE10		8c. (#290) …………	350	190
NE11		10c. (#291) …………	190	50
NE12	35	13c. (#292) …………	400	300
NE13		15c. (#293) …………	400	300
NE14		16c. (#294) …………	400	270
NE15		20c. (#295) …………	600	350
NE16		30c. (#296) …………	870	350
NE17		50c. (#297) …………	1,200	420
NE18	36	$1 (#298) …………	2,600	870
NE19		$2 (#299) …………	7,000	1,900
NE20		$5 (#300) ………	32,000	32,000
		(20)	48,080	37,950

◇変異

NE6a	4c.	倒蓋 ………………	–	–
NE6b		双連1枚漏印 …………	–	–

◇用紙別分類

4c. (NE6) は厚紙だけ。それ以外は薄紙と厚紙の両方がある。

☆1932年3月，この地に関東軍によって「満洲国」が作られたあとも，引き続き使われ，同年7月27日限りで使用が禁止された。その時期の使用済評価は「日専　日本関連地域編」を参照。

吉黒
貼用

(2)

NE21～24

1928.3.1.
陸海軍大元帥就職紀念“吉黒貼用”

T2 を北京財政部印刷局で赤または青加蓋

NE21	1c.	(#337)(50万枚) ……	270	170
NE22	4c.	(#338)(50万枚) ……	170	170
NE23	10c.	(#339)(10万枚) ……	500	370
NE24	$1	(#340)(青)(5万枚)	5,000	4,700
		(4)	5,940	5,410

☆3月1日のほか，3月3日，4月16日説などがある。奉天省では無加刷が発売された。
1931年6月1日限りで使用が禁止された。

NE25 ～ 28

NE29 ～ 32

1929.4.17. 国民政府統一紀念“吉黒貼用”

T2 を北京財政部印刷局で赤加蓋

		総発行量		
NE25	1c.	(#341)(46万枚) ……	200	200
NE26	4c.	(#342)(46万枚) ……	370	320
NE27	10c.	(#343)(18.5万枚)	1,300	1,200
NE28	$1	(#344)(5.5万枚) …	11,000	10,000
		(4)	12,870	11,720

☆南京，上海地方より1日早く発行され，1931年6月1日限りで使用が禁止された。

1929.5.30. 孫総理国葬紀念“吉黒貼用”

T2 を北京財政部印刷局で黒加蓋

		総発行量		
NE29	1c.	(#345)(46万枚) ……	220	250
NE30	4c.	(#346)(46万枚) ……	270	300
NE31	10c.	(#347)(18.5万枚) …	850	520
NE32	$1	(#348 (5.5万枚) …	8,500	6,500
		(4)	9,840	7,570

☆1931年6月1日限りで使用が禁止された。
瀋陽は6月4日，牛荘は6月6日に無加刷が発売された。
“吉黒貼用”郵票は，「満洲国」郵票時期(1932. 7～1945. 8)をはさんで NE33～119に続く。

4. 四川貼用

(1)

SC1 ～ 3

SC4 ～ 11

SC12 ～ 23

1933. 北京新版帆船“限四川貼用”票

T1 を北京財政部印刷局で黒加蓋

SC1	34	1c.	(#280)……………	1,100	100
SC2		5c.	(#286)……………	1,100	140
SC3	35	50c.	(#297)……………	3,200	670
			(3)	5,400	910

1933.-34. 倫敦版単圏孫文“限四川貼用”票

T1 を北京財政部印刷局で黒加蓋

SC4	42	2c.	(#366)………………	200	100
SC5		5c.	(#368)……………	2,200	240
SC6		15c.	濃緑(#369) ………	770	350
SC7		15c.	朱(#370)('34) ……	900	1,200
SC8		25c.	(#372)………………	750	170
SC9		$1	(#373)……………	2,200	400
SC10		$2	(#374)……………	5,500	670
SC11		$5	(#375)……………	12,000	3,700
			(8)	24,520	6,830

1933.-34. 北京版烈士“限四川貼用”票

T1 を北京財政部印刷局で黒加蓋

SC12	43	½c.	(#380)…………………	80	80
SC13	44	1c.	(#381)………………	120	50
SC14	43	2½c.	(#382) ……………	350	370
SC15	45	3c.	(#383)………………	300	300
SC16	49	8c.	(#384)………………	170	150
SC17	47	10c.	(#385)………………	450	50
SC18	46	13c.	(#386)………………	500	100
SC19	47	17c.	(#387)………………	550	140
SC20	51	20c.	(#388)………………	850	100
SC21	48	30c.	(#389)………………	670	100
SC22	51	40c.	(#390)……………	1,800	140
SC23	44	50c.	(#391)……………	3,700	210
			(12)	9,540	1,790

☆“限四川貼用”加蓋票は1936年10月31日限りで使用が禁止された。

☞ SP61 ～ 103

Ⅶ　主権回復地区貼用票

1.　東北貼用

1945 年 8 月に「満洲帝国」が崩壊した後，東北地方で使用するために“東北貼用”票が発行された。この地域では，以前に“吉黒貼用”票が使用されたので，この項の郵票と図版の番号は“吉黒貼用”票の番号に続けてある。

(3)

1946.2.-
北京新民版孫文“限東北貼用”改値票

T3 を北京新民版孫文票に北京中央印製廠で黒加蓋

NE33	147	50c./$5 (U97)……	30	140
NE34		50c./$10 (U98)……	90	210
NE35		$1/$10 (U98)……	30	170
NE36		$2/$20 (U99)……	30	140
NE37		$4/$50 (U100)……	30	110
		(5)	210	770

☆刷色や紙質に著しい変化がある。

(4)

1946.4.-　“限東北貼用”票

T4 を香港版烈士票・孫文票に上海中華書局永寧印刷廠で黒加蓋

NE38	44	1c. (#489)……	30	370
NE39	45	3c. (#492)……	30	370
NE40		5c. (#494)……	30	470
NE41	58	10c. (#437)……	30	370
NE42		10c. (#464)……	30	370
NE43	48	20c. (#500)……	30	370
		(6)	180	2,320

(5)

1946.-48.　中信版軍郵票“限東北貼用”

T5を中信版軍郵票(M838)に北京中央印製廠で黒加蓋

NE44	(−)	字幅 18㎜ ('46.4.-) …	6,200	6,200
NE45	(−)	字幅 15.5㎜ ('48.2.21) …	270	1,800

(6)

1946.8.-　“限東北貼用”錦州改値票

T6 を香港版烈士国幣加蓋票，郵政儲金図票に赤加蓋

NE46	46	$5/$50/21c. (#899)……	6,000	15,000
NE47	48	$10/$100/28c. (#901)……	7,000	15,000
NE48		$20/$200 (#832) …	6,000	15,000
		(3)	19,000	45,000

☆ NE46 ～ 48 は錦州郵政管理局管内で短期間使われた。

7　孫文

1946.7.-　北京中央 1 版孫文票限東北貼用

凹版，P14，無膠，19.5 × 22㎜，
[S] 200 (10×20)，北京中央印製廠

【北京中央 1 版と 2 版の違い】

中央 1 版　　中央 2 版

$4，$10，$20，$50 の 4 種で一画の頭が空き，“或”のハネがないのが 1 版，あるのが 2 版。

NE49	7	5c.	深紅……	30	350
NE50		10c.	橙黄……	30	350
NE51		20c.	黄緑……	30	400
NE52		25c.	茶……	30	350
NE53		50c.	橙赤……	30	270
NE54		$1	青……	30	220
NE55		$2	紫……	30	270
NE56		$2.50	青黒……	30	350
NE57		$3	茶……	30	270
NE58		$4	黄橙……	30	350
NE59		$5	灰緑……	30	270
NE60		$10	桃……	30	170
NE61		$20	橄緑……	30	140
NE62		$50	灰紫……	40	140
			(14)	430	3,900

☆刷色や紙質に著しい変化がある。

1947.6.-48.
北京中央 2 版孫文票限東北貼用

凹版，P14，無膠，[S] 200 (20×10)，北京中央印製廠

NE63	7	$4	茶		180	500
NE64		$10	赤紫		60	150
NE65		$20	橄緑		40	50
NE66		$22	灰	('47.11.5)	8,000	8,500
NE67		$44	赤	('48)	4,000	5,700
NE68		$50	灰紫		20	40
NE69		$65	黄緑	('47.11.5)	8,000	10,000
NE70		$100	緑		30	70
NE71		$109	青緑	('47.11.5)	8,500	10,000
NE72		$200	赤茶		30	140
NE73		$300	薄青		30	270
NE74		$500	赤紫		30	70
NE75		$1,000	橙赤		30	60
				(13)	28,950	35,550

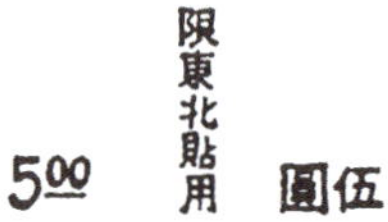

(8)

1947.11.15. 国民大会紀念"限東北貼用"

T8を上海中華書局永寧印刷廠で黒加蓋

NE76	$2/$20 (#1010)	(200万枚)	30	320
NE77	$3/$30 (#1011)	(50万枚)	30	320
NE78	$5/$50 (#1012)	(50万枚)	30	320
NE79	$10/$100 (#1013)	(50万枚)	30	320
		(4)	120	1,280

☆NE76～79, NE86～91, NE95～99の紀念郵票は上海の集郵處で, 東北流通券1に対して法幣12.5の割合に換算, 発売された。このため, 上海消印の使用済が多く存在する。

9

1947.1.-. 欠資票限東北貼用

平版, P14, 無膠, 14.5×21.5㎜, [S] 200 (20×10), 北京中央印製廠

NE80	9	10c.	青	50	770
NE81		20c.	青	50	770
NE82		50c.	青	50	570
NE83		$1	青	20	420
NE84		$2	青	20	550
NE85		$5	青	20	550
			(6)	210	3,630

10 蒋介石主席

1947.3.5. 蒋主席誕生60年紀念東北貼用

凹版, P10 1/2～11 1/2, [S] 50 (10×5), 上海大業印刷公司

NE86	10	$2	赤 (200万枚)	60	400
NE87		$3	緑 (50万枚)	110	400
NE88		$5	橙 (50万枚)	110	400
NE89		$10	青緑 (50万枚)	110	400
NE90		$20	黄橙 (50万枚)	140	400
NE91		$30	紫赤 (50万枚)	140	400
			(6)	670	2,400

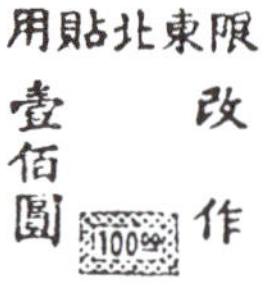

(11)

1947.3.31. 上海大東1版孫文"限東北貼用"改値票

T11を上海中華書局永寧印刷廠で黒加蓋

NE92	156	$100/$1,000 (#991)	110	420
NE93		$300/$3,000 (#992)	110	420
NE94		$500/$5,000 (#993)	50	500
		(3)	270	1,340

12 孫文陵

1947.5.5. 国民政府遷都紀念東北貼用

凹版, P14, [S] 50 (5×10), 北京中央印製廠

NE95	12	$2	緑 (100万枚)	60	200
NE96		$4	青 (50万枚)	60	200
NE97		$6	赤 (50万枚)	60	200
NE98		$10	黄茶 (50万枚)	60	200
NE99		$20	濃紫 (50万枚)	60	200
			(5)	300	1,000

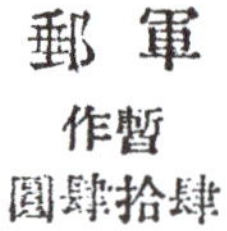

(13)

1947.9.-. "軍郵暫作"票

T13を北京中央1版孫文票限東北貼用に北京中央印製廠で黒加蓋

NE100	7	$44/50c. (#NE53)	1,100	4,000

NE101

1948 (民国37). 倫敦3版孫文"限東北貼用"改値票

T11を倫敦3版孫文票に上海中華書局永寧印刷廠で黒加蓋

NE101	42	$500/$30 (#910)	100	420

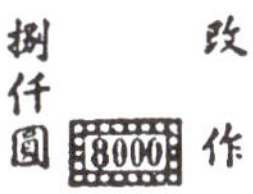

(14)

1948.9.13.　北京中央版孫文改值票

T14 を北京中央 1 版，2 版孫文票に北京中央印製廠で黒または赤加蓋

NE102	7	$1,500/20c. (NE51) ……	90	450
NE103		$3,000/$1 (NE54) ………	40	500
NE104		$4,000/25c. (NE52) ……	40	400
NE105		$8,000/50c. (NE53) ……	40	320
NE106		$10,000/10c. (NE50) ……	50	320
NE107		$50,000/$109 (NE71)	100	620
NE108		$100,000/$65 (NE69) …	90	620
NE109		$500,000/$22 (NE66)	150	620
		(8)	600	3,850

15

1948.　北京版包果票限東北貼用

平版，P13½，17.5 × 20.5㎜，北京中央印製廠

NE110	15	$500	橙赤 ………	30,000
NE111		$1,000	紫赤 ………	30,000
NE112		$3,000	橄緑 ………	30,000
NE113		$5,000	濃青 ………	30,000
NE114		$10,000	緑 …………	30,000
NE115		$20,000	薄青 ………	30,000
			(6)	180,000

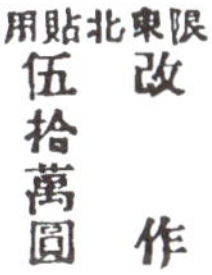

(16)

1948.　包果票"限東北貼用"改值

T16 を北京版包果票（P1036）に黒加蓋

NE116	$500,000/$5,000,000	200,000	12,000

☆ NE116 の使用済評価は注文消（CTO）に対するものである。

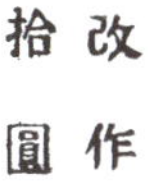

(17)

1948.　欠資票改值

T17 を欠資票限東北貼用に北京中央印製廠で黒加蓋

NE117	9	$10/10c. (NE80) …………	30	900
NE118		$20/20c. (NE81) …………	30	900
NE119		$50/50c. (NE82) …………	30	900
		(3)	90	2,700

2.　台湾貼用

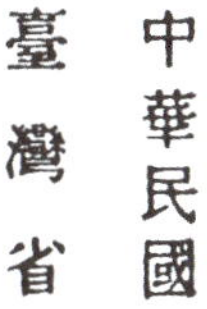

(1)

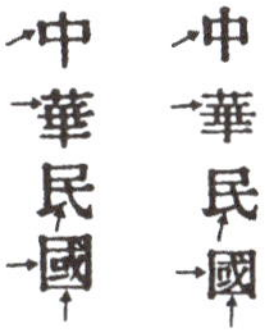

I　II

2

3

4

1945.11.4.　"中華民国台湾省"暫用票

T1 を日本占領時代に製造された台湾地方票〔平版，□，無膠，S 100（10×10），台湾出版社〕に台湾照像印刷工場で黒加蓋

TW1	2	3s.	暗赤（112 万枚）…	250	1,000
TW2		5s.	青緑		
TW2a		Type Ⅰ	（1,251 万枚）……	250	200
TW2b		Type Ⅱ	………………………	−	*u*
TW3		10s.	淡青（1,837 万枚）		
TW3a		Type Ⅰ	……………………	250	50
TW3b		Type Ⅱ	……………………	30,000	*u*
TW4		30s.	青（'45.11.28）（132 万枚） ……………………	1,400	1,000
TW5		40s.	紫（234 万枚）……	1,400	700
TW6		50s.	淡茶（964 万枚）…	1,000	500
TW7		1y.	草緑（509 万枚）…	1,000	500
TW8	3	5y.	青緑（82 万枚）…	2,400	1,800
TW9	4	10y.	茶紫（78 万枚）…	4,500	4,500
			(9)	12,450	10,250

◇変異

TW1a	3s.	複蓋 ……………	9,000	−
TW2c	5s.	複蓋 ……………	8,000	−
TW3c	10s.	倒蓋 …………	37,000	*u*
TW3d		複蓋 …………	37,000	*u*
TW9a	10y.	倒蓋 …………	30,000	30,000

☆ TW2b, TW3b（Type Ⅱ）は台北力行印刷公司で黒加蓋。Type Ⅰと同じ 4 号宋字体だが，図のように細部に違いがある。1946 年 9 月頃，5 銭，10 銭の不足が目立ったので急いで追加加蓋されたが，同年 9 月 1 日に郵便料金が値上げされたこともあって発行されないまま終わった。

☆台湾地方票については「日専 戦前編」台湾地方切手の項を参照。

TW1 ～ 9 は，紙質，厚薄，刷色，字体バラエティなど変化が著しい。

☆ TW4 ～ 9（30s ～ 10y）の未加蓋（日本占領時代に製造されたが，発行されなかった）が，ごく少数市場に出ている。市価約 20 万円。また，TW1 ～ 9 には未加蓋の官製リプリントが存在する。

☆日本から解放された台湾では，それまでの日本円が流通したので，切手の額面単位は，「銭」「円」が使われ，このような加刷はTW34まで続いた。その後は中国本土の通貨とは別の，台湾幣（旧幣）が使用された。

用貼灣臺限

圓　拾

(5)

「用」と「圓（銭）」の間隔9～12㎜

1946.-49. "限台湾貼用"改値票

T5を上海中華書局永寧印刷廠，上海三一印刷公司（TW30のみ）で黒または赤加蓋

(1) 香港版烈士票無水印 (1946.6.-1948.8.)

TW10	**47**	2s./2c. (#490) ('46.9.-) ……	**80**	**150**
TW11	**45**	5s./5c. (#494) ……………	**80**	**100**
TW12	**43**	10s./4c. (#493) ………………	**80**	**150**
TW13	**45**	30s./15c. (#498) …………	**80**	**100**
TW14	**48**	＄1/20c. (#500) …………	**80**	**200**
TW15	**43**	＄2/2 1/2c. (#491) ('48.8.-)	**80**	**80**

(2) 香港版烈士票有水印 (1947)

TW16	**45**	30s./15c. (#517) ……	**13,000**	**15,000**

(3) 倫敦3版孫文票 (1946.8.-)

TW17	**17**	65s./＄20 (#909) (1,000万枚) ……………………	**100**	**200**
TW18		＄1/＄30 (#910) ('47) (900万枚) ……………………	**100**	**170**
TW19		＄2/＄50 (#911) ('47) (1,100万枚) ……………………	**150**	**200**

(4) 上海大東1版孫文票 (1946.-48.)

TW20	**156**	50s./＄20 (#983) ('46.8.-) (950万枚) ……………………	**80**	**100**
TW21		＄3/＄100 (#987) ('46.12.-) (650万枚) ……………………	**80**	**200**
TW22		＄5/＄50 (#985) ('48.5.-) (赤) (375万枚) ……………………	**100**	**150**
TW23		＄5/＄70 (#986) ('48.10.-) (300万枚) ……………………	**100**	**250**
TW24		＄5/＄100 (#987) ('48.5.-) (500万枚) ……………………	**120**	**80**
TW25		＄5/＄200 (#988) ('46.9.-) (500万枚) ……………………	**80**	**200**
TW26		＄10/＄500 (#989) ('46.12.-) (275万枚) ……………………	**80**	**150**
TW27		＄20/＄700 (#990) ('46.12.-) (175万枚) ……………………	**100**	**100**
TW28		＄50/＄1,000 (#991) ('46.12.-) (77万5,000枚) ………	**200**	**150**
TW29	**156**	＄100/＄3,000 (#992) ('46.12.-) (77万5,000枚) ………	**280**	**160**
TW30		＄600/＄100 (#987) ('49.4.-) (850万枚) ……………………	**650**	**350**

☞ TW84～99

◇変異

TW14a　＄1/20c.　倒蓋　……　**95,000**　*u*

◇加蓋字幅別分類

TW10～30，TW84～99の各加蓋は上下の字間間隔が9㎜から12㎜までに細分できる。また，TW10～15には薄紙と厚紙の両方がある。

限臺灣省貼用

1.00　圓壹

(6)

1946.11.12. 国民大会紀念"限台湾省貼用"

T6を上海中華書局永寧印刷廠で黒加蓋

TW31	70s./＄20 (#1010) (200万枚) …	**350**	**550**
TW32	＄1/＄30 (#1011) (50万枚) …	**350**	**550**
TW33	＄2/＄50 (#1012) (50万枚) …	**350**	**570**
TW34	＄3/＄100 (#1013) (50万枚) …	**370**	**570**
	(4)	**1,420**	**2,240**

◇変異

TW31a　70s./＄20　倒蓋　…　**120,000**

1947.5.5. 蒋主席誕生60年紀念台湾貼用

凹版，P10 1/2～11 1/2，S 50 (10×5)，上海大業印刷公司

7　蒋介石主席

TW35	**7**	70c.	赤 (200万枚) ……	**350**	**470**
TW36		＄1	緑 (50万枚) ………	**350**	**470**
TW37		＄2	橙 (50万枚) ………	**350**	**470**
TW38		＄3	青緑 (50万枚) ……	**350**	**470**
TW39		＄7	黄橙 (50万枚) ……	**350**	**470**
TW40		＄10	紫赤 (50万枚) ……	**350**	**470**
			(6)	**2,100**	**2,820**

8　孫文陵

1947.5.5. 国民政府遷都紀念台湾貼用

凹版，P14，S 50 (5×10)，北京中央印製廠

TW41	**8**	50c.	緑 (100万枚) …	**350**	**550**
TW42		＄3	青 (50万枚) ……	**350**	**550**
TW43		＄7.50	赤 (50万枚) ……	**350**	**550**
TW44		＄10	黄茶 (50万枚) …	**350**	**550**
TW45		＄20	濃紫 (50万枚) …	**350**	**550**
			(5)	**1,750**	**2,750**

☆ TW31 ～ 34，TW35 ～ 40，TW41 ～ 45 の紀念郵票は上海の集郵處で台幣（旧台幣）1 に対して法幣 40 の割合に換算，発売された。

1947.7.10.-10.20. 農作物 1 版孫文票限台湾省貼用（銭単位）

凹版，P14，無膠，19 × 21.5㎜，
S 200（20×10），上海大東書局

9 孫文

TW46	9	$1	茶（1,000 万枚）………	100	250
TW47		$2	橙茶（10.20）（500 万枚）	120	200
TW48		$3	薄緑（10.20）（1,500 万枚）	120	200
TW49		$5	橙赤（800 万枚）………	250	270
TW50		$9	濃青（10.20）（400 万枚）	100	120
TW51		$10	紅（800 万枚）…………	100	80
TW52		$20	濃緑（800 万枚）………	80	70
TW53		$50	桃紫（500 万枚）………	80	60
TW54		$100	青（400 万枚）…………	80	60
TW55		$200	赤茶（300 万枚）………	80	60
			（10）	1,110	1,370

☞ TW69 ～ 74

◆不発行

UTW1	9	$0.30	灰 …………	30,000
UTW2		$7.50	橙黄 ………	30,000

1948.2.10 欠資票台湾貼用

平版，P14，無膠，15 × 21㎜，
S 200（20×10），上海大東書局

10 数字

TW56	10	$1	青（150 万枚）……	250	500
TW57		$3	青（150 万枚）……	250	570
TW58		$5	青（200 万枚）……	250	570
TW59		$10	青（100 万枚）……	250	770
TW60		$20	青（100 万枚）……	250	470
			（5）	1,250	2,880

（11）

1948.-49. 農作物 1 版孫文改値票

T11 を農作物 1 版孫文票に（1）上海大業印刷公司，（2）台北頤園印刷廠，（3）上海中華書局永寧印刷廠で黒，赤，青紫または赤紫加蓋

（1）上海大業加蓋（1948.5.-）

TW61	9	$500/$7.50（UTW2）（300 万枚）………	670	350
TW62		$1,000/$0.30（UTW1）（100 万枚）………	1,400	900

（2）台北頤園加蓋（1948.7.-）

TW63	9	$25/$100（TW54）（100 万枚）………	250	300

（3）上海永寧加蓋（1949.2.-3.）

TW64	9	$300/$3（TW48）（1,000 万枚）………	170	100
TW65		$1,000/$3（TW48）（'49.3.）（赤）（1,000 万枚）……	300	100
TW66		$2,000/$3（TW48）（'49.3.）（青紫）（1,000 万枚）……	250	100
TW67		$3,000/$3（TW48）（赤紫）（500 万枚）………	1,200	420
TW68		$3,000/$7.50（UTW2）（500 万枚）………	12,000	550
		（8）	16,240	2,820

◇変異

TW63a	$25/$100"作作貳伍圓"誤蓋 ………	6,000	6,000

1948.8.20. 農作物 2 版孫文票限台湾省貼用（円単位）

凹版，P14，無膠，19 × 21.5㎜，
S 200（20×10），上海大東書局

12 孫文

TW69	12	$25	橄緑（500 万枚）……	120	100
TW70		$5,000	黄橙（200 万枚）…	1,000	200
TW71		$10,000	黄緑（100 万枚）…	1,000	500
TW72		$20,000	草緑（100 万枚）…	1,000	500
TW73		$30,000	灰青（100 万枚）…	1,000	200
TW74		$40,000	紫（100 万枚）……	900	200
			（6）	5,020	1,700

（13）

1948.12.4 欠資票改値

T13（5 号宋字体）を欠資票台湾貼用に上海中華書局永寧印刷廠で赤加蓋

TW75	10	$50/$1（TW56）（45 万枚）	2,400	1,300
TW76		$100/$3（TW57）（35 万枚）	2,400	1,300
TW77		$300/$5（TW58）（35 万枚）	2,400	1,300
TW78		$500/$10（TW59）（35 万枚）………	2,400	1,300
		（4）	9,600	5,200

1948.2.1. 北京版包果票限台湾省貼用

凹版，P14，17.5 × 20.5㎜，北京中央印製廠

14 トラック

TW79	14	$100 青緑	…………	30,000	100
TW80		$300 桃紅	…………	30,000	100
TW81		$500 橄緑	…………	30,000	100
TW82		$1,000 青黒	…………	30,000	100
TW83		$3,000 濃紅	…………	30,000	100
			(5)	150,000	500

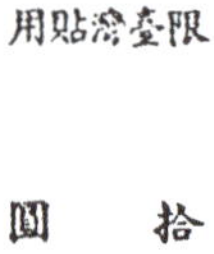

(5)

1948.-49. "限台湾貼用" 改値票

T5 を孫文票に上海中華書局永寧印刷廠，上海三一印刷公司（TW98 のみ）で黒または赤加蓋

(1) 香港中華版改版 (1948.9.-)

TW84	58	$20/2c.（#447）（530 万枚）	80	80

(2) 中信版 (1948.-49.)

TW85	85	$50/50c.（#632）('48.11.-)（80 万枚）……………………	370	500
TW86		$800/$4（#638）('49.2.-)（180 万枚）……………………	1,500	600

(3) 百城凹版 (1949.2.-)

TW87	86	$500/$30（#655）（250 万枚）……………………	1,800	500

(4) 百城凸版 (1948.11.-)

TW88	85	$10/$3（#792）（180 万枚）	450	350

(5) 重慶中華版 (1948.11.-)

TW89	146	$20/$3（#803）（180万枚）	350	250
TW90		$100/$20（#807）（1,000 万枚）……………………	110	50

(6) 重慶大東版 (1948.-49.)

TW91	150	$100/$20（#880）('48.11.-)……………………	160,000	−
TW92		$200/$10（#879）('49.2.-)（赤）（450万枚）……………………	800	170
TW93		$5,000/$10（#879）('48.7.-)（100 万枚）……………………	1,800	500
TW94		$10,000/$20（#880）('48.7.-)（100万枚）……………………	1,800	400

(7) 重慶中央版 (1948.10.-)

TW95	151	$5/$40（#889）（220万枚）	100	200

(8) 上海大東 2 版

TW96	160	$10/$150（#1053）（赤）('48.10.-)（300 万枚）……………	120	170
TW97		$20/$250（#1054）（赤）('48.10.-)（250 万枚）……………	110	120
TW98		$200,000/$3,000（#1058）（赤）('49.5.-)（80万枚）……	9,000	5,000

(9) 上海大東 3 版 (1949.2.-)

TW99	175	$1,000/$20,000（#1135）（160 万枚）……………………	650	350

◇変異

TW94a	$10,000/$20	倒蓋 …	20,000	*u*

☆ TW91，98 に倒蓋の偽加刷があり，注意が必要である。

(15) 木戳

(16) 銅戳

1949.8.5. 改作欠資票

T15（木戳）または T16（銅戳）を農作物 1 版孫文票に手押し紫加蓋

TW100	9	$1,000/$3（TW65） …	3,500	2,200
TW101		$3,000/$3（TW67） …	5,400	1,900
TW102		$5,000（TW70）………	12,000	7,000
		(3)	20,900	11,100

◇加蓋別評価

		木戳		銅戳	
TW100	$1,000/$3	3,500	2,200	3,500	2,200
		(11 万枚)		(14 万枚)	
TW101	$3,000/$3	7,000	4,000	5,400	1,900
		(7 万枚)		(8 万枚)	
TW102	$5,000	12,000	800	12,000	9,000
		(5 万枚)		(5 万枚)	

(17)

(18)

1949.10.16. 単位票 "限台湾貼用"

T17 または T18 を香港亜洲版単位票に香港亜洲石印局（TW103，106），台北中央印製廠で黒加蓋

TW103	198	国内信函（#1322）(10.16)（2,000万枚）……………………	550	170
TW104	199	国内掛號（#1323）(11.11)（1,500万枚）……………………	1,000	450
TW105	200	国内快遞掛號（#1324）(11.11)（1,000 万枚）…………	1,000	450
TW106	201	国内航空（#1325）(10.16)（250万枚）……………………	250	250
		(4)	2,800	1,320

Ⅷ　銀圓時期地方加蓋票

1.　地方郵政管理局発行

1）湖南郵政管理局

(1)

(2)

(3)

1949.4.28.　“湘”区改作単位票

T1～3 を上海大東１版・２版・３版孫文票に長沙南嶽印刷所で黒加蓋

SP1　**156**　国内平信 / $ 100 (#987) (440 万枚)
……………………… **1,400**　**800**

SP2　**160**　国内掛號 / $ 7,000 (#1062)
(183.3 万枚) …………… **2,700**　**2,700**

SP3　**156**　国内快遞 / $ 30 (#984) (95 万枚)
……………………… **2,700**　**2,700**

SP4　**175**　国内航空 / $ 40,000 (#1137) (110 万枚)
……………………… **2,200**　**2,400**

(4) **9,000**　**8,600**

◇変異

SP1a　国内平信/$100　倒蓋 ……　**10,000**　**10,000**

SP2a　国内掛號/$7,000　倒蓋 …　**15,000**　**15,000**

SP3a　国内快遞/$30　重慶中央版 (#888) に誤蓋
………… **25,000**　**25,000**

SP4a　国内航空 / $ 40,000 倒蓋　**15,000**　**15,000**

SP4b　〃　上海大東２版 (#1055) に誤蓋
………… **25,000**　**25,000**

(4)

1949.5.-6.　“湘”区改作銀圓票

T4 を上海大東２版・３版孫文票に長沙南嶽印刷所で黒加蓋

SP5　**175**　1c./ $ 2,000,000 (#1144) (40 万枚)
………………… **2,700**　**2,700**

SP6　2c./ $ 20,000 (#1135) (200 万枚)
………………… **2,700**　**2,700**

SP7　**160**　5c./ $ 3,000 (#1058) (40 万枚)
………………… **3,500**　**4,000**

SP8　10c./ $ 500 (#1055) (50 万枚)
………………… **3,000**　**2,700**

(4) **11,900**　**12,100**

◇変異

SP5a　1c./ $ 2,000,000　倒蓋 ……　**7,500**　**7,500**

SP6a　2c./ $ 20,000　倒蓋 ………　**7,500**　**7,500**

SP7a　5c./ $ 3,000　倒蓋　………　**7,500**　**7,500**

SP7b　〃　“湘” 字漏蓋　……　**10,000**　**10,000**

(5)

1949.6.10.　改作銀圓包果（小包）票

T5 を中信版・北京版包果票に黒加蓋

SP9　1c./ $ 10,000 (P1027) ……… −　*u*

SP10　5c./ $ 7,000 (P1026) ………… −　*u*

SP11　10c./ $ 300,000 (P1033) …… −　*u*

SP12　50c./ $ 1,000 (P811) ………… −　*u*

SP13　$ 1/ $ 500 (P810)　………… −　*u*

SP14　$ 5/ $ 70,000 (P1030) ……… −　*u*

SP15　$ 10/ $ 30,000 (P1028)　…… −　*u*

2）湖北郵政管理局

(6)

1949.5.-.　改作基数票

T6 を **188**（大東平版印花税票）に漢口復興印刷局で黒または緑加蓋

SP16　**188**　1c./ $ 20 (緑) ……… **6,700**　**6,700**

SP17　10c./ $ 20 …………… **6,700**　**6,700**

(2) **13,400**　**13,400**

☆他に5c./ $ 20黒加蓋と30c./ $ 20青加蓋が発行された。

3）甘寧青郵政管理局

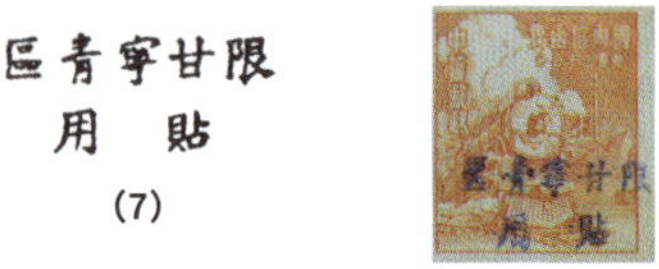

(7)

1949.5.7. “限甘寧青区貼用”単位票

T7 を上海大東版単位票に甘寧青郵政管理局で手押し紫または黒加蓋

SP18 **198** 国内信函（#1318）（9万枚）
……………………… **110,000** *u*

SP19 **201** 国内航空（#1321）（赤）（12.1万枚）
……………………… **110,000** *u*

（2）**220,000** *u*

☆甘粛・寧夏・青海の省管内で使用するため発行されたが，ほとんど使われなかった。
#SP18は膠戳（ゴム印），#SP19は角戳（水牛印）で加蓋された。偽物が多く，注意が必要である。

4）江西郵政管理局

(8)

1949.5.3. “贛”区改作単位票

T8 を上海大東2版・3版孫文票に南昌大文印刷局で黒加蓋

SP20	**175**	国内平信/$30,000（#1136）（90万枚）	**5,700**	**5,500**
SP21		国内平信/$40,000（#1137）（120万枚）	**5,700**	**5,500**
SP22		国内平信/$50,000（#1138）（299,650）	**5,700**	**5,500**
SP23	**160**	国内掛號/$500（#1055）（699,800）	**6,700**	**4,500**
SP24		国内掛號/$7,000（#1062）（30万枚）	**6,700**	**5,500**
SP25		国内快逓/$3,000（#1058）（50万枚）	**6,700**	**4,500**
SP26		国内航空/$7,000（#1062）（299,800）	**6,200**	**6,200**
		（7）	**43,400**	**37,200**

5）広西郵政管理局

(9)

(10)

(11)

1949.5.4. “桂区”改作銀圓票

T9 を上海大東1版・2版・3版孫文票に桂林国文印刷廠で黒加蓋

SP27	**175**	1/2c./$500,000（#1142）（30万枚）	**4,000**	**2,700**
SP28		1c./$200,000（#1140）（60万枚）	**3,500**	**1,200**
SP29		2c./$300,000（#1141）（20万枚）	**12,000**	**7,200**
SP30	**156**	5c./$3,000（#992）（110万枚）	**3,500**	**2,000**
SP31	**160**	5c./$3,000（#1058）（100万枚）	**1,800**	**1,100**
SP32	**175**	5c./$40,000（#1137）（100万枚）	**3,500**	**2,000**

T10を高額改値「国幣」加蓋票に桂林国文印刷廠で赤加蓋

SP33	**85**	5c./$20,000/10c.（#1109）（110万枚）	**3,000**	**3,000**
SP34		5c./$40,000/20c.（#1119）（110万枚）	**6,700**	**6,700**

T11 を上海大東2版・3版孫文票に桂林国文印刷廠で黒または赤加蓋

SP35	**175**	13c./$50,000（#1138）（50万枚）	**2,500**	**1,600**
SP36		13c./$50,000（#1138）（赤）（50万枚）	**10,000**	**2,500**
SP37	**160**	17c./$7,000（#1062）（50万枚）	**2,700**	**2,700**
SP38	**175**	21c./$100,000（#1139）（50万枚）	**3,200**	**2,900**
		（12）	**56,400**	**35,600**

(12)

1949.5.23. “桂区”銀圓包果票

T12 を中信版・倫敦版・北京版包果票に黒加蓋

SP39	2c./＄70,000 (P1030) ………	−	*u*
SP40	3c./＄7,000 (P1026) …………	−	*u*
SP41	5c./＄5,000 (P1025) …………	−	*u*
SP42	10c./＄1,000 (P811) …………	−	*u*
SP43	20c./＄3,000 (P812) …………	−	*u*
SP44	50c./＄500 (P810) …………	−	*u*
SP45	＄1/＄500,000 (P1034) ……	−	*u*
SP46	＄2/＄3,000,000 (P1035)……	−	*u*
SP47	＄3/＄10,000 (P914)…………	−	*u*
SP48	＄5/＄5,000,000 (P1036)……	−	*u*

6）陝西郵政管理局

(13)

1949.5.-. “陝”区改作単位票

T13 を上海大東1版・2版，重慶中央版孫文票に西安で黒または赤加蓋

SP49	160	国内平信/＄500 (#1055) ………………	4,500	4,500
SP50		国内平信/＄3,000 (#1058) ………………	4,500	4,500
SP51	156	国内掛號/＄30 (#984) (赤) ………………	6,200	6,200
SP52	151	国内掛號/＄30 (#888) (赤) ………………	5,500	5,500
SP53	160	国内快遞/＄250 (#1054) (赤) ………………	6,200	6,200
SP54		国内航空/＄7,000 (#1062) ………………	5,500	5,500
		(6)	32,400	32,400

◇変異

SP49a	国内平信/＄500	倒蓋	20,000	20,000
SP54a	国内航空/＄7,000	倒蓋	40,000	40,000
SP54b	国内航空/＄7,000	複蓋	20,000	20,000

7）新疆郵政管理局

(14)

1949.5.20. “限新疆貼用”改作基数票

T14 を上海大東1版・2版・3版孫文票に新疆印刷廠で黒または赤加蓋

SP55	156	1c./＄100 (#987) (60万枚) ………………	2,900	3,500
SP56		3c./＄200 (#988) (赤) (50万枚) ………………	2,900	3,500
SP57		5c./＄500 (#989) (赤) (90万枚) ………………	2,900	3,500
SP58	175	10c./＄20,000 (#1135) (30万枚) ………………	2,500	3,000
SP59	160	50c./＄4,000 (#1059) (赤) (6.28) (10万枚) …………	10,000	10,000
SP60		＄1/＄6,000 (#1061) (6.28) (10万枚) ………………	11,000	11,000
		(6)	32,300	34,500

8）西川郵政管理局

(15)

(16)

(17)

(18)

1949.7.-. “蓉”区貼用単位加蓋票

(*a*) 平信単位票

T15 を上海大東２版・３版孫文票に黒加蓋

SP61	**160**	国内平信/$ 150 (#1053) (3,090)	**7,200**	**5,500**
SP62		/$ 250 (#1054) (3,090)	**7,200**	**5,500**
SP63		/$ 500 (#1055) (220,000)	**2,100**	**1,200**
SP64		/$1,000 (#1056) (4,611)	**5,500**	**4,200**
SP65		/$2,000 (#1057) (153,553)	**2,100**	**900**
SP66		/$ 3,000 (#1058) (339,185)	**2,100**	**900**
SP67		/$ 4,000 (#1059) (660,100)	**2,100**	**900**
SP68		/$ 5,000 (#1060) (3,055)	**6,200**	**6,200**
SP69		/$ 6,000 (#1061) (219,110)	**2,100**	**2,100**
SP70		/$ 7,000 (#1062) (9,070)	**5,500**	**4,500**
SP71		/$ 10,000 (#1063) (70,850)	**3,000**	**1,600**
SP72	**175**	/$ 20,000 (#1135) (64,104)	**2,200**	**1,600**
SP73		/$ 30,000 (#1136) (128,350)	**2,900**	**2,200**
SP74	**160**	/$ 50,000 (#1065) (1,496,963)	**2,900**	**2,500**
SP75	**175**	/$ 50,000 (#1138) (1,496,963)	**2,900**	**2,200**
SP76	**160**	/$ 100,000 (#1066) (215,069)	**2,900**	**2,200**
SP77	**175**	/$ 100,000 (#1139) (215,069)	**2,900**	**2,500**
SP78	**160**	/$ 200,000 (#1067) (175,242)	**2,900**	**2,200**
SP79	**175**	/$ 200,000 (#1140) (175,242)	**2,900**	**2,200**
SP80	**160**	/$ 300,000 (#1068) (41,792)	**4,000**	**2,700**
SP81	**175**	/$ 300,000 (#1141) (41,792)	**5,500**	**4,000**
SP82	**160**	/$ 500,000 (#1069) (117,000)	**2,900**	**2,200**
SP83	**175**	/$ 1,000,000 (#1143) (97,168)	**5,500**	**4,000**
SP84		/$ 2,000,000 (#1144) (641,442)	**2,900**	**2,700**
SP85	**175**	/$ 3,000,000 (#1145) (228,677)	**2,900**	**2,700**
SP86		/$ 5,000,000 (#1146) (59,566)	**11,000**	**6,700**
		(26)	**102,300**	**76,100**

◇変異

SP79a	国内平信 /$ 200,000　倒蓋	**20,000**	*u*

☆次の３種の加蓋票も発行されたという説もあるが，詳細は不明である。

国内平信 /$ 20,000 (#1064)
/$ 40,000 (#1137)
/$ 500,000 (#1142)

(*b*) 掛號単位票

T16 を郵政儲金図票，重慶中央版，上海大東１版孫文票に黒加蓋

SP87	**150**	国内信函掛號 /$ 100 (#831) (5,500)	**7,700**	–
SP88		/$ 200 (#832) (36,800)	**7,700**	–
SP89	**151**	/$ 100 (#891) (220,000)	**15,000**	–
SP90		/$ 200 (#892) (40,700)	**7,200**	–
SP91	**156**	/$ 200 (#988) (3,200)	**7,700**	–
SP92		/$ 500 (#989) (3,200)	**15,000**	–
SP93		/$ 700 (#990) (3,094)	**27,000**	–
SP94		/$ 5,000 (#993) (4,100)	**12,000**	–
		(8)	**99,300**	–

☆次の３種の加蓋票も準備されたが不発行である。

国内信函掛號 /$ 100 (#987)
/$ 2,000 (#1047)
/$ 3,000 (#992)

(*c*) 航空単位票

T17 を航空改値加蓋票に黒加蓋

SP95	**49**	国内航空/$ 10,000/30c. (A1122) (345,570)	**900**	**900**
SP96		/$ 20,000/25c. (A1123) (633,780)	**1,400**	**1,600**
SP97		/$ 30,000/90c. (A1124) (3,390)	**1,600**	**2,700**
SP98		/$ 50,000/60c. (A1125) (46,060)	**12,000**	**15,000**
SP99		/$ 50,000/$ 1 (A1126) (42,445)	**1,700**	**2,400**

T18 を航空改値加蓋票に黒加蓋

SP100	**158**	国内航空/$ 10,000/$ 27 (A1128) (695,180)	**1,400**	**2,000**
		(6)	**19,000**	**24,600**

◇変異

SP96a	国内航空/$ 10,000/30c. A1127 に誤蓋	–	**50,000**
SP100a	国内航空 /$ 10,000/$ 27 倒蓋	**25,000**	
SP100b	A1003 に誤蓋	**12,000**	

☆ SP100 b は無加蓋原票へ加蓋したもの。偽物があり，それは両垂直線の距離が広い。

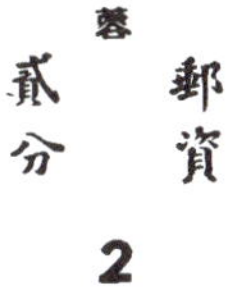

(19)

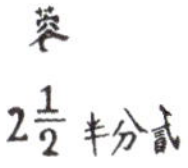

(20)

1949.7.-. “蓉”区改作基数票

T19 を倫敦4版孫文票に黒（機械）加蓋

SP101 **159** 2c./$500 (#1045) (206,700) ························ **4,000 5,500**

T20 を華南版基数孫文票に紫（手）加蓋

SP102 **208** 2½c./4c. (#1359) (50,000) ························ **5,500 4,000**

◇変異

SP102a 2½c. 倒蓋 ············ **20,000** *u*

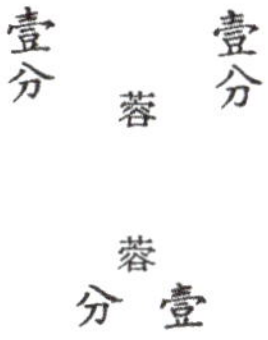

(21)

1949. “蓉”区基数包果票

T21 を倫敦版包果票に黒加蓋

SP103 **150** 1c./$20,000 (P915) ··· **40,000 35,000**

☆ほかに5c., $1, $2, $10（黒加蓋）, $10（赤加蓋）などが記録されているが，それらは不発行である。

9）雲南郵政管理局

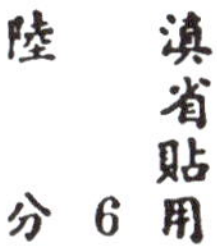

(22)

1949.5.12. “滇省貼用”半値銀圓票

T22 を各種孫文票に黒または青加蓋

SP104 **175** 1c./$200,000（申大東3版, #1140）（30万枚）············ **1,900 1,900**

SP105 1.2c./$40,000（申大東3版, #1137）（10万枚）············ **1,900 2,100**

SP106 **187** 6c./$200（申大東4版, #1229）（50万枚）············ **1,900 1,900**

SP107 **194** 10c./$20,000（華南版, #1292）（50万枚）············ **1,900 2,100**

SP108 **187** 12c./$50（申大東4版, #1227）(青)（53万枚）············ **1,900 1,900**

SP109 **194** 12c./$50（華南版, #1288）(青)（40万枚）············ **1,900 1,900**

SP110 **151** 12c./$200（渝中央版, #892）(青)（100万枚）········· **1,900 2,100**

SP111 **187** 30c./$20（申大東4版, #1226）（70万枚）············ **1,900 1,900**

SP112 **175** $1.2/$100,000（申大東3版, #1139）（20万枚）············ **3,000 3,500**

(9) **18,200 19,300**

(23)

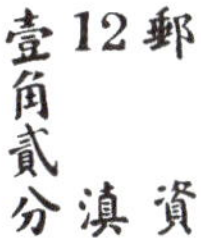

(24)

1949.10.5. 全値銀圓票

T23 を上海大東4版孫文票に黒加蓋

SP113 **187** 4c./$20 (#1226) (10,000) ······················ **36,000 22,000**

T24 を重慶中央版孫文票に青加蓋

SP114 **151** 12c./$200 (#892) (27,000) ······················ **31,000 20,000**

☆1949年5月1日，上海の郵政総局は銀元市価を基準に郵便料金を決めるよう，国民党支配地域の各郵局に通達した。しかし，思うように切手が供給できず，各郵局では謄写版刷りの「郵資已付」代郵片を使用したり，同じような印顆を押印してしのいだ。続いて，在庫の切手に独自の加刷を行うようになったが，共産党軍の進攻とともに混乱がひどくなった。

2.　地方郵局発行

1）厦門

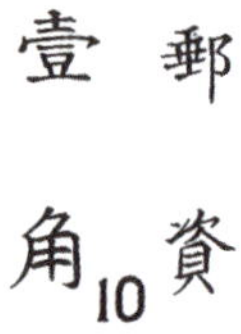

(25)

1949.6.-.　改値基数票

T25 を上海大東２版孫文票に赤手蓋

SP115	160	10c./$3,000 (#1058)		500,000	500,000

2）福州

(26)

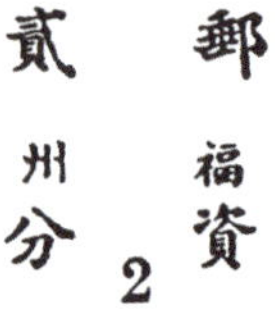

(27)（福州の文字）

1949.6.-. "福州" 貼用基数票

T26 を華南版基数孫文票に福州知行印刷所で黒加蓋

SP116	206	1c.	(#1357) (76,000)	…	1,200	800
SP117		4c.	(#1359) (182,000)		600	300
SP118		10c.	(#1360) (6,000)	…	3,000	2,000
SP119		16c.	(#1361) (40,000)	…	700	1,000
SP120		20c.	(#1362) (25,000)	…	1,500	1,500
				(5)	7,000	5,600

☆ SP116 ～ 120 の加蓋字体「福」には，大・小の２種類がある。

1949.6.-. "福州" 改作基数票

T27 を孫文票改作基数票に黒または赤加蓋

SP121	160	1c./$500 (#1346) (60,000)	10,000	10,000
SP122	175	2c./$2,000,000 (#1347) (11,000)	3,500	3,500
SP123		2 1/2c./$50,000 (#1348)	5,500	5,500
SP124	160	10c./$4,000 (#1352) (39,000)	2,500	2,500
SP125	175	10c./$1,000,000 (#1355)	8,000	8,000
		(5)	29,500	29,500

1949.7.-. "福州" 貼用単位票

T26 を上海大東版単位票に黒加蓋

SP126	198	国内信函 (#1318)（8 万枚）	5,000	5,000
SP127	199	国内掛號 (#1319)（2 万枚）	3,000	3,000
SP128	200	国内快遞掛號 (#1320)（1 万枚）	3,000	3,000
SP129	201	国内航空 (#1321)（3 万枚）	5,000	5,000
		(4)	16,000	16,000

☆ T26 と同じ文字で，こい紫のゴム印を押したものがある。これらは活字加蓋前に臨時的に使われた。

3）定海

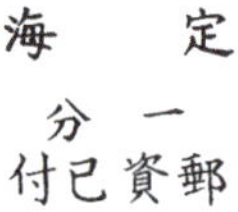

(28)

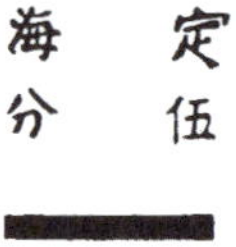

(29)

1949.6.-.　定海改値銀圓票

T28，T29 を上海大東５版孫文票に黒加蓋

SP130	T28	1c./$100,000 (#1287) (8,000)	180,000	150,000
SP131	T29	5c./$10,000 (#1283) (3,000)	400,000	500,000
		(2)	580,000	650,000

☆ SP131 には手蓋と機蓋がある。SP130 ～ 131 は未・済とも偽造が多く，注意が必要である。

4）蔡家坡 (Tsai-chia-po)（陝西）

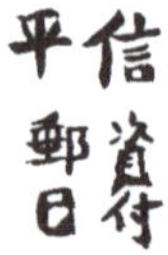

(30)

1949.5.8.　加蓋単位票

T30 を上海大東４版孫文票 (#1228) に朱木戳手蓋

SP132 **187** 国内平信／$100 ……………… *Sp* *Sp*
SP133 国内掛號／$100 ……………… *Sp* *Sp*
SP134 国内快遁／$100 ……………… *Sp* *Sp*
SP135 国内航空／$100 ……………… *Sp* *Sp*
(4) ***500,000*** *Sp*

☆SP132～135は11日に発売停止された。使用はわずか4日間で，偽造が多く注意が必要である。

5）青島

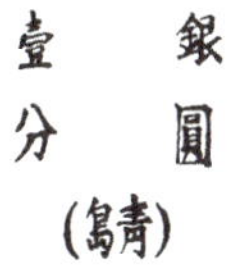

(31)

1949.5.-. 銀圓加蓋票

T31を上海大東4版，5版孫文票に紫または青加蓋

SP136 **187** 1c./$100 (#1228) (96,000) …………………… **7,000** **5,000**
SP137 **193** 4c./$5,000 (#1282) (52,000) …………………… **7,000** **5,000**
SP138 **193** 6c./$500 (#1279) (青) (58,000) …………………… **7,000** **5,000**
SP139 **187** 10c./$1,000 (#1232) (96,000) …………………… **7,000** **5,000**
(4) **28,000** **20,000**

☆SP136～139は5月末に総局命令で発売停止された。SP138（6分）の加蓋字体「島」には2種がある。

6）鬱林（Wat-lam）（広西）

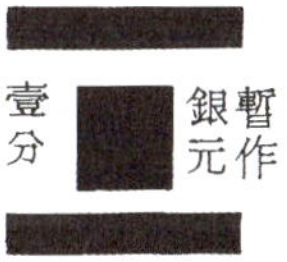

(32)

1949.5.1. 暫作銀圓加蓋票

T32を北京版包果票「金圓」加蓋に黒または紫加蓋

SP140 **160** 一分／$10／$3,000 (P1296) (紫) …………… **250,000** *Sp*
SP141 壹分／$10／$3,000 (P1296) …………… **250,000** **250,000**
SP142 五分／$20／$5,000 (P1297) …………… **250,000** **150,000**
SP143 伍分／$20／$5,000 (P1297) …………… **250,000** **150,000**
SP144 八分／$50／$10,000 (P1298) …………… **250,000** *Sp*
SP145 捌分／$50／$10,000 (P1298) …………… **250,000** *Sp*

☆偽造が多く注意。未使用はほとんど偽造である。
☆地方郵局で発行されたものは他にもあるが，記録が不確かなものが多く，本書では採録していない。

IX 快逓郵票

中国における快逓（速達）郵便業務の取り扱いは，大清郵政時期の1905年11月に始まった。国内宛快逓便制度の大きな特徴は，次のような特別の郵票を使用した点にある。

A 存根（控）　B 収信憑単　C 印面　D 発信収単

Type 1

利用者が速達扱いの郵便物を窓口で差し出すと，郵局側では快逓郵票の4片連に日付印及び郵局を特定する“風”“有”などの漢字木版印を押し，D片を受領証として差出人に交付した。A片は引受局で保管，B，C片は郵便物にのりづけ，あるいはピン止めして送達した。配達局では郵便物を配達する際，B片に受取人の受領印またはサインをもらって持ち帰り，C片はそのまま受取人に渡された。この制度はいわば，「書留扱いの別配達制度」である。

1. 大清郵政時期

大清郵政時期の快逓郵票はType1のように4連，切り離し部分は稲妻型の点線入り（#E1のみP11 1/2），BからD片にかけて1匹の龍が中央に描かれ，CHINESE IMPERIAL POSTとEXPRESS LETTERの文字でフレームを囲んでいる。また，同系色の淡色で全面に英文の細かい地紋が入り，各片に書留扱いの3～4ケタの一連番号が黒加蓋されている。これらの特徴の違いからE1～7の7種に分けられる。

なお，未使用の評価は完全連の評価，使用済の評価はC片あるいはD片の評価である。

(*a*) 龍頭下向き

1905（光緒31）.11.4. 第1次快逓郵票

P11 1/2，寸法：188×62㎜，地紋29行

E1 **1** 10c. 緑・うす緑…… **700,000** **40,000**

☆B片の龍頭が下を向き，前足と接している。D片の“發”の第一画が欠け，地紋のChinese Imperial Post Office（大文字）の文字の後にピリオドがある。

1906（光緒32）.5.-. 第2次快逓郵票

点線歯：13 1/2，寸法：190×62～63.5㎜，地紋29～30行

E2 **1** 10c. 暗黄緑・くすみ緑 …………… **1,000,000** **50,000**

☆この郵票からすべて稲妻型の黒色点線歯目打。E1 に比べて龍の描線が雑になっている。
現存する第 2 次使用済のほとんどが北京・天津およびその周辺局であるのに対して，第 1 次は上海，漢口など揚子江沿岸局が多いという地域差があることから，これらは同時期に別々に発行されたとも考えられる。

(*b*) 龍頭上向き

以下，寸法は 193 ～ 213㎜× 61 ～ 65㎜内外

1907（光緒 33）.10.10.　第 3 次快逓郵票

地紋 29 行

E3　1　10c.　うす黄緑・うす灰緑 ………………… 200,000　20,000

☆ B 片の龍頭が上を向いている。地紋の Chinese Imperial Post Office の文字の後にピリオドがなくなり，龍を囲むフレームの枠中の英文名称の地に地紋がなく，空白になった。

1909（宣統元）.2.-.　第 4 次快逓郵票

E4　1　10c.　くすみ黄緑…… 300,000　50,000

☆各片とも地紋の上から 27 行目に Chinese の代わりに FEBY 1909 の文字が入っている。また上下と D の右側は 3 ㎜の太罫になっている。

1911（宣統 3）.1.-.　第 5 次快逓郵票

E5　1　10c.　くすみ黄緑…… 150,000　25,000

☆各片とも地紋の下から 2 行目に JAN.1911 Imperial Post Office の文字が入っている。各片の上下と D の右側は 2.5㎜の太けい。この郵票には各片の一連番号が 3 ケタと 4 ケタ表示の両方がある。

1911.11.18.　第 6 次快逓郵票

E6　1　10c.　くすみ黄緑…… 200,000　15,000

☆龍を囲むフレームと地紋の文字が Imperial Post Office に改められた。地紋は 30 行。

2.　中華民国郵政時期

1912（民国元）.　第 7 次快逓郵票

E7　1　10c.　黄緑 ………… 150,000　28,000

☆龍を囲むフレームの中の地紋が「大清国郵政」に代わり，また各片の説明文字が白抜きになった。地紋の数は 35 行にふえた。
E7 は「大清郵政」と表示しているが，1912 年の発行であるので，中華郵政の時期へ分類した。

1912.　中華民国加蓋票

(*a*) “大清”文字上に地名を黒加蓋

E8　1　10c.（E4 ～ 7）…… 60,000　4,000

(*b*) “大清”文字上に“中華”を黒加蓋

E9　1　10c.（E4 ～ 7）…… 60,000　4,000

(*c*) “大清”文字上に“中華民国”を黒加蓋

E10　1　10c.（E4 ～ 7）…… 60,000　4,000

☆ E8 ～ 10 の加蓋は，局ごとに任意に行われたので，さまざまなタイプがある。
台切手は E4 ～ 7 の全部に及ぶと思われるが，その全部は確認していない。評価は一般的なものに対するもので，例えば E8 では E5 への加刷が多い。

快逓郵票の使用済

E1　C

E3　C

E5　C

E6　D

E4
B

E4
C

E4
D

E7　D

A 存根　B 接収局備査　C 郵政収信憑単　D 郵政寄信憑単

Type 2

Type 3

Type 4

Type 5

中華民国郵政時期の快逓郵票は，C 片と D 片の間にのりしろ部分がついて，従来の 4 連の形から 5 連に変わった。寸法は横 245㎜×縦 61 ～ 67㎜内外で，C，D 片にはそれぞれ水上を飛ぶ雁が描かれ，CHINESE POST OFFICE の文字が地紋一面に入っている。

1913（民国 2）. 1.-.　民国第 1 次快逓郵票

E11　2　10c.　くすみ黄緑……　60,000　4,000

☆一連番号は黒，歯孔も黒で印刷。四方に枠線あり。

1914（民国 3）. 5.-.　民国第 2 次快逓郵票

E12　3　10c.　緑 ……………　20,000　1,000

☆一連番号と歯孔は緑で印刷。枠線なし。地紋は 29 行。

1916（民国 5）.　地方快逓郵票

E12 の各紙片に左から A，B，C，D の文字を赤で加蓋

E13　4　10c.　緑 ……………　20,000　2,000

1916.　民国第 3 次快逓郵票

E14　5　10c.　緑 ……………　15,000　1,000

☆ A，B，C，D の文字を同色で印刷。

◆以上の快逓郵票は 1916 年で発行を止め，料金は郵票で納めるラベルに代わった。1941 年になって専用の郵票が発行されている。

☞ E605

X　郵票冊

郵票冊は，1917 年から 1934 年にかけて北京老版帆船 3 種，北京新版帆船 3 種，孫文・三列士 3 種の計 9 種が発行された。

郵票冊は発行当時のままの完全な姿で残っているものは少なく，ペーンの何枚かがちぎられている場合が多い。評価は完全品に対するものである。いずれのペーンも窓口シートと同じように四方に目打がついており，単片にすると普通のものと区別できない。このため表紙つき，あるいは耳紙付きペーンでの収集が望ましいが，現存数は極めて少なく，困難な収集対象といえる。

1. 北京老版帆船（ジャンク）郵票冊

SB1（A，B とも）

SB2

サイズはいずれも 49.5 × 89㎜（標準）

1917-19（民国 6-8）.

SB1　$1　{ 1c. 4 面格（BP1）× 1 / 1c. 6 面格（BP2）× 4 / 3c. 6 面格（BP3）× 4 }　*300,000*

表紙は以下の「黄色郵票冊」と「新製黄色郵票冊」の 2 種がある

SB1A　黄色郵票冊（'17.10.10）　*300,000*

表紙 1：黄色地に牡丹模様の花束で囲んだ「中華郵局郵票冊」と，内容を示す「冊内計有　壹分郵票貳拾捌枚／参分郵票貳拾肆枚　售價現銀壹圓」の文字（黒）
表紙 2：「不註明収件人之通告」の注意
表紙 3：「保険信函」の注意
表紙 4：「信函資例」の注意

SB1B　新製黄色郵票冊（'19.3.–）　*300,000*

表紙 1 ～ 2：黄色郵票冊と同じ
表紙 3：「匯票，保険包裹，代物主収價」の注意
表紙 4：「保険信函，信函資例」の注意

1917.10.10.

SB2　$1 {
10c. 4 面格 (BP5) × 1
3c. 6 面格 (BP3) × 3　　*300,000*
1c. 6 面格 (BP2) × 1

表紙は「**緑色郵票冊**」と呼ばれる
表紙 1：緑色地に牡丹模様の花束で囲んだ「中華郵局郵票冊」と, 内容を示す「冊内計有壹角郵票肆枚／参分郵票拾捌枚／壹分郵票陸枚　售價現銀壹圓」の文字 (黒)
表紙 2～4：SB1A「黄色郵票冊」と同じ

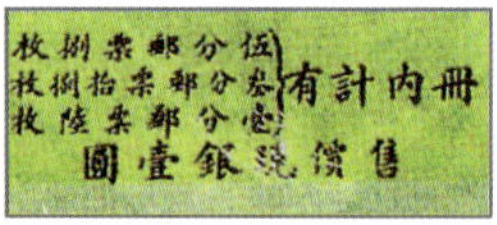

SB3 の下部拡大図

SB3 (表紙 1 の下部の表示が SB2 と異なる)

1919.3.-.

SB3　$1 {
5c. 4 面格 (BP4) × 2
3c. 6 面格 (BP3) × 3　　*300,000*
1c. 6 面格 (BP2) × 1

表紙は「**新製緑色郵票冊**」と呼ばれる
表紙 1：緑色地に牡丹模様の花束で囲んだ「中華郵局郵票冊」と, 内容を示す「冊内計有　伍分郵票捌枚／参分郵票拾捌枚／壹分郵票陸枚　售價現銀壹圓」の文字 (黒)
表紙 2：SB1A「黄色郵票冊」と同じ
表紙 3～4：SB1B「新製黄色郵票冊」と同じ

2. 北京新版帆船 (ジャンク) 郵票冊

SB4A, B (黄皮紅框)

SB4C (文字更改)

表紙は「黄皮紅框 1, 同 2」「文字更改」「黄皮無框」の 4 種がある。SB4a は「黄皮紅框 2」にだけ存在する変異だと見られる。

SB4D (黄皮無框)

サイズはいずれも 49.5 × 89㎜ (標準)

1923-24 (民国 12-13).

SB4　$1 {
1c. 4 面格 (BP6) × 1
1c. 6 面格 (BP7) × 4　　*200,000*
3c. 6 面格 (BP8) × 4

SB4a　$1 {
1c. 4 面格 (BP1) × 1
1c. 6 面格 (BP7) × 4　　*200,000*
3c. 6 面格 (BP8) × 4

SB4A　**黄皮紅框 1** ('23.-.)　　*200,000*
表紙 1：黄色地に稲穂の束で囲んだ「中華郵局郵票冊」と, 内容を示す「冊内計有　壹分郵票貳拾捌枚／参分郵票貳拾肆枚　售價現銀壹圓」の文字 (黒), 周囲に紅色の薄いフレーム
表紙 2：SB1A「黄色郵票冊」と同じ
表紙 3～4：SB1B「新製黄色郵票冊」と同じ

SB4B　**黄皮紅框 2** ('23.-.)　　*200,000*
表紙 4 が「保険信函, 信函資例摘要」の注意に変わった

SB4C　**文字更改** ('23.-.)　　*200,000*
表紙 1：4 分ペーンの準備が間に合わず発行されなかった 1 円黄色郵票冊の表紙を流用, 稲穂の束で囲んだ「中華郵局郵票冊」と, 内容を示す「冊内計有　壹分郵票貳拾捌枚／肆分郵票拾捌枚　售價現銀壹圓」の文字 (黒) のうち, 肆分の行を消し, 壹分の上段に「参分郵票貳拾肆枚」と加蓋, 周囲に灰色の薄いフレーム
表紙 2～3：SB4A　SB4B「黄皮紅框」と同じ
表紙 4：SB4B「黄皮紅框 2」と同じ「保険信函, 信函資例摘要」の注意のうち, 信函資例摘要料金すべてと日本宛説明の一部を抹消, 新料金加蓋

SB4D　**黄色無框** ('24.-.)　　*200,000*
表紙 1：黄色地に稲穂の束 (茶色) で囲んだ「中華郵局郵票冊」と, 内容を示す「内装　壹分郵票貳拾捌枚／参分郵票貳拾肆枚　售價現銀壹圓」の文字 (黒)。これまでの「冊内計有」の表示が「内装」に変わり, 周囲のフレーム (框) がなくなった
表紙 2：「代収貨價包裹及桂號郵件, 不註明収件人之通告」の注意
表紙 3：「保険信函及箱匣, 保険包裹」の注意
表紙 4：「信函資例摘要, 匯票」の注意

SB5A

SB5B, SB6, SB7
(内装の記述は異なる)

1923-24.

SB5　**$1** { 5c. 4 面格 (BP9) × 2 / 3c. 6 面格 (BP8) × 3 / 1c. 6 面格 (BP7) × 1 }　*150,000*

表紙は「緑皮灰框」と「緑皮無框」の2種

SB5A　**緑皮灰框** ('23.-.)　*150,000*

表紙1：緑色地に稲穂の束で囲んだ「中華郵局郵票冊」と、内容を示す「冊内計有　壹分郵票陸枚/参分郵票拾捌枚/伍分郵票捌枚　售價現銀壹圓」の文字(黒)、周囲に灰色の薄いフレーム

表紙2～3：SB4A「黄皮紅框1」と同じ

表紙4：SB4B「黄皮紅框2」と同じ

SB5B　**緑皮無框** ('24.-.)　*300,000*

表紙1：緑色地に稲穂の束で囲んだ「中華郵局郵票冊」と、内容を示す「内装　壹分郵票陸枚/参分郵票拾捌枚/伍分郵票捌枚　售價現銀壹圓」の文字(黒)、周囲のフレームはない

表紙2～4：SB4D「黄皮無框」と同じ

1924.-.　表紙は「**紅底紅字**」と呼ばれる

SB6　**$1** { 1c. 4 面格 (BP6) × 1 / 1c. 6 面格 (BP7) × 1 / 3c. 6 面格 (BP8) × 5 }　*400,000*

表紙1：紅色地に稲穂の束(茶)で囲んだ「中華郵局郵票冊」と、内容を示す「内装　壹分郵票拾枚/参分郵票参拾枚　售價現銀壹圓」の文字(黒)、周囲のフレームはない

表紙2～4：SB4D「黄皮無框」と同じ

1924.-.　表紙は「**緑色黒字**」と呼ばれる

SB7　**$2** { 10c. 2 面格 (BP10) × 1 / 10c. 6 面格 (BP11) × 3 }　*300,000*

表紙1：緑色地に稲穂の束(茶)で囲んだ「中華郵局郵票冊」と、内容を示す「内装　壹角郵票貳拾枚　售價現銀貳圓」の文字(黒)、周囲のフレームはない

表紙2～4：SB4D「黄皮無框」と同じ

3. 倫敦版単圏孫文郵票冊・北京版烈士郵票冊

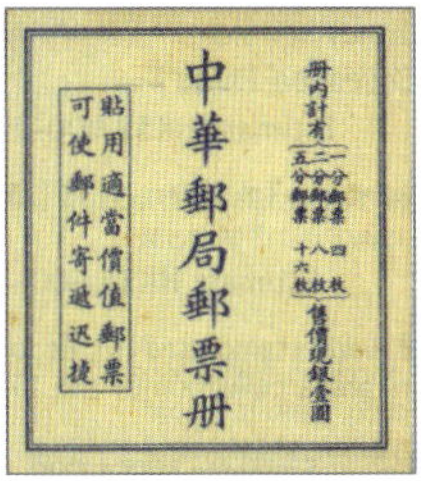

SB8

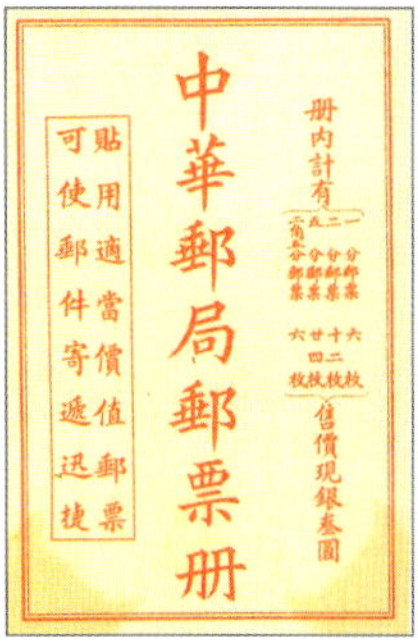

SB9

1934-36 (民国 23-25).

SB8　**$1** { 1c. 4 面格 (BP17) × 1 / 2c. 4 面格 (BP12) × 2 / 5c. 4 面格 (BP14) × 4 }　*120,000*

表紙は「白底藍字」と「藍底黒字」の2種

SB8A　**白底藍字** ('34.-.) (59 × 65㎜　標準) ………………………… *70,000*

表紙1：白色地に「中華郵局郵票冊」と、内容を示す「冊内計有　一分郵票四枚/二分郵票八枚/五分郵票十六枚　售價現銀壹圓」。たて枠に囲んだ「貼用適當價値郵票/可使郵件寄遞迅捷」の文字(青)、周囲に子持ち罫のフレーム

表紙2：「中国欧亜航空公司航線図」と説明

表紙3：表紙2と同じ内容の英文

表紙4：「郵政儲金匯業局」の説明。

右とじが多く、左とじは未確認。

SB8B　**藍底黒字** ('36.-.) (51 × 65㎜　標準) ………………………… *75,000*

表紙1：青色地に「售價國幣壹圓」と変わった以外、SB8A　白底藍字と同じ、文字は黒

表紙2：「郵政業務摘要(一)」の説明

表紙3：「郵政業務摘要(二)」の説明

表紙4：「中国欧亜航空公司航線図」(SB8A の表紙2とはルートに若干違いがある)

重ねたペーンの上に「寄件人注意事項」、末尾に「航空　PAR AVION」の青ラベルが付いている。右とじと左とじの両方が確認される。

1934.7.-.　表紙は「**白底紅字**」と呼ばれる
(59 × 89㎜　標準)

SB9　**$3** { 1c. 6 面格 (BP18) × 1 / 2c. 6 面格 (BP13) × 2 / 5c. 6 面格 (BP15) × 4 / 25c. 6 面格 (BP16) × 1 }　*85,000*

表紙1：白色地に「中華郵局郵票冊」と、内容を示す「冊内計有　一分郵票六枚／二分郵票十二枚／五分郵票廿四枚／二角五分郵票六枚　售價現銀参圓」。たて枠に囲んだ「貼用適當價値郵票/可使郵件寄遞迅捷」の文字(赤)

表紙2～4：SB8A「白底藍字」と同じ。

右とじが多く、左とじは未確認。

XI　儲金（貯金）郵票

中華郵政の郵便貯金は，1919 年（民国 8）7 月 1 日に，まず 11 の主要管理局を選んで取り扱いが開始された。それには存簿儲金（通帳貯金），定期儲金（定期貯金），支票儲金（小切手貯金）の 3 種があり，存簿貯金の預け入れは最低 1 円と定められていたが，それに満たない場合は預け人は郵局で専用の郵票を購入して貯金用紙に貼付しておき，これが 1 円に達した時，預け入れの措置がとられた。儲金郵票はこのためのもので，購入は 1 人につき 1 ヵ月 8 枚に限られた。

(1)

PS21
広東毫銀加蓋

1919.　第 1 次“限儲金専用”加蓋票

T1を北京老版帆船票に赤加蓋

PS1	**34**	5c. (#263)	···············	**8,000**	**2,000**
PS2		10c. (#267)	···············	**9,000**	**4,000**
			(2)	**17,000**	**6,000**

◇地方加蓋

PS1 ～ 2 には，横書で省名などを再加蓋した，次の地方加蓋がある。

	PS1 5c.		PS2 10c.	
a. 安徽（黒）	**3,100**	**1,000**	**3,000**	**1,000**
b. 浙江（黒）	**2,000**	**1,000**	**2,000**	**1,000**
（紫）	**3,500**	**2,000**	**3,500**	**2,000**
c. 直隷（黒）	**3,000**	**1,500**	**3,000**	**1,500**
（紫，赤）	**3,500**	**1,500**	**3,500**	**1,500**
d. 福建（黒，赤）	**3,000**	**1,500**	**3,000**	**1,500**
e. 河南（青，赤）	**4,500**	**2,000**	**4,500**	**2,000**
f. 河北（紫）	**1,500**	**600**	**1,500**	**600**
g. 湖南（赤）	**4,500**	**2,000**	**4,500**	**2,000**
（紫）	**4,500**	**2,000**	**4,500**	**2,000**
h. 湖北（黒）	**4,500**	**2,000**	**4,500**	**2,000**
i. 甘粛（黒，赤）	**3,000**	**1,300**	**4,000**	**1,500**
j. 江蘇	**3,000**	**1,000**	**3,000**	**1,000**
k. 広東（黒）	**3,000**	**1,000**	**3,000**	**1,000**
l. 広東銀毫（黒）	**3,000**	**3,000**	**3,000**	**3,000**
m. 北京（黒）	**4,500**	**1,500**	**4,500**	**1,500**
n. 北京銀毫（黒）	**6,000**	**4,000**	**6,000**	**4,000**
o. 上海（黒，紫，赤）	**4,500**	**2,500**	**4,500**	**2,500**
p. 匯儲	**6,000**	**4,000**	**6,000**	**4,000**
q. 山西（黒）	**3,000**	**1,000**	**3,000**	**1,000**
r. 山東（黒）	**5,000**	**3,000**	**5,000**	**3,000**
s. 陝西	**4,500**	**1,500**	**4,500**	**1,500**

(2)

1934.　第 2 次“限儲金専用”加蓋票

T2 を 2 次孫文票，北京版烈士票に赤加蓋

PS3	**42**	5c. (#368)	···············	**1,500**	**1,500**
PS4	**47**	10c. (#385)	···············	**2,000**	**2,000**
			(2)	**3,500**	**3,500**

◇地方加蓋

PS3 ～ 4 には，省名などを再加蓋した，次の地方加蓋がある。

	PS3 5c.		PS4 10c.	
a. 安徽（黒）	**2,000**	**1,000**	**2,500**	**1,500**
安徽匯儲	**2,500**	**1,000**	**3,000**	**1,500**
b. 浙江（黒，紫）	**2,000**	**1,000**	**2,500**	**1300**
c. 福建（黒，赤）	**2,000**	**1,000**	**2,500**	**1,500**
d. 漢口（黒，赤）	**3,000**	**1,500**	**3,500**	**1,800**
漢口匯儲（黒）	**2,500**	**1,000**	**3,000**	**1,500**
e. 河南（黒）	**2,000**	**1,000**	**2,500**	**1,500**
f. 河北（黒）	**4,500**	**2,000**	**4,500**	**2,000**
g. 湖南（黒）	**2,000**	**1,000**	**2,500**	**1,500**
h. 湖北（黒）	**4,000**	**600**	**4,000**	**600**
i. 甘粛（紫）	**1,500**	**1,000**	**1,500**	**1,000**
（黒）	**2,500**	**1,500**	**3,000**	**2,000**
j. 江西（紫）	**2,000**	**1,000**	**2,500**	**1,500**
k. 江蘇（赤）	**2,000**	**1,000**	**2,500**	**1,300**
l. 北京（黒）	**3,000**	**1,000**	**3,000**	**1,000**
（赤）	**2,000**	**1,500**	**2,500**	**2,000**
	4,500	**1,500**	**4,500**	**1,500**
m. 北平（黒）	**2,000**	**1,500**	**2,500**	**2,000**
n. 上海（黒青）	**2,000**	**1,000**	**2,500**	**1,500**
上海銀毫（紫）	**2,000**	**1,000**	**2,500**	**1,500**
上海匯儲（黒）	**2,500**	**1,000**	**3,000**	**1,500**
o. 陝西（紫）	**2,000**	**1,000**	**2,500**	**1,500**
p. 山東（紫）	**2,000**	**1,000**	**2,500**	**1,500**
q. 新疆（黒）	**5,000**	**2,500**	**5,000**	**2,500**

1943.　第 3 次“節建儲金”票

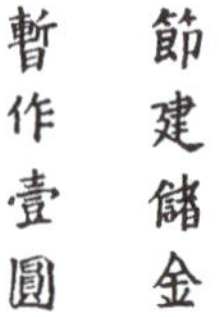

(3)

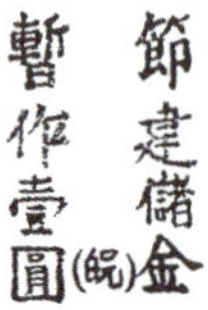

(4)

（1） 安徽加蓋

T3～T4 を中信版孫文票に黒または赤加蓋

PS5	**(3)**	＄1/10c.（#626）（赤）…	**900**	–
PS6		＄1/20c.（#628）（赤）…	**900**	–
PS7		＄1/25c.（#629）（赤）…	**900**	–
PS8		＄1/40c.（#631）………	**1,800**	–
PS9		＄1/＄1（#632）（赤）…	**2,500**	–
PS10	**(4)**	＄1/10c.（#626）………	**1,800**	–
PS11		＄1/20c.（#628）………	**3,000**	–
PS12		＄1/25c.（#629）………	**1,800**	–

(5)

(6)

（2） 浙江加蓋

T5～T6 を中信版孫文票に黒または赤加蓋

PS13	**(5)**	20c.（#628）（赤）………	**400**	–
PS14		25c.（#629）（赤）………	**400**	–
PS15		40c.（#631）（赤）………	**400**	–
PS16		50c.（#632）……………	**200**	–
PS17	**(6)**	50c./＄1（#634）………	**250**	–

(7)

(8)

(9)

(10)

（3） 福建加蓋

T7～T10 を中信版，百城凸版孫文票に黒または赤，青加蓋

PS18	**(7)**	10c.（#626）（赤）………	**800**	–
PS19		10c.（#626）（青）………	**900**	–
PS20		25c.（#629）（赤）………	**900**	–
PS21		30c.（#630）（赤）………	**800**	–
PS22	**(8)**	30c.（#630）……………	**1,000**	–
PS23		30c.（#787）（赤）………	**300**	–
PS24	**(9)**	30c.（#787）……………	**900**	–
PS25	**(10)**	30c./10c.（#626）……	**800**	–

(11)

(12)

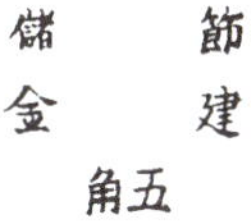

(13)

（4） 湖南加蓋

T11～T13 を紐約版・中信版孫文票に黒加蓋

PS26	**(11)**	50c.（#632）……………	**80**	–
PS27	**(12)**	＄1（#588）……………	**600**	–
PS28		＄2（#589）……………	**600**	–
PS29	**(13)**	50c./＄1（#633）（紅）…	**1,200**	–
PS30		50c./＄1（#634）（緑）…	**1,200**	–

(14)

（5） 湖北加蓋

T14 を中信版孫文票に薄赤加蓋

PS31	**(14)**	50c.（#632）…………	**500**	–
PS32		＄1（#634）……………	**500**	–
PS33		＄2（#636）……………	**800**	–

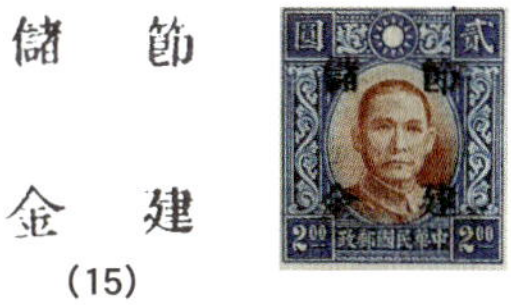

(15)

(16)

(17)

儲　節
金　建
(18)

儲　節
金　建
(19)

(6) 甘粛加蓋

T15～T19 を大東版・中信版・百城凸版孫文票に黒加蓋

PS34	(15)	50c. (#466)	600	−
PS35		50c. (#476)	1,200	−
PS36		$2 (#468)	1,800	−
PS37	(16)	$1 (#467)	1,200	−
PS38		$2 (#468)	1,800	−
PS39	(17)	10c. (#626)	250	−
PS40		20c. (#628)	600	−
PS41		25c. (#629)	600	−
PS42	(18)	10c. (#626)	250	−
PS43		20c. (#628)	450	−
PS44		30c. (#787)	600	−
PS45	(19)	50c. (#632)	600	−
PS46		$1 (#634)	1,200	−

金儲建節
(20)

(7) 江西加蓋

T20 を中信版孫文票に黒または赤加蓋

PS47	(20)	50c. (#632)	200	−
PS48		50c. (#632) (赤)	600	−
PS49		$1 (#634) (赤)	600	−
PS50		$2 (#636) (赤)	600	−
PS51		$5 (#639)	600	−

郵　節
票　儲
(21)

儲　節
金　建
(22)

(8) 広西加蓋

T21～T22 を紐約版・中信版孫文票に黒または赤加蓋

PS52	(21)	20c. (#628) (赤)	1,200	−
PS53		40c. (#631) (赤)	1,200	−
PS54		40c. (#631)	200	−
PS55		50c. (#632)	400	−
PS56	(22)	$1 (#583)	1,500	−
PS57		$2 (#584)	1,500	−

儲　節
金　建
(23)

儲　節
金　建
(24)

(9) 広東加蓋

T23～T24 を大東版・中信版孫文票に黒加蓋

PS58	(23)	50c. (#632)	30	−
PS59	(24)	$1 (#467)	600	−
PS60		$2 (#468)	800	−

儲　節
金　建
(25)

(10) 貴州加蓋

T25 を大東版孫文票に黒加蓋

PS61	(25)	$1 (#467)	2,500	−
PS62		$2 (#468)	2,500	−

儲　節
金　建
(26)

儲　節
金　建
(27)

(11) 西川加蓋

T26～T27 を紐約版・中信版孫文票に黒加蓋

PS63	(26)	50c. (#632)	300	−
PS64	(27)	$1 (#583)	1,500	−
PS65		$2 (#584)	1,500	−

郵　儲
票　金
(28)

郵　儲
票　金
(29)

（12）限新省貼用“儲金郵票”再加蓋

T28 〜T29 を限新省貼用票に黒加蓋

(*a*) 小字加蓋

PS66	(28)	20c. (SK115)	…………	2,000	–
PS67		20c. (SK174)	…………	4,000	–
PS68		40c. (SK177)	…………	2,000	–
PS69		$1 (SK233)	…………	1,000	–
PS70		$1 (SK234)	…………	1,200	–
PS71		$2 (SK236)	…………	2,000	–
PS72		$10 (SK242)	…………	800	–

(*b*) 大字加蓋

PS73	(29)	20c. (SK115)	…………	2,000	–
PS74		20c. (SK174)	…………	2,000	–
PS75		40c. (SK177)	…………	2,000	–
PS76		$1 (SK233)	…………	1,000	–
PS77		$1 (SK234)	…………	1,200	–
PS78		$2 (SK236)	…………	1,500	–
PS79		$10 (SK242)	…………	800	–

1942. 孫文像節建儲金郵票

凹版，P13½，17.5×21.5㎜，土紙，上海大東書局

30 孫文

PS80	30	$1	緑	………………	100	–

1942-44. 林森像節約建国儲金郵票

凸版，P10½〜13，20.5×18.5㎜，点線歯，土紙・白紙

31 林森

PS81	31	50c.	桃赤	………………	50	–
PS82		$1	緑	………………	50	–
PS83		$2	青	………………	50	–
PS84		$5	茶	………………	50	–
					(4) 200	–

1942-44. 古泉図節約建国儲金郵票

凹版，P12½〜13，21×18.5㎜，白紙

32 貨幣

PS85	32	50c.	灰緑	………………	30	–
PS86		$1	緑	………………	30	–
PS87		$2	茶	………………	30	–
PS88		$5	赤	………………	40	–
PS89		$10	青	………………	40	–
PS90		$20	橙	………………	50	–
					(6) 220	–

XII 聯軍加蓋票

1900 年に起きた義和団運動の鎮圧に華北へ出兵した英国軍は，北京＝山海関の鉄道を統轄，この路線を使って運搬される郵便物 1 通に対して一律に 5 分 (5c.) を課し，蟠龍票に加蓋した郵票を使用した。初めは緑加蓋であったが，後に黒加蓋に変えられた。公式の使用期間は 4 月 20 日から 5 月 20 日までの 1 ヵ月であった。

“B.R.A.” は “British Railway Administration” (英国鉄道郵便管理局) の略である。

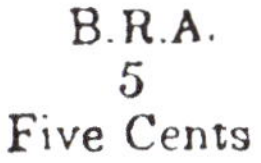

1

1901 (光緒 27).4.20. 聯軍加蓋票

T1 を倫敦版蟠龍票 (W 1) に黒または緑加蓋

BR1	23	5c./½c. (#95)	……	20,000	20,000
BR2		5c./½c. (#95) (緑)		25,000	15,000

◇変異

BR1a	5c./½c. 倒蓋	………	300,000	300,000

☆ #BR2 の加蓋色は黒に近い濃い緑であるから，黒加蓋との区別に注意が必要である。

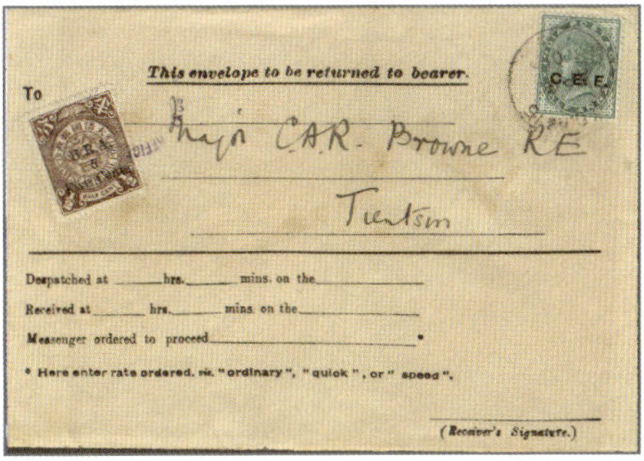

▲カバーの実例　英出兵軍用“C. E. F.”加蓋 ½a 貼，第 15 野戦局 1901 年 4 月 6 日消，左に BRA 黒加蓋貼，紫 (PEKING POST OFFICE) 印。天津宛。

◇✉ 評価		郵趣品	実逓便
BR1	5c./½c.	75,000	150,000
BR2	5c./½c. (緑)	120,000	–

☆カバーには 5 月 20 日以降の日付のものもある。

XIII　ステーショナリー類

1.　明信片（はがき類）

1)　普通明信片

【大清郵政時期】

(*a*) 蟠龍図明信片

＊ PC1 ～ PC11 のカッコ内の数字は発行枚数

PC1

PC2

PC3（返信部分）

蟠龍図明信片（縦型，PC1-5）

1897.10.1（光緒23.8.16）　**蟠龍図第1版（日本版）**

（題字は Imperial Chinese Post）　96×142㎜

PC1　**1c.**　緋紅（1,001,000）……　**10,000**　**20,000**

　PC1a　"Sold in Bulk" 加蓋　…　**20,000**　**50,000**

☆厚紙（0.17 ～ 0.20㎜）と薄紙（0.12 ～ 0.16㎜）がある。1907 年 9 月 30 日限りで発売が中止された。

1899.（光緒25）**10.30**　**蟠龍図第2版（英国版）**

（題字は Chinese Imperial Post）　96×143㎜

PC2　**1c.**　茶赤（690,000）　………　**10,000**　**20,000**

　PC2a　"Sold in Bulk" 加蓋（400,600）

　………………………………　**15,000**　**40,000**

PC3　**1c.＋1c.**　茶赤（400,000）　**20,000**　－

　PC3a　"Sold in Bulk" 加蓋（56,000）

　……………………………　**25,000**　－

銘版「Water & Sons.Limited, London Wall, London, E.C.」

☆ 1907 年 9 月 30 日限りで発売中止，同 10 月 31 日限りで使用が禁止された。

PC4-5

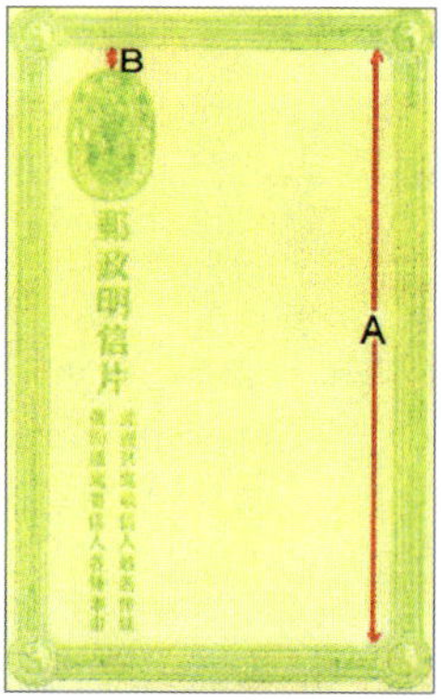

PC4　タイプの違い

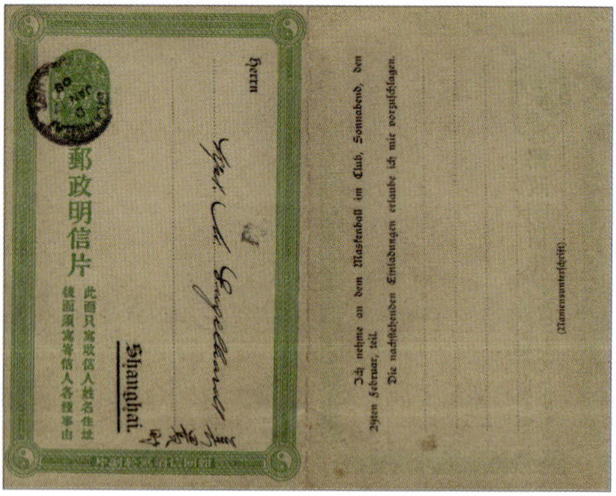

PC5a の使用済

1907（光緒33）**10.1**　**蟠龍図第3版（刷色変更）**

90 × 140㎜

【蟠龍図第3版　2つのタイプ】

PC4 は B の距離によって 2 つのタイプに分けられる。

タイプⅠ（正常）　B　4㎜

　フレームの上下　A　115.5 ～ 120.5㎜

タイプⅡ（特殊）　B　2 ～ 3㎜

　フレームの上下　A　116 ～ 120㎜

PC5はタイプⅡのみで
　　フレームの上下　115.5～120.5㎜

PC4　1c.　黄緑（タイプⅠ）…… 40,000　80,000
PC4A　1c.　黄緑（タイプⅡ）… 200,000　–
　PC4a　"Sold in Bulk" 加蓋　……… –　–
PC5　1c.+1c.　黄緑　……… 200,000　–
　PC5a　郵政明信片（左側誤位置，右側空白）
　…………………… 12,000,000　2,500,000

☆未使用2点，使用済14点（1908.1.17上海印）が確認されている。

PC6-7

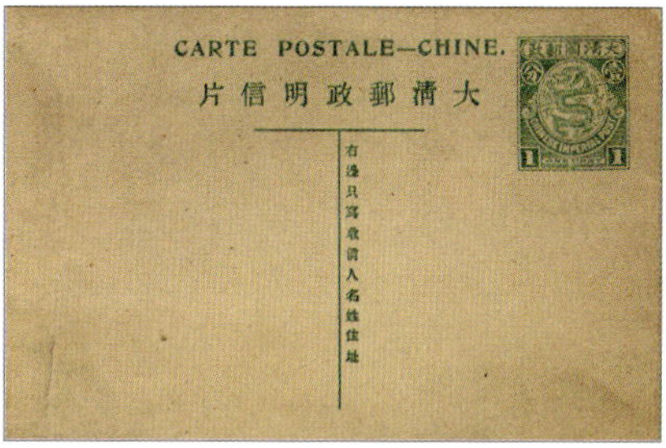

蟠龍図明信片（横型，PC6-11）

PC6　タイプの違い

1908（光緒34）5.-　蟠龍図第4版（横型）

135×88㎜～140×93㎜

【蟠龍図第4版　2つのタイプ】

PC6から横型になり，表面にはUPUの定めに従い法文（フランス語）表示で①「CARTE　POSTALE - CHINE.」②「大清郵政明信片」③「右邊只寫収信人名姓住址」と書かれている。これらの差異によって2つのタイプに分けられる。

タイプⅠ　①と印面上部が同一線上，
　　①67㎜，②55㎜，③44㎜
タイプⅡ　①より印面上部が1.5㎜高い，
　　①66㎜，②54㎜，③43㎜

宛名欄と通信欄がT字型に分けられた。

PC6　1c.　緑（6,375,600）　6,000　12,000
PC7　1c.+1c.　緑（548,600）　15,000　–

【中華民国時期】

PC8-9

1912（民国元）3.9.　蟠龍図第4版「中華民国」加蓋

上海海関造冊處で紅字加蓋

PC8　1c.（PC6）（6,003,900）……… 10,000　25,000
　PC8a　倒蓋　………………………… –　–
PC9　1c.+1c.（PC7）（330,768）… 20,000　–

☆PC8，PC9は1914年1月30日で発売中止，同年9月1日限りで使用が禁止された。

(*b*) 五色旗図明信片

PC10-11

1912.10.-　民国五色旗図

139×91㎜

PC10　1c.　緑（33,727,000）
　PC10a　Ⅰ版　信が"信"……… 5,000　5,000
　PC10b　Ⅱ版　信が"信"……… 5,000　5,000
PC11　1c.+1c.　緑（330,768）…… 15,000　–

(*c*) 帆船図明信片

（標準の大きさ：139×90㎜）

PC12-13

PC12a

PC12

PC14-15

PC16-17

PC18-19

PC14

PC20

1913（民国2）. 国内用第1次

（印面：20.5×23㎜，法文長い）

PC12	1c. 黄緑	4,000	6,000
PC12a	後期（帆つぶれ）('16)	2,500	1,500
PC13	1c.＋1c. 黄緑	14,000	−

☆PC12-13は，法文の表示「CARTE POSTALE-CHINE」が中文「中華民国郵政明信片」より長く,印面寸法が小さい。
PC13は,"Réponse"の文字が入り，往信の中文説明はT型の下左に「如回信須寫於副片」と入っている。
PC10と同じように"信"の字体に2種がある。

☞ PC18～9, PC26～27, PC30, PC32

1914（民国3).10. 外信用第1次

（印面：20×22㎜，フレームあり）

PC14	4c. 紅	5,000	10,000
PC15	4c.＋4c. 紅	15,000	−

☆PC14-15は，初の外信用明信片。中央に宛名書き用の4本線，フレームの下左右に英，中文の銘版「BUREAU OF ENGRAVING AND PRINTING PEKING CHINA」「財政部印刷局製」が入っている。

☞ PC20～21

1918（民国7). 国内用第2次

（印面：21.5×23.5㎜，額面と国名表示部分が弧型）

PC16	$1\frac{1}{2}$c. 青緑	2,000	5,000
PC17	$1\frac{1}{2}$c.＋$1\frac{1}{2}$c. 青緑	7,000	−

☆PC16～17だけは，印面が他と異なり弧型で，法文表示が中文表示より長い。
PC16～17には，「中華民国郵政」の字体が異なる①民字直立，中民国開口　②民字直立，中民国閉口　③民字右斜体，字体小の3種がある。

☞ PC22-23

1922（民国11). 国内用第3次

（印面：23×25㎜，法文長い）

PC18	1c. 橙黄	20,000	30,000
PC19	1c.＋1c. 橙黄	20,000	−

☆PC18～19は，PC12～13の改版で，印面がひと回り大きくなっている。

1923（民国12). 外信用第2次

（印面：21×23㎜，フレームなし）

PC20	4c. 紅	15,000	20,000
PC21	4c.＋4c. 紅	15,000	−

☆PC20～21は，PC14～15の改版で，印面がひと回り大きく，宛名書き用の4本線，フレーム，銘版は入っていない。

PC22-23

PC24-25

PC24

1924（民国13). 国内用第4次

（印面：24×25㎜，法・中文等長63㎜）

PC22	$1\frac{1}{2}$c. 青緑	5,000	7,000
PC23	$1\frac{1}{2}$c.＋$1\frac{1}{2}$c. 青緑	〃	〃

☆PC22～23は，PC16～17の改版で，印面が異なるほか，法・中文の長さが等しい。
PC23は，「SPECIMEN」と加蓋されたものが存在するが，無加蓋と，実際の使用例はまだ確認されていない。

1924. 外信用第3次

（印面：23.5×25㎜，法文68㎜）

PC24	6c. 紅	10,000	20,000
PC25	6c.＋6c. 紅	20,000	−

☆PC24～25は，法文の表示「CARTE POSTALE-CHINE」が中文「中華民国明信片」より長い。

☞ PC34

PC26-27

PC28-29

PC26

PC28

PC30-31

PC32

1927（民国 16）. 国内用第 5 次

（印面：23×25㎜，名姓表示）

PC26 1c. 橙黄 ……………………… 2,000 3,000

PC27 1c.＋1c. 橙黄 ………… 25,000 －

☆ PC26 ～ 27 は，法・中文の長さが等しく（63㎜），注意書きが「右邊只寫収信人**名姓**住址」となっている。

1927. 国内用第 6 次

（印面：23×25㎜，名姓表示）

PC28 2c. 緑 ……………………… 3,000 4,000

PC29 2c. ＋ 2c. 緑 ………… 15,000 －

☆ PC28 ～ 29 は，法・中文の長さが等しく，注意書きが「右邊只寫収信人**名姓**住址」となっている。

☞ PC31 ～ PC33

1930（民国 19）. 国内用第 7 次

（印面：23×25㎜，姓名表示）

PC30 1c. 橙黄 ………………… 15,000 25,000

PC31 2c. 緑 ………………… 20,000 30,000

☆ PC30 ～ 31 は，法・中文の長さが等しく（61㎜），注意書きが「右邊只寫収信人**姓名**住址」となっている。

1931（民国 20）. 国内用第 8 次

（印面：23×25㎜，中文のみ，姓名表示）

PC32 1c. 橙黄 ……………………… 2,000 3,000

PC33 2c. 緑 ……………………… 3,000 4,000

☆ PC32 ～ 33 は，法文表示がなく，中文「中華民国郵政明信片」だけになり，注意書きが「右邊只寫収信人**姓名**住址」となっている。
すべての帆船図明信片は 1936 年 12 月 31 日限りで発売中止，1937 年 2 月 1 日から使用が禁止された。

1931. 外信用第 4 次

（印面：23×25㎜，法・中文等長，姓名表示）

PC34 6c. 紅 …………………… 350,000 400,000

(*d*) 孫文図明信片

（標準の大きさ：139 × 90㎜）

PC35-38, PC41-48

PC39-40

PC49

PC35

PC39

1935（民国 24）. 国内用第 1 次

PC35 1c. 橙 (5.15) ………………… 1,000 2,000

PC36 1c. ＋ 1c. 橙 (8.20) ……… 5,000 －

PC37 2½c. 緑 (5.15) ……………… 2,000 3,000

PC38 2½c. ＋ 2½c. 緑 (8.20) 8,000 －

1935-36（民国 25）. 外信用第 1 次

PC39 12c./15c. 紅 (8.24) …… 15,000 60,000

PC40 12c./15c.＋12c./15c. 紅 (8.24)
………………………… 18,000 －

PC41 15c. 紅 ('36.2.1) ……… 11,000 13,000

PC42 15c. ＋ 15c. 紅 ('36.2.1) 14,000 －

1940（民国 29）.9.20. 国内用第 2 次

PC43 2c. 橙黄 ………………… 1,000 2,000

PC44 4c. 緑 ………………… 1,500 2,500

1940.9.20. 外信用第２次

PC45 30c. 紅 ……………………… 8,000 15,000
PC46 30c. + 30c. 紅 …………… 20,000 –

1942（民国31） 国内用第３次

PC47 4c. 黄 ……………………… 1,000 2,000
PC48 8c. 緑（上海版，字体大）… 1,500 2,500
PC48a 薄緑（北京版，字体小）……… – –

1946（民国35）.7.31. 国内用第４次（火炬型）

PC49 $10 暗緑 ………………… 7,000 8,000

(e) 孫文図加蓋明信片

PC50 は欠番

PC55

1947（民国36）.4. 国幣50円加蓋

加蓋文字の違いなどから別表の13地域に分類できる。評価は最も標準的なものに対して付けている。

PC51 $50/1c.（PC35） ………… 3,000 100,000
PC52 $50/2½c.（PC37） ……… 3,000 120,000
PC53 $50/2½c.＋$50/2½c.（PC38）
………………… 5,000 330,000
PC54 $50/15c.（PC41） ………… 4,000 120,000
PC55 $50/15c.＋$50/15c.（PC42）
………………… 10,000 300,000
PC56 $50/2c.（PC43） ………… 3,000 120,000
PC57 $50/4c.（PC44） ………… 3,000 100,000
PC58 $50/$10（PC49）………… 3,000 110,000

★ 国幣50円加蓋明信片の地域別発行状況

番号（PC）	51	52	53	54	55	56	57	58	
額面（$50）	1c.	2½c.	2½c. 往復	15c.	15c. 往復	2c.	4c.	10c.	
a 安徽							○	○	2
b 福建	○	○		○	○			○	5
c 河南								○	1
d 河北（北平，天津）								○	1
e 湖南								○	1
f 広西	○						○	○	3
g 広東								○	1
h 貴州	○	○						○	3
i 上海								○	1
j 山西								○	1
k 陝西	○	○			○			○	4
l 西川							○	○	2
m 雲南	○	○	○	○	○	○	○	○	8
	5(※)	4	1	2	3	1	4	13	33

（※）郵文聯誼会「中国郵資符誌明信片（1897～1949）」には$50/1c.＋$50/1c.（PC36）を記載している。

PC59

PC61

1947.10. 国幣250円加蓋

PC59 $250/8c.（PC48a） 北平郵区
……………………… 15,000 50,000
PC61 $250/2c.（PC43） 東川郵区
……………………… 15,000 50,000
PC62 $250/ $10（PC49） 〃 … 15,000 50,000
PC60 は欠番。

2） 紀念明信片

CC1 ～ 4 表面

CC1

CC2

CC3

CC4

1927（民国16）.3.5.
交通銀行20周年紀念明信片

136×90㎜（印面：23×25㎜）

CC1 2c. 黄緑：陸海交通施設（暗紅）
……………………… 10,000 20,000
CC2 2c. 黄緑：上海交通銀行（灰緑）
……………………… 10,000 20,000
CC3 2c. 黄緑：天津交通銀行（紫）
……………………… 10,000 20,000
CC4 2c. 黄緑：漢口交通銀行（茶）
……………………… 10,000 20,000

1929（民国18）.6.6.　西湖博覧会紀念明信片

139 × 88㎜

CC5	(3c.) 会場全景之一	5,000	–
CC6	(3c.) 会場之一角	5,000	–
CC7	(3c.) 絲綢陳列館之一	5,000	–
CC8	(3c.) 大会堂	5,000	–
CC9	(3c.) 特殊陳列所遠望	5,000	–
CC10	(3c.) 工業館鳥瞰	5,000	–

☆ CC5 ～ 10 は，印面が無く，中英文で「西湖博覧会紀念明信片　Post Card West Lake Exposition」「此片在会場郵局発寄国内免貼郵票」の文字が入っている。

☆ 1929.6.17 に博覧会マークを描いた 1 種，発行日不詳で博覧会パビリオンなどを描いた 29 種の紀念明信片が発行されたが，これらは「免貼郵票」ではないので採録しない。

3）限省加蓋明信片

1915（民国4）.4.23.
第 1 次「限新省発寄」加蓋

SKC1	1c. (PC12)	17,000	60,000
SKC2	1c. + 1c. (PC13)	14,000	–
SKC3	4c. (PC14)	20,000	70,000
SKC4	4c.+4c. (PC15)	30,000	–

☆ SKC1 ～ 4 には，“限” の字の「歪頭」と「直頭」がある。

1923-24（民国12-13）.
第 2 次「限新省発寄」加蓋

SKC5	1c. (PC18)	120,000	1,500,000
SKC6	4c. (PC20) ('24)	25,000	100,000
SKC7	4c.+4c. (PC21) ('24)	120,000	–

☆ SKC5 には，3c. 切手加貼使用がある。

1924-27（民国13-16）.
第 3 次「限新省発寄」加蓋

SKC8	6c. (PC24) ('24)	25,000	100,000
SKC9	6c.+ 6c. (PC25) ('24)	25,000	–
SKC10	1c. (PC26)	15,000	150,000
SKC11	1c. + 1c. (PC27)	–	–
SKC12	2c. (PC28)	15,000	100,000
SKC13	2c.+ 2c. (PC29)	15,000	–

1930（民国19）.　第 4 次「限新省発寄」加蓋

SKC14	1c. (PC30)	20,000	–
SKC15	2c. (PC31)	20,000	–

1932（民国21）.　第 5 次「限新省発寄」加蓋

SKC16	1c. (PC32)	4,000	8,000
SKC17	2c. (PC33)	5,000	8,000

1935（民国24）.　第 6 次「限新省発寄」加蓋

SKC18	1c. (PC35)	8,000	–
SKC19	1c.+ 1c. (PC36)	12,000	–
SKC20	2½c. (PC37)	8,000	–
SKC21	2½c.+2½c. (PC38)	12,000	–
SKC22	15c. (PC41)	8,000	–
SKC23	15c.+15c. (PC42)	12,000	–

☆ SKC18 ～ 23 は，いずれも「様張」の文字が加刷され，実際には使用されなかったといわれるが，「様張」加刷のないものも存在する。

1926（民国15）.　第 1 次「限滇省発寄」加蓋

YNC1	1c. (PC26)	15,000	150,000
YNC2	1c.+1c. (PC27)	40,000	–
YNC3	2c. (PC28)	15,000	100,000
YNC4	2c.+2c. (PC29)	25,000	–
YNC5	4c. (PC20)	20,000	100,000
YNC6	4c.+4c. (PC21)	30,000	–
YNC7	6c. (PC24)	25,000	100,000
YNC8	6c.+6c. (PC25)	25,000	–

1931（民国20）.　第 2 次「限滇省発寄」加蓋

YNC9	1c. (PC30)	40,000	–
YNC10	2c. (PC31)	40,000	–

1932（民国21）.　第 3 次「限滇省発寄」加蓋

YNC11	1c. (PC32)	25,000	100,000
YNC12	2c. (PC33)	15,000	40,000

4）主権回復地区明信片

TWC1

DBC1

1947（民国36）.4.30.
孫文図「限台湾省用」明信片

140 × 90㎜

TWC1	$1.50	灰青	40,000	500,000

1947.7.9.　孫文図「限東北用」明信片

140 × 90㎜

TWC1と同じ火炬型図案（但し表示は「限東北用」）に，「改作肆圓 4.00」と黒加蓋

DBC1	$4.00/$1.00	25,000	300,000

2.　郵資封

1)　郵製信箋（封緘はがき）

LS1-5
麦穂図
刷色：暗緑

LS4

図はLS5。LS1は印面のみ，LS3は右下に售價の表示入り。

1918（民国7）.8.5.　麦穂図1次

LS1　3c.　（縦型84×145㎜，表面は印面のみ，三つ折り，売価3c.）……… 6,000　5,000

LS2　3c.　（横型143×91㎜，二つ折りフラップ付，法・英文で「CARTE-LETTRE ∴ LETTER CARD」表示，売価3 1/2c.）……………………………… –　–

☆LS2は正式発行されたものではないといわれるが詳細は不明。

1919（民国8）.3.5.　麦穂図2次

LS3　3c.　（縦型84×145㎜，三つ折り，右下に「售價銀圓参分半」表示，売価3 1/2c.）……………………………… 4,000　5,000

LS4　3c.　（横型143×90㎜，二つ折りフラップ付，法・中文で「CARTE-LETTRE ∴ CHINE 中華民国郵政郵製信箋」表示，売価3 1/2c.）………… 4,000　5,000

☆LS4には，「限滇省発寄」加蓋がある。

1921（民国10）.　麦穂図3次

LS5　3c.　（縦型84×145㎜，田型四つ折り，印面下に「郵製信箋」表示，売価3 1/2c.）……………………………… 4,000　5,000

☆LS5には，「限滇省発寄」加蓋がある。
LS1～5は1936年12月31日限りで発売中止，翌年1月31日から使用が禁止された。

2）特製郵簡（郵票つき封筒）

SE1-6　孫文

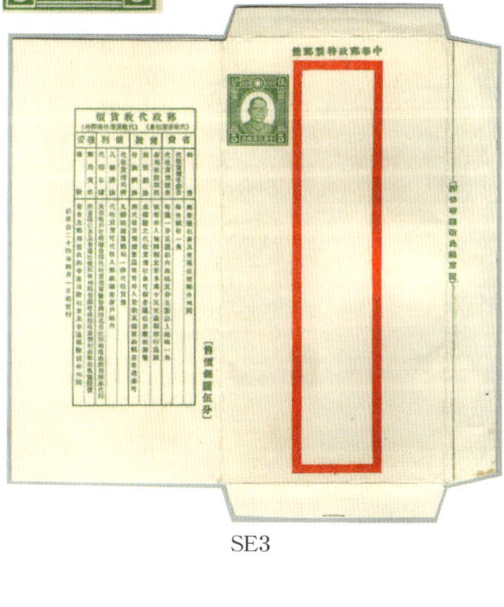

SE3

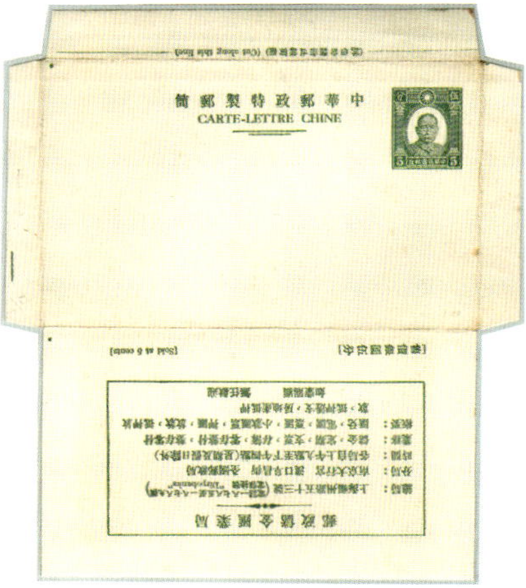

SE5

SE6

1935(民国24).7.29. 紫色孫文像

SE1 $2\frac{1}{2}$c. (縦型 95×190㎜) **20,000** *Sp*

SE1a $2\frac{1}{2}$c. に烈士票加貼
(裏面の「售價国幣貳分伍釐」に劃線伍分加蓋)
………………………… **20,000** *Sp*

1935.8. -36(民国25). 緑色孫文像伍分

SE2 5c. (縦大型 95×190㎜) 背面白紙
………………………… **4,000** **3,000**

☆背面が白紙のほか，①小包郵件，②簡易人寿保険，③商界注意，④寄件人注意事項，⑤郵局代購書籍代訂刊物，⑥郵政儲金便利穏固，⑦郵政滙兌妥速便利，⑧郵票小冊與集郵郵票，⑨日常通評須知裏－の説明が入ったものがある。

SE3 5c. (縦小型 88×170㎜) 背面白紙
………………………… **5,000** **3,000**

☆背面が白紙のほか，①郵政儲金滙業局，②郵政包裹寄費簡表，③郵局代購書籍代訂刊物，④郵票小冊與集郵郵票，⑤郵政代収貨價－の説明が入ったものがある。

SE4 5c. (横大型 165×123㎜) 背面白紙
………………………… **5,000** **3,000**

☆ SE2 と同じように背面説明入りが 9 種ある。

SE5 5c. (横小型 148×90㎜) 背面白紙
………………………… **5,000** **3,000**

☆ SE3 と同じように背面説明入りが 5 種ある。

1940(民国29).9. 黄緑色孫文像捌分

SE6 8c. (縦小型 85×170㎜) 背面白紙
………………………… **2,400** **3,000**

☆上海フランス租界郵総供応股発行，SE2，SE4 と同じように背面説明入りが 9 種ある。

3) 航空郵簡

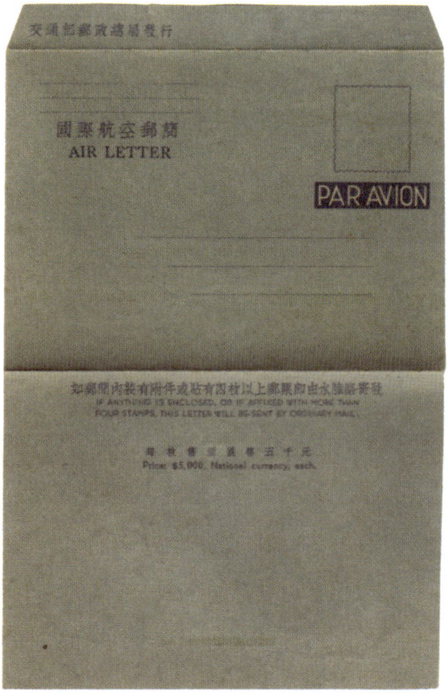

AG1

1948（民国37）.4.15.-6.　国際用無額面

平版，128×90㎜，売価：国幣5,000円（AG1-2）

AG1　無額面　青　……………………　3,500　3,000

☆宛名は4本線，右上に小さく「100,000/14, ii37」の文字が入っている。

AG2　無額面　濃い青　……………　3,000　3,000

☆宛名は3本線，裏面に「交通部郵政総局発行」の文字が入っている。

AG3　無額面　濃い青　……………　3,000　3,500

☆「PAR AVION」の表示が左下に変わり，AG1-2の裏面にある「毎枚售價國幣五千元」の文字がない。

☆**国際郵簡**は1948年3月20日より制定。①**宛名国**はイギリス，アメリカ，カナダ，インド，フィリピン，オーストラリアのみ。1948年6月3日から国の制限なし。②**売価**は最初は国幣5,000圓，1948年11月25日から金圓3角。1949年1月6日から同1圓，同年2月16日から5圓。その後は各区ごとで発売価を決めたが詳細な記録が残っていない。③**郵資**は普通料金と航空料金を合わせ，当初は35,000圓と定めたが，実際の発売日に55,000圓となった。

AG4　飛行機

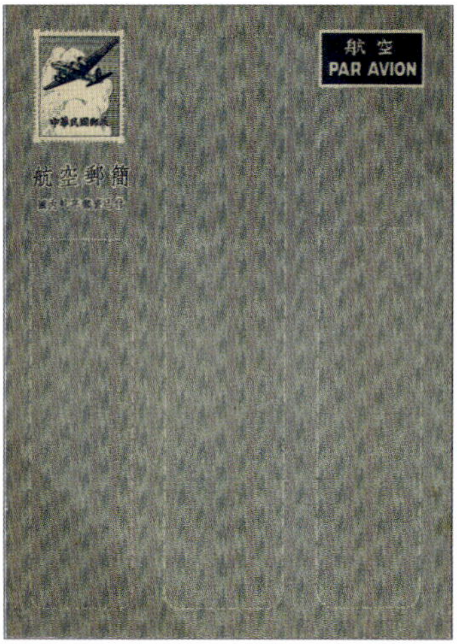

1948.8.1　国内用無額面・飛行機図案

平版，115×127㎜

AG4　無額面（国内航平郵資已付）　灰青

……………………　3,500　3,500

AG5　“限台湾售用”（AG4に紫色加蓋）

……………………　3,500　3,500

3．国際回信郵票券

（Coupon-Réponse-International）

国際回信郵票券（国際返信切手券）は，U.P.U.に加盟している各国が，スイス・ベルンの同事務局に各国共通様式のクーポン券の印刷を依頼し，自国の利用者に発売するもので，中国では1918年7月1日に初めて売り出された。

タイプA，Bともひな型は世界共通で，発行日，面値（発行価），兌価（交換価）の意味。ここでは評価はつけていない。

タイプA

地球をつなぐ女神

	発行日		面値	兌値
CO1	1918（民国7）. 7.7	銀円…	12分	10分
CO2	1922（民国11）. 1.1	〃 …	24分	20分
CO3	1925（民国14）.10.1	〃 …	20分	16分
CO4	1930（民国19）. 7.1	〃 …	30分	15分
CO5	1931（民国20）. 2.1	〃 …	40分	20分
CO6	〃　〃　7.1	〃 …	50分	25分

タイプB

左右に発行，交換印欄

	発行日		面値	兌値
CO7	1935（民国24）. 1.1	銀円 …	50分	25分
CO8	〃　〃　6.1	〃 ……	40分	20分
CO9	1936（民国25）. 2.1	法幣 …	50分	25分
CO10	1939（民国28）. 9.1	〃 ……	1円	50分
CO11	1940（民国29）. 7.1	〃 ……	1円	50分

☆裏面の独文説明がゴシック体に変わった。

CO12	1941（民国30）.11.1	法幣 …	2円	1円
CO13	1942（民国31）.11.1	〃 ……	3円	1.50円
CO14	1943（民国32）. 6.1	〃 ……	4円	2円
CO15	1944（民国33）. 5.1	〃 ……	10円	4円
CO16	1945（民国34）.10.1	〃 ……	80円	30円
CO17	1946（民国35）. 5.1	〃 …	470円	190円
CO18	〃　〃　9.1	〃 …	800円	300円

CO19	1947（民国36）.	3.1	法幣	2,800円	1,100円
CO20	〃 〃	10.13	〃	13,000円	5,500円
CO21	〃 〃	12.1	〃	17,000円	8,000円
CO22	1948（民国37）.	1.1	〃	21,000円	9,000円
CO23	〃 〃	1.16	〃	26,000円	11,000円
CO24	〃 〃	3.1	〃	34,000円	14,000円
CO25	〃 〃	3.16	〃	45,000円	20,000円
CO26	〃 〃	4.1	〃	60,000円	25,000円
CO27	〃 〃	4.11	〃	70,000円	30,000円
CO28	〃 〃	5.19	〃	110,000円	50,000円
CO29	〃 〃	8.1	〃	350,000円	150,000円
CO30	〃 〃	8.21	〃	700,000円	300,000円
CO31	〃 〃	11.6	金円 …	90分	35分
CO32	〃 〃	11.20	〃 ……	5円	2円
CO33	〃 〃	12.12	〃 ……	12円	4円
CO34	1949（民国38）.	1.1	〃 ……	25円	10円
CO35	〃 〃	1.16	〃 ……	50円	20円
CO36	〃 〃	2.7	〃 …	200円	80円
CO37	〃 〃	3.1	〃 …	700円	300円
CO38	〃 〃	3.11	〃	1,000円	450円
CO39	〃 〃	3.21	〃	2,000円	800円
CO40	〃 〃	4.1	〃	3,800円	1,500円
CO41	〃 〃	4.11	〃	11,000円	4,400円
CO42	〃 〃	4.17	〃	27,000円	11,000円
CO43	〃 〃	4.29	銀元 …	35分	10分
CO44	〃 〃	7.25	〃 ……	35分	15分
CO45	〃 〃	11.18	〃 ……	50分	20分
CO46	1950（民国39）.	4.1	〃 ……	70分	30分

【台湾地区】 タイプB

TWC1	1947（民国36）.	2.3	旧台幣	310円	140円
TWC2	〃 〃	4.22	〃 …	350円	150円
TWC3	〃 〃	5.22	〃 …	540円	250円
TWC4	〃 〃	11.6	〃 …	900円	350円
TWC5	〃 〃	11.20	〃 …	5,000円	2,000円
TWC6	〃 〃	12.10	〃 …	4,200円	1,500円
TWC7	1949（民国38）.	1.1	旧台幣	15,000円	6,000円
TWC8	〃 〃	4.17	〃	16,200円	6,600円
TWC9	〃 〃	5.1	〃	40,000円	16,000円
TWC10	〃 〃	5.20	〃	49,000円	20,000円
TWC11	〃 〃	6.12	〃	56,000円	22,000円
TWC12	〃 〃	6.15	新台幣	1.40円	55分
TWC13	〃 〃	11.18	〃 …	1.50円	60分
TWC14	1950（民国39）.	4.1	新台幣	1.75円	75分
TWC15	〃 〃	5.23	〃 ……	2円	1円

XIV 書信館郵票

1. 上海書信館郵票 1865-1898

1 大龍

1865-66. 上海工部大龍票

凸版，無水印，□，無膠（一部に有膠あり），印面寸法：27.0×30.0㎜，厚紙と薄紙の２種，S6（1×6）

【額面部分の拡大図】

ST1 ST2 ST4 ST5 ST7 ST8

【額面数字の書体違い】

(1) 古式数字

(2) 羅馬式数字

(3) 近代式数字

額面（下部中央）の数字の書体には，古式（アンティック体），羅馬式（ローマ体，１のみ），近代式（モダン体）があり，CANDAREEN（単数）かCANDAREENS（複数）かの違いや，紙質によって，細かく分類できる。色調にもさまざまな変化がある。

使用済はごくわずかしか存在せず，個々の状態や押された郵便印などによって評価が大きく左右されるので，ここでは評価を与えていない。

(1) 古式数字 (Antique Numerals)

(*a*) CANDAREENS.（複数）

ST1	1	2c.（両分銀）	黒 ………	78,000	−
ST2		2c.（二分銀）	黒 ………	65,000	−
ST3		3c.	茶 ………………	50,000	−
ST4		4c.（四分銀）	黄 ……	100,000	−
ST5		4c.（四銭銀）	灰黄 ……	83,000	−
ST6		6c.	赤茶 ……………	35,000	−
ST6a			黄褐色 ……………	88,000	−
ST6b			朱紅 ……………	50,000	−
ST7		8c.（八分銀）	橄緑 ……	65,000	−
ST8		8c.（八銭銀）	灰緑 ……	88,000	−
ST9		12c.	赤茶 ……………	33,000	−
ST10		16c.	赤 ……………	230,000	−
ST10A		16c.	朱紅 ……………	33,000	−

(*b*) CANDAREEN.（単数）

ST11	**1**	1c. 青	…………	**50,000**	–
ST11a		濃青	…………	**45,000**	–
ST12		2c.（両分銀）黒	…………	**65,000**	–
ST13		4c.（四分銀）黄	…………	**78,000**	–
ST14		8c.（八分銀）橄緑	…………	**65,000**	–
ST15		16c. 朱紅	…………	**70,000**	–

◇変異

ST10a	16c. 額面の「1」漏れ …	**50,000**	–
ST15a	16c. 額面の「1」漏れ（無紋紙）…………	**2,600**	–

(2) 羅馬式数字 (Roman Numerals)

ST16	**1**	1c. 青	…………	**90,000**	–
ST16A		2c. 黒	…………	**700,000**	–
ST16B		3c. 赤茶	…………	**2,800,000**	–
ST17		12c. 黄褐色	…………	**38,000**	–
ST17a		濃茶	…………	**55,000**	–

☆ST16, 17 は CANDAREENS.（複数）。ST18 は欠番。

(3) 近代式数字 (Modern Numerals)

(*a*) CANDAREENS.（複数）

ST19	**1**	2c. 黒	…………	**23,000**	–
ST20		3c. 赤茶	…………	**23,000**	–

(*b*) CANDAREEN.（単数）

ST21	**1**	1c. 青	…………	**25,000**	–
ST22		3c. 赤茶	…………	**25,000**	–

◇官製再版 (Officeal Reprint)

ST11b	1c.	…………	**16,000**	–
ST2a	2c.（二分銀）	…………	**21,000**	–
ST3a	3c.	…………	**15,000**	–
ST4a	4c.（四分銀）	…………	**35,000**	–
ST6c	6c.	…………	**19,000**	–
ST7a	8c.（八分銀）	…………	**23,000**	–
ST9a	12c.	…………	**16,000**	–
ST10b	16c.	…………	**25,000**	–

☆官製再版は，厚手の多孔質（ポーラス）紙に刷られ，高官への贈呈用などに用いられた。

☆上海には，イギリスが1842年の南京条約によって租界を設置し，アメリカも1847年これに続き，この2つは1863年9月に合併して共同租界となった。一方，1849年にはフランス租界も成立した。日本は共同租界から居住・営業権を得て，1895年の下関条約によって進出が本格化した。これらの列強は，租界，領事裁判権，軍隊駐屯権のほか，鉄道，鉱山，電気，水道など公共事業のすべてを掌握した。郵便，電信もそれに含まれる。

◇紙質別評価（未使用）

W：無紋紙 (Wove paper)
L：横紋紙 (Laid paper)
P：法国薄紙 (Pelure paper)

	W	L	P
ST1 2c.(両分銀)	**78,000**		**83,000**
ST2 2c.(二分銀)	**65,000**		**65,000**
ST3 3c.	**50,000**		**53,000**
ST4 4c.(四分銀)	**100,000**		**100,000**
ST5 4c.(四銭銀)			**83,000**
ST6 6c. 赤茶	**35,000**		
ST6a 黄褐色	**88,000**		
ST6b 朱紅	**50,000**		
ST7 8c.(八分銀)	**65,000**		*u*
ST8 8c.(八銭銀)			**88,000**
ST9 12c.	**33,000**		
ST10 16c.	**33,000**		
ST10A 16c.	**230,000**		**230,000**
ST11 1c. 青	**50,000**	**70,000**	
ST11a 濃青	**45,000**		
ST12 2c.(両分銀)	**65,000**	**1,000,000**	
ST13 4c.(四分銀)	**78,000**	**280,000**	
ST14 8c.(八分銀)	**65,000**		
ST15 16c.	**70,000**		
ST16 1c.	**90,000**	***3,200,000***	
ST16A 2c.		***700,000***	
ST16B 3c.		***2,800,000***	
ST17 12c.	**38,000**		
ST17a 濃茶	**55,000**		
ST19 2c.	**23,000**		
ST20 3c.	**23,000**		
ST21 1c.	**25,000**		
ST22 3c.	**25,000**		

☆ST2 (2c.), ST3 (3c.), ST12 (2c.), ST13 (4c.), ST16 (1c.) の横紋紙には，透かしてみると白抜きの“A. PIRIE”の文字の一部が入っているものが存在する。これは正規の水印ではなく，製紙公司の社名“A. PIRIE & SNSO”が入った用紙に郵票が印刷されたために生じたものである。

2 3 4 5

2～5 小龍

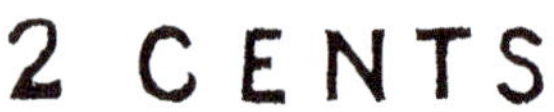

額面部分拡大 (CENTS 単位)

1866-72. 工部小龍票 CENTS 単位

平版，P12，15，S 50 (10×5)，25 (5×5) (ST27のみ)，倫敦尼生及派克公司 (Nissen and Parker, London)

(a) P12 (1866.3.5)

ST23	2	2c.	洋紅	…………	2,800	3,500
ST24	3	4c.	薄紫	…………	4,800	6,000
ST25	4	8c.	灰青	…………	5,300	5,500
ST26	5	16c.	黄緑	…………	8,300	11,000

(b) P15 (1872.-)

ST27	2	2c.	洋紅	…………	8,000	8,000
				(5)	29,200	34,000

◇変異

ST23a	2c.	⬚⬚V ………	10,000	*u*
ST25a	8c.	「8」を「3」に誤印 ………	10,000	*u*

☆ST23～26の□は，プルーフで，正式発行されたものではない。

6　7　8　9

6～9 小龍

額面部分拡大 (CAND. 単位)

1866.12.-. 工部小龍票 CAND. 単位

平版，P15，S 25 (5×5)，倫敦尼生及派克公司

ST28	6	1c.	茶	……………	1,100	1,600
ST29	7	3c.	灰黄	…………	4,500	6,000
ST30	8	6c.	灰緑	…………	4,800	5,500
ST31	9	12c.	灰茶	…………	7,300	11,000
				(4)	17,700	24,100

◇変異

ST28a	1c.	「CAND」を「CANDS」に誤印 ………	20,000	20,000
ST29a	3c.	「3」を「6」に誤印	13,000	16,000

(10)

1873-75. 工部小龍票改値加蓋

T10を以下に青，黒，または赤加蓋

(a) CANTS 単位票

ST32	2	1c./2c. (ST23) P12 ('73.10.-) …………	6,000	6,500
ST33		1c./2c. (ST27) P15 ('73)	7,300	7,500
ST34	3	1c./4c. (ST24) (黒) ('73)	2,500	3,800
ST35		1c./4c.(ST24) ('73.1.) …	2,500	3,800
ST36		1c./4c. (ST24) (赤) ('73.10.-) …………	900,000	380,000
ST37	4	1c./8c. (ST25) ('73.10.-)	5,300	5,500
ST38		1c./8c. (ST25) (赤) ('73.10.-) …………	2,200,000	1,600,000
ST39	5	1c./16c. (ST26) ('73.10.-) …………	430,000	330,000
ST40		1c./16c. (ST26) (赤) ('73.10.-) …………	3,200,000	1,400,000
ST41	2	3c./2c. (ST23) P12 ('75.1.-) …………	30,000	25,000
ST42		3c./2c. (ST27) P15 ('75.1.-) …………	88,000	75,000
ST43	5	3c./16c. (ST26)('75.1.-)	430,000	330,000

(b) CAND. 単位票 (1875.1.-)

ST44	7	1c./3c. (ST29) ……	3,800,000	1,800,000
ST45	8	1c./6c. (ST30) ………	88,000	65,000
ST46		1c./6c. (ST30) (赤)	1,200,000	450,000
ST47	9	1c./12c. (ST31) ……	110,000	90,000
ST48		1c./12c. (ST31) (赤)	800,000	400,000
ST49		3c./12c. (ST31) ……	600,000	600,000

◇変異

ST33a	1c./2c.	P15 倒蓋 ………	−	*u*
ST34a	1c./4c.	(黒) 倒蓋 …	8,500	7,500
ST35a	1c./4c.	倒蓋 ……	63,000	63,000
ST35b		複蓋 ……	73,000	73,000
ST35c		「銀壹分」加蓋 …	−	−
ST36a	1c./4c.	(赤) 赤と黒の複蓋 …	1,500,000	−
ST37a	1c./8c.	複蓋 …………	−	−
ST38a	1c./8c.	(赤) 原票 ST25a	−	−
ST39a	1c./16c.	複蓋	1,000,000	−

1875-76. 工部小龍票 改色・新額面 (CAND. 単位)

平版，P15，$11^{1}/_{2}$ (ST51のみ)，S 25 (5×5)，倫敦尼生及派克公司 (ST58を除く)

(a) 着色紙 (1875.7.-)

ST50	6	1c.	黄/黄	…………	4,300	3,800
ST51		1c.	黄/黄	P$11^{1}/_{2}$ …	90,000	65,000
ST52	7	3c.	洋紅/洋紅	……	4,300	3,800
				(3)	98,600	72,600

(b) 白紙 (1876)

ST53	6	1c.	黄	……………	2,500	3,000
ST54	7	3c.	洋紅	……………	9,500	9,500

ST55	8	6c.	緑	14,000	16,000
ST56	9	9c.	青	25,000	30,000
ST57		12c.	茶	28,000	33,000
			(5)	79,000	91,500

(*c*) **凹版厚紙・P12 1/2** (1877.6.-.)

ST58	6	1c.	紅	230,000	300,000

1877.2.- 工部小龍票(改色・新額面) 改値加蓋

T10を以下に青または赤加蓋

ST59	7	1c./3c. (ST52)	55,000	48,000
ST60		1c./3c. (ST54)	17,000	15,000
ST61	8	1c./6c. (ST55)	30,000	25,000
ST62	9	1c./9c. (ST56)	55,000	55,000
ST63		1c./12c. (ST57)	330,000	200,000
ST64		1c./12c. (ST57) (赤)	850,000	550,000
		(6)	1,337,000	893,000

◇変異

ST60a	1c./3c.	複蓋	230,000	–

11　12　13　14

11～14　小龍

額面部分拡大 (CASH単位)

1877-80. 工部小龍票 CASH単位(制銭票)

平版, P15, 11 1/2, 15×11 1/2, [S] 50 (10×5), 倫敦尼生及派克公司

(*a*) P15 (1877.4.14.)

ST65	11	20c.	紫	1,300	1,000
ST66		20c.	灰青	1,700	1,500
ST67	12	40c.	紅	2,300	2,000
ST68	13	60c.	緑	2,500	2,300
ST69	14	80c.	青	3,300	3,500
ST70		100c.	茶	3,000	3,300
			(6)	14,100	13,600

(*b*) P11 1/2 (1880.7.20.)

ST71	11	20c.	紫	1,100	1,100
ST72	12	40c.	紅	1,800	1,500
ST73	13	60c.	緑	2,000	2,000
ST74	14	80c.	青	2,100	2,000
ST75		100c.	茶 ('83.4.3.)	2,400	2,300
			(5)	9,400	8,900

(*c*) P15×11 1/2 (1880)

ST76	11	20c.	紫	17,000	15,000
ST76a		11 1/2×11 1/2×15×11 1/2		–	–

◇変異

ST71a	20c.	□□H	80,000	*u*
ST71b	20c.	□□	85,000	*u*
ST72a	40c.	□□H	90,000	*u*

(15)

1879.-84. 工部小龍票(制銭票)改値斜加蓋

T15を以下に青加蓋

(*a*) P15 (1889.7.-.)

ST77	12	20c./40c. (ST67)	1,700	1,700
ST78	14	60c./80c. (ST69)	2,600	2,800
ST79		60c./100c. (ST70)	2,600	3,000
		(3)	6,900	7,500

(*b*) P11 1/2

ST80	12	20c./40c. (ST72)	2,400	2,200
ST81	14	60c./80c. (ST74)	3,500	3,600
ST82		60c./100c. (ST75)	4,300	4,300
		(3)	10,200	10,100

◇変異

ST77a	20c./40c.	倒蓋	–	–
ST80a	20c./40c.	複蓋	–	–

1884.-86. 工部小龍票(制銭票)改色

平版, P11 1/2 (ST83), 15, 11 1/2×15, [S] 50 (10×5) (ST83, 84, 89), 25 (5×5) (ST83, 84, 89以外), 倫敦尼生及派克公司

(*a*) P11 1/2 (1884)

ST83	11	20c.	緑	1,100	1,000

(*b*) P15

ST84	11	20c.	緑 ('85.2.10.)	830	500
ST85	12	40c.	茶 ('86.3.28.)	1,000	900
ST86	13	60c.	紫 ('85.3.2.)	1,800	1,700
ST87	14	80c.	薄赤 ('85.9.)	1,700	1,500
ST88		100c.	黄 ('85.9.)	2,000	2,000
			(5)	7,330	6,600

(*c*) P11 1/2×15

ST89	11	20c.	緑	1,700	1,500
ST89a		15×15×11 1/2×15		–	–
ST89b		11 1/2×15×15×15		–	–
ST90	13	60c.	紫	1,800	1,500
			(2)	3,500	3,000

◇変異

ST86a	60c.	□□V	………………	–	–
ST87a	80c.	□□H	………………	–	–

(15a)

1886-88.
工部小龍票(制銭票・改色)改値斜加蓋

T15a を以下に青または赤加蓋

ST91	14	40c./80c.(ST87) ……	1,400	1,200
ST92		40c./100c.(ST88)('88.6.)	600	600
ST93		40c./100c.(ST88)(赤)('88.6.) ………………………	750	750
ST94		60c./100c.(ST88) …	2,000	1,800
		(4)	4,750	4,350

◇変異

ST91a	40c./80c.	倒蓋 ……	2,300	2,300
ST91b		赤加蓋	11,000	–
ST92a	40c./100c.	倒蓋 ……	1,900	1,900
ST92b		複蓋 ……	3,800	–
ST94a	60c./100c.	倒蓋 ……	3,800	3,800
ST94b		複蓋 ………	–	–
ST94c		赤加蓋 …	4,500	–

1888.3-7.　工部小龍票(制銭票・再改色)

平版，無水印，P15，S 25(5×5)，倫敦尼生及派克公司

ST95	11	20c.	灰	…………………	950	550
ST96	12	40c.	黒('88.7.-)	………	950	950
ST97	13	60c.	紅	……………	1,300	1,200
ST98	14	80c.	緑('88.7.-)	……	1,400	1,000
ST99		100c.	青('88.7.-)	……	1,800	1,800
				(5)	6,400	5,500

◇変異

ST97a	60c.	「文」の第1画欠け	2,800	2,000

(16)

(17)

(18)

1888-89.
工部小龍票(制銭票・改色)改値横加蓋

T16 を以下に青または赤加蓋

ST100	12	20c./40c.(ST85)('88.1.10)	2,800	2,000
ST101	14	20c./80c.(ST87)('88.1.10)	1,500	1,200
ST102		20c./80c.(ST98)(赤)('89.5)	1,700	1,500
ST103		20c./100c.(ST99)(赤)('89.5)	1,700	1,500

T17 を青加蓋

ST104	12	20c./40c.(ST85)('88.1) …	2,800	2,600

T18 を加蓋

ST105	13	100c.(赤)/20c.(黒)/100c.('89.4.6) ………………	20,000	23,000
		(6)	30,500	31,800

◇変異

ST100a	20c./40c.	倒蓋 ……	20,000	18,000
ST100b		複蓋 ……	35,000	–
ST100c		赤加蓋 …	40,000	–
ST101a	20c./80c.	倒蓋 ……	25,000	14,000
ST101b		複蓋 ……	65,000	55,000
ST101c		赤加蓋 …	43,000	–
ST102a	20c./80c.	倒蓋 ……	14,000	–
ST104a	20c./40c.	倒蓋 ……	30,000	28,000
ST105a	100c./20c./100c.	双辺青加蓋 ……………	–	–

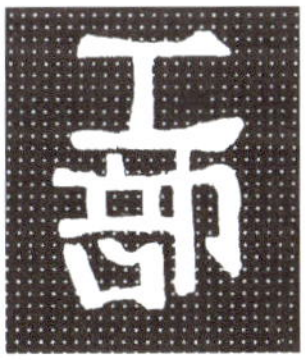

W3 「工部」の文字

19 双龍

1889. 工部小龍票・有水印(制銭票・再改色)

平版，W3，P15 (ST106～108)，12 1/2 (ST109～110)，S 25(5×5)，倫敦尼生及派克公司

ST106	11	20c.	灰(5.10)	…………	580	430
ST107	12	40c.	黒(7.18)	…………	850	700
ST108	13	60c.	紅(9.9)	………	2,800	2,800
ST109	14	80c.	緑(8.14)	………	1,100	2,200
ST110		100c.	青(8.14)	………	1,800	2,200
				(5)	7,130	8,330

◇**変異**

ST108a	60c.	「文」の第１画欠け …………	3,000	3,000
ST109a	80c.	□□H ……………	−	−

☆ST106～108には水印が見られないものが存在する。これは印刷する際に，誤ってマージン部分に印刷したためである。

1890-92.　工部双龍票

平版，無水印(ST111, 112, 114)，W3(ST111, 112, 114以外)，S 50(10×5)，倫敦尼生及派克公司

(a) P15 (1890.1.1)

ST111	**19**	2c.	茶(無水印)………	430	480
ST112		5c.	桃(無水印)……	1,200	800
ST113		10c.	黒　……………	1,800	1,200
ST114		15c.	青(無水印)……	2,800	1,500
ST115		15c.	青　……………	2,500	1,800
ST116		20c.	紫　……………	1,800	1,400
			(6)	10,530	7,180

(b) P12

ST117	**19**	2c.	茶('91.5)　………	300	200
ST118		2c.	緑('92.11.11)……	350	250
ST119		5c.	桃('91.5)………	1,300	700
ST120		5c.	赤('92.11.11)……	830	730
ST121		10c.	橙('92.11.11)…	2,200	2,200
ST122		15c.	紫('92.11.11)…	1,400	1,000
ST123		20c.	茶('92.11.11)…	1,500	1,300
			(7)	7,880	6,380

◇**変異**

ST113a	10c.	P12　……	100,000	100,000
ST123a	20c.	□□V ……………	−	u

(20)

1892-93.　工部双龍票欠資加蓋

T20を以下に黒または赤，青加蓋

(a) P15 (1892.1.7)

STD124	**19**	2c.	(ST111) …………	90,000	90,000
STD125		5c.	(ST112) …………	2,500	1,400
STD126		10c.	(ST113)(赤) ……	3,500	3,300
STD127		15c.	(ST114)(無水印)	5,300	4,800
STD128		15c.	(ST115) …………	3,000	2,800
STD129		20c.	(ST116) …………	2,300	2,000
			……… (6)	106,600	104,300

(b) P12 (1892.9 - 93.3)

STD130	**19**	2c.	(ST117) ……………	380	380
STD131		2c.	(ST117)(青) ………	350	300
STD132		5c.	(ST119)(青) ……	1,600	900
STD133		10c.	(ST121) …………	25,000	23,000
STD134		10c.	(ST121)(青) ……	2,000	1,500
STD135		15c.	(ST122)(赤) ……	3,300	3,000
STD136		20c.	(ST123)(赤) ……	3,300	3,000
			(7)	35,930	32,080

◇**変異**

STD124a	2c.	逆加蓋 ………	250,000	−
STD125a	5c.	逆加蓋 ………	43,000	−
STD127a	15c.	逆加蓋 ………	40,000	−
STD127b		青加蓋 ………	43,000	−
STD128a		逆加蓋 ………	60,000	−
STD128b		複蓋 ………	30,000	−
STD128c		加蓋漏印と双連	130,000	−
STD132a	5c.	倒蓋 …………	23,000	−
STD132b		濃青加蓋 …………	−	−
STD134a	10c.	倒蓋 …………	33,000	−

(21)

(22)

(23)

1892-93.　工部双龍票改値加蓋

(a) 木戳加蓋

T21を青加蓋

ST137　**19**　2c./5c. (ST112, 無水印, P15) ('92.8.3) ………………… 13,000　8,000

T22を青加蓋

ST138　**19**　1/2c./15c. (ST122) ('93.3)　2,000　1,300

T23を青加蓋

ST139　**19**　1c./20c. (ST123) ('93.3)　2,000　1,300

(3)　17,000　10,600

(24a)　(24b)　(24c)

(25a)　(25b)

(*b*) 機蓋 (1893.4.-)

T24a,b,c を工部双龍票5分 (ST119), 5分 (ST120) を縦に2つに切ったもの (半裁) に青加蓋

ST140	19	1/2c.(24a)/5c.(ST119)	1,400	1,000
ST141		1/2c.(24b)/5c.(ST119)	1,400	1,000
ST142		1/2c.(24c)/5c.(ST119)	28,000	20,000
ST143		1/2c.(24a)/5c.(ST120)	1,400	1,000
ST144		1/2c.(24b)/5c.(ST120)	1,400	1,000
ST145		1/2c.(24c)/5c.(ST120)	23,000	16,000
		(6)	56,600	40,000

T25a, b を2分 (ST117, 118) を縦に2つに切ったもの (半裁) に青または赤加蓋

ST146	19	1c. (25a)/2c. (ST117) …	350	300
ST147		1c. (25a)/2c. (ST118)(赤)	1,700	1,200
ST148		1c. (25b)/2c. (ST118)(赤)	6,500	7,000
		(3)	8,550	8,500

◇変異

ST137a	2c./5c.	倒蓋 ………	11,000	9,500
ST138a	1/2c./15c.	複蓋 ………	−	−
ST139a	1/2c./20c.	誤蓋 …	400,000	−
ST146a	1c./2c.	複蓋 (黒, 青)	170,000	35,000
ST146b	1c./2c.	複蓋 (緑, 青)	160,000	35,000

☆ ST140～145 にもそれぞれ倒蓋が存在する。

26　上海租界のマーク

平版：黒点なし

凸版：黒点あり (ST156～159)

1893.5-9.　上海市徽図票

平版, 凸版, 平版と凸版のかけ合わせ, W3, P13 1/2×14, [S] 50 (10×5), 倫敦伯基尼及費拉公司 (Barclay and Fry, London), いずれも文字部分の刷色は黒

(*a*) 平版

ST149	26	1/2c.	橙 ………	730	300
ST150		1c.	茶 ………	730	180
ST151		2c.	朱 ………	800	250
ST152		5c.	青 ………	110	70
ST153		10c.	緑 ………	1,000	1,100
ST154		15c.	黄 ………	110	90
ST155		20c.	紫 ………	1,100	900
			(7)	4,580	2,890

(*b*) 凸版

ST156		1/2c.	橙 ………	60	50
ST157		1c.	茶 ………	60	50
			(2)	120	100

(*c*) 図版は平版, 文字は凸版

ST158		10c.	緑 ………	280	300
ST159		20c.	紫 ………	300	500
			(2)	580	800

◇変異

ST149a	1/2c.	⬚⬚H ……	23,000	−
ST151a	2c.	□□ ……	23,000	−
ST152a	5c.	文字部分逆刷	180,000	−

27　数字

28　マーキュリー

1893.7-9.　欠資票

平版, W3, P13 1/2×14, 倫敦伯基尼及費拉公司

ST160	27	1/2c.	橙・黒 ………	60	60
ST161		1c.	茶・黒 ………	70	60
ST162		2c.	朱・黒 ………	70	60
ST163		5c.	青・黒 ………	100	90
ST164		10c.	緑・黒 ………	600	200
ST165		15c.	黄・黒 ………	480	400
ST166		20c.	紫・黒 ………	180	150
			(7)	1,560	1,020

1893.11.11　上海開埠50年紀念

平版, W1, P13 1/2, [S] 50 (10×5), 倫敦伯基尼及費拉公司

ST167	28	2c.	紅・黒 ………	110	100

(29)

(30)

1893.12.14 上海開埠50年紀念加蓋

T29を上海市徽図票に黒加蓋

ST168	**26**	1/2c. (ST156)		**50**	**50**
ST169		1c. (ST157)		**70**	**70**
ST170		2c. (ST151)		**90**	**90**
ST171		5c. (ST152)		**350**	**500**
ST172		10c. (ST158)		**1,100**	**1,200**
ST173		15c. (ST154)		**730**	**650**
ST174		20c. (ST159)		**950**	**1,000**
			(7)	**3,340**	**3,560**

◇変異

ST168a	1/2c.	倒蓋	**17,000**	**17,000**
ST169a	1c.	複蓋	**6,800**	**6,800**
ST170a	2c.	倒蓋	**17,000**	**12,000**
ST171a	5c.	倒蓋	**33,000**	**–**

☆ST167, ST168～174は, 1843年9月26日(道光23年5月29日)の南京条約によって上海が開港地に決まり, 英領事G. Balfourが上海に来て同年11月17日に正式開港してから50周年になるのを紀念して発行された。

1896.4.11. 上海市徽図票改値加蓋

T30を黒加蓋

ST175	**26**	4c./15c. (ST154)		**1,100**	**800**
ST176		6c./20c. (ST159)		**1,100**	**800**
ST177		6c./20c. (ST155)		**5,500**	**2,500**
			(3)	**7,700**	**4,100**

◇変異

ST175a	4c./15c.	倒蓋	**5,500**	**3,800**
ST176a	6c./20c.	倒蓋	**5,000**	**3,800**
ST177a	6c./20c.	倒蓋	**–**	**–**

1896.10. 上海市徽図票(改色・新額面)

平版, W3, P13 1/2×14, [S] 50(10×5), 倫敦伯基尼及費拉公司

ST178	**26**	2c.	紅・黒	**30**	**160**
ST179		4c.	橙・黒/黄	**730**	**550**
ST180		6c.	洋紅・黒/桃	**830**	**850**
			(3)	**1,590**	**1,560**

◇変異

ST178a	2c.	文字部分逆刷	**200,000**	**180,000**

2. 各地の書信館発行

1) 厦門

1895.6.8-96. 普通票

平版, P11 1/2, 無水印(LP1～5), 有水印(LP6～8), 徳国Karl Schleicher and Schull社

1 双鶴(2羽のツル)

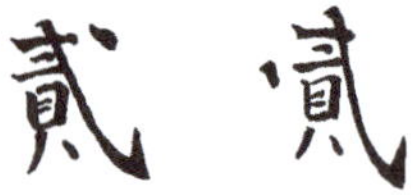

タイプⅠ タイプⅡ

【LP3のタイプ】

LP1	**1**	1/2c.	緑	**290**	**350**
LP1a		有水印('96.5.11)		**290**	**350**
LP2		1c.	赤	**290**	**350**
LP3		2c.	青	**1,000**	**1,200**
LP3a		タイプⅡ		**3,500**	**4,300**
LP4		4c.	茶	**1,000**	**1,100**
LP5		5c.	橙	**1,100**	**1,000**
LP6		15c.	黒('96.5.11)	**1,200**	**1,200**
LP7		20c.	紫('96.5.11)	**1,400**	**1,200**
LP8		25c.	赤紫('96.5.11)	**1,400**	**1,200**
			(8)	**11,470**	**12,250**

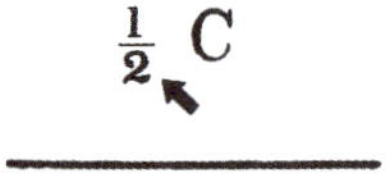

タイプⅠ

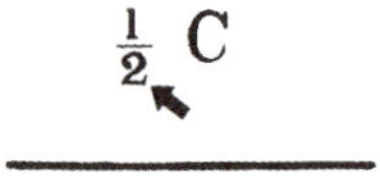

タイプⅡ

(2)

タイプⅠ：2の横棒が波状
タイプⅡ：2の横棒が直線

タイプⅠ

タイプⅡ

(3)

タイプⅠ：fの頭が広い
タイプⅡ：fの頭が狭い

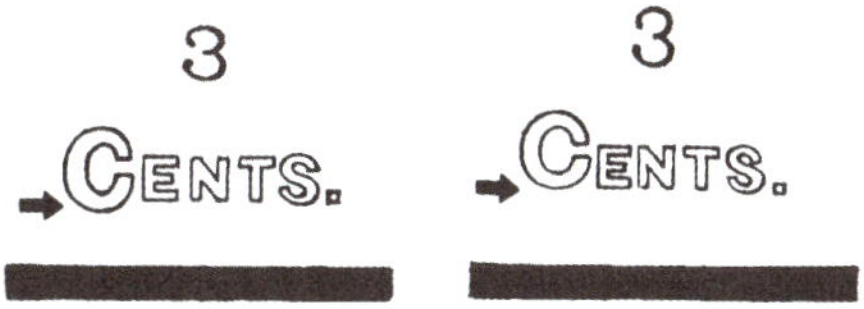

タイプⅠ　タイプⅡ

(4)

タイプⅠ：Cの位置が低い
タイプⅡ：Cの位置が高い

1896.　加蓋票

T2～T4 を普通票に黒または青，赤加蓋

(a) 1/2C 加蓋 (1896.5.9)

LP9	1	1/2c./4c. (LP4)	3,500	2,800
LP9a		タイプⅡ	5,800	4,800
LP10		1/2c./5c. (LP5)	2,900	2,500
LP10a		タイプⅡ	5,500	4,300
		(2)	6,400	5,300

(b) Half Cent 加蓋 (1896.5.8)

LP11	1	1/2c./4c. (LP4) (5.8)	4,300	3,500
LP11a		タイプⅡ (5.20)	1,100	1,200
LP11b		タイプⅡ（青）	4,300	5,000
LP11c		“Gent” 誤蓋	50,000	43,000
LP12		1/2c./5c. (LP5) (5.8)	4,300	3,500
LP12a		タイプⅡ (5.20)	1,100	1,200
LP12b		タイプⅡ（青）	4,500	4,500
LP12c		“Gent” 誤蓋	50,000	43,000
		(2)	8,600	7,000

(c) 白抜き Cent 加蓋 (1896.10.1)

LP13	1	3c./15c. (LP6)（赤）	1,200	1,800
LP13a		タイプⅡ（赤）	1,400	1,200
LP13b		青加蓋	1,800	1,400
LP14		6c./20c. (LP7)（赤）	1,200	1,800
LP14a		タイプⅡ（赤）	1,400	1,400
LP15		10c./25c. (LP8)	1,200	2,300
LP15a		上方青，下方赤加蓋双連	*Sp*	*u*
LP15b		タイプⅡ	1,400	1,500
		(3)	3,600	5,900

太字加蓋
(LP16～20，黒・赤加蓋とも)

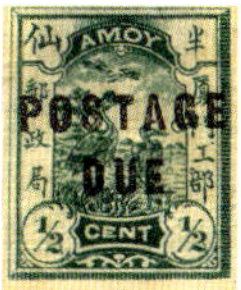

細字加蓋（LP21 のみ）

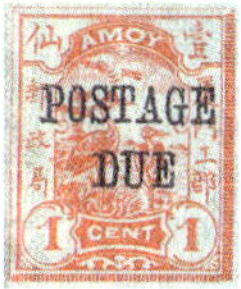

(5)

1895.9.14 - 96.　欠資票

T5 を普通票に黒または赤加蓋

LP16	1	1/2c. (LP1)	650	630
LP16a		赤加蓋	1,400	1,600
LP16b		双連一枚漏印	30,000	*u*
LP17		1c. (LP2)	430	500
LP18		2c. (LP3)	4,500	3,800
LP18a		タイプⅠ（赤）	1,400	1,400
LP18b		タイプⅡ ('96)	26,000	26,000
LP18c		タイプⅡ（赤）	26,000	26,000
LP19		4c. (LP4)	2,600	2,100
LP19a		赤加蓋	1,400	1,400
LP20		5c. (LP5)	2,600	2,100
LP20a		赤加蓋	1,400	1,400
LP21		1c. (LP1) ('96.6.-)	25,000	28,000
		(6)	35,780	37,130

2)　芝罘（烟台）

6　城門と電柱

7　芝罘港と町なみ

第 1 版：ランプが一重

第 2 版：ランプが二重

1893-96.　普通票

平版，P11 1/2，有水印，徳国 Karl Schleicher and Schull 社

(a) 第 1 版 (1893.10.6)

LP22	6	1/2c.	緑	1,500	1,100
LP23		1c.	赤	430	350
LP24		2c.	青	1,500	1,200
LP25		5c.	橙	1,500	1,500
LP26		10c.	茶	1,500	1,200
			(5)	6,430	5,350

(b) 第 2 版 (1894.1.-3.)

LP27	6	1/2c.	緑	210	140
LP28		1c.	赤	80	100
LP29		2c.	青	150	200
LP30		5c.	橙	430	430
LP31		10c.	赤	350	400
			(5)	1,220	1,270

(*c*) 高額 (1896.1.-)

LP32	7	15c.	緑・赤茶	880	1,100
LP33		20c.	紫・赤茶	1,400	1,200
LP34		25c.	赤・紫	880	1,100
			(3)	3,160	3,400

☆ POSTAGE DUE と斜めに黒手蓋した次の5種の欠資加蓋票が市場に存在するが，収集家目当てで，正式発行されたものではない。

POSTAGE DUE/1/2c.(LP22)
POSTAGE DUE/ 1 c. (LP23)
POSTAGE DUE/ 2 c. (LP24)
POSTAGE DUE/ 5 c. (LP25)
POSTAGE DUE/10c. (LP26)

3) 鎮江

8 金山（第1版）

9 金山（第2版）

第1版：河の背景は空間

第2版：河の背景は雲

1894-95. 普通票

平版, P11 1/2, 無水印, 上海 Kelley and Walsh 社（第1版），東京築地印刷所（第2版）

(*a*) 第1版 (1894.8.6)

LP35	8	1/2c.	淡桃	210	290
LP36		1c.	青	130	130
LP37		2c.	茶	400	480
LP38		4c.	黄	600	600
LP39		5c.	黄緑	550	580
LP40		6c.	紫	850	650
LP41		10c.	赤茶	1,100	850
			(7)	3,840	3,580

◇歯孔別評価

		P11 1/2 ×11		P11 ×11 1/2		P11 ×11	
LP35	1/2c.	750	750				
LP36	1c.	750	750				
LP37	2c.	750	750				
LP38	4c.					630	630
LP39	5c.	600	600				
LP40	6c.	600	700	800	800	730	730
LP41	10c.	1,300	1,300	1,000	1,000	950	950

(*b*) 第2版 (1895.3.-)

LP49 以外はマージンが広い

LP42	9	1/2c.	淡桃	480	430
LP43		1c.	青	580	580
LP44		2c.	茶	2,000	1,800
LP45		4c.	黄	1,400	1,400
LP46		5c.	緑	1,400	1,400
LP47		6c.	紫	1,400	1,400
LP47a		◫		–	15,000
LP48		10c.	橙	1,100	1,100
LP49		15c.	紅赤	1,500	1,600
			(8)	9,860	9,710

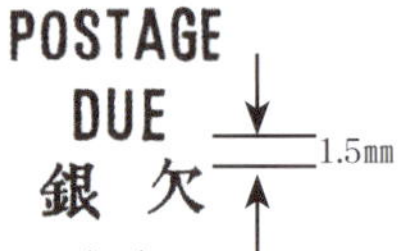

(10)

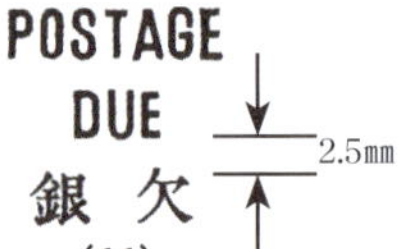

(11)

1894-95. 加蓋欠資票

(*a*) 第1版に加蓋 間距 1 1/2mm (1894.12.21)

T10 を黒加蓋

LP50	8	1/2c.	(LP35)	730	650
LP51		1c.	(LP36)	730	500
LP52		2c.	(LP37)	730	600
LP53		4c.	(LP38)	750	850
LP54		5c.	(LP39)	730	730
LP55		6c.	(LP40)	900	850
LP56		10c.	(LP41)	700	700
			(7)	5,270	4,880

(*b*) 第1版に加蓋 間距 2 1/2mm (1895.4.9)

T11 を黒または赤加蓋

LP57	8	1/2c.	(LP35)	500	430
LP57a		赤加蓋	(LP35)	11,000	8,800
LP58		1c.	(LP36)	500	430
LP59		2c.	(LP37)	1,500	1,500
LP60		4c.	(LP38)	1,500	1,600
LP61		5c.	(LP39)	4,300	4,500
LP62		6c.	(LP40)	1,300	1,400
LP63		10c.	(LP41)	850	2,300
			(7)	10,450	12,160

(*c*) 第2版に加蓋 間距 2 1/2mm (1895.)

T11 を黒加蓋

LP64	9	1/2c.	(LP42)	500	900
LP65		1c.	(LP43)	650	1,000

LP66	9	2c.	(LP44)	…………	2,300	2,400
LP67		4c.	(LP45)	…………	2,500	2,800
LP68		5c.	(LP46)	…………	2,800	3,000
LP69		6c.	(LP47)	…………	2,800	3,300
LP70		10c.	(LP48)	…………	2,500	2,800
LP71		15c.	(LP49)	…………	2,500	2,800
				(8)	16,550	19,000

☆LP50～71には，作為的な倒蓋，一方が目打漏れペア，「P」の一部欠けなどがあるが，極めて専門的な収集以外には必要ない。

1895.4.9.　正刷欠資票

平版，P11～11½，無水印，東京築地印刷所

12　欠銀の文字

LP72	12	½c.	淡桃	…………	500	500
LP73		1c.	青	…………	500	500
LP74		2c.	茶	…………	1,300	1,500
LP75		4c.	黄	…………	800	1,100
LP76		5c.	緑	…………	1,400	1,400
LP77		6c.	紫	…………	1,100	1,300
LP78		10c.	橙	…………	900	1,000
LP79		15c.	紅茶	…………	1,300	1,500
				(8)	7,800	8,800

FIVE CENTS

(13)

(*a*) FIVE CENTS 加蓋 (1895.9.11)

LP80	12	5c./5c.	(LP76)(赤)	……	2,000	2,800

☆5c.正刷欠資票の36番が誤ってFIVR CENTとなっていたため，FIVE CENTSと赤加蓋された。

SERVICE

(14)

1895.9.27.　公用加蓋票

T14を普通票第2版に黒加蓋

LP81	9	½c.	(LP42)	…………	600	800
LP82		1c.	(LP43)	…………	1,300	1,600
LP83		2c.	(LP44)	…………	1,500	1,700
LP84		4c.	(LP45)	…………	2,000	2,000
LP85		5c.	(LP46)	…………	2,000	2,000
LP86		6c.	(LP47)	…………	2,000	2,000
LP87		10c.	(LP48)	…………	2,300	2,500
LP88		15c.	(LP49)	…………	13,000	14,000
				(8)	24,700	26,600

4)　重慶

15　仏塔とジャンク

16　仏塔とジャンク（後方に山々）

1893-94.　第1次普通票

平版，無水印（LP89に製紙会社のマーク1011が入っているものもある），上海 Kelley and Walsh 社

(*a*) □×P12½ (1893.)

LP89	15	2c.	朱	…………	1,700	3,800
LP89a			紅赤	…………	900	1,000

(*b*) P12½，薄紙 (1893.10.-)

LP90		2c.	朱	…………	4,800	4,800

(*c*) □×P11½，半透明紙 (1894.-)

LP91		2c.	朱	…………	1,000	1,500
				(3)	7,500	10,100

1894.11.1.　第2次普通票

平版，P11～11½，無水印，洋紙，東京築地印刷所

LP92	16	2c.	淡桃	…………	200	290
LP93		4c.	青	…………	430	530
LP94		8c.	黄橙	…………	430	750
LP95		16c.	紫	…………	430	750
LP96		24c.	黄緑	…………	580	850
				(5)	2,070	3,170

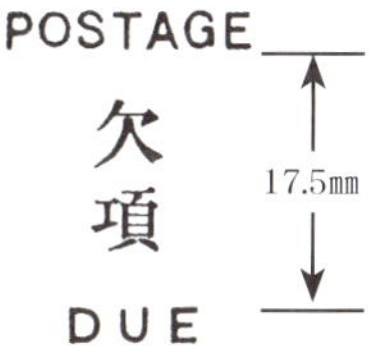

(17)
（字体に変化あり）

1895.　加蓋欠資票

T17を第2次普通票に黒加蓋。英文距離17.5㎜（他に16.5㎜がある）

LP97	16	2c.	(LP92)	…………	1,600	1,300
LP98		4c.	(LP93)	…………	1,600	1,400
LP99		8c.	(LP94)	…………	1,600	1,400
LP100		16c.	(LP95)	…………	1,600	1,400
LP101		24c.	(LP96)	…………	1,100	1,900
				(5)	7,500	7,400

☆他に紫加蓋が存在するが，正式発行されたものではない。

5) 福州

18 龍船レースとジャンク

1895.8.1-96. 普通票

平版，P13$\frac{1}{2}$～15$\frac{1}{2}$，無水印，英国倫敦華徳路公司

LP102	18	$\frac{1}{2}$c.	青	…………………	180	250
LP103		$\frac{1}{2}$c.	黄 (96.7.-)	………	230	350
LP104		1c.	緑	…………………	180	300
LP105		1c.	茶 (96.7.-)	………	230	350
LP106		2c.	橙	…………………	650	830
LP107		5c.	淡青	………………	850	1,100
LP108		6c.	紅赤	………………	900	1,300
LP109		10c.	黄緑	…………	1,100	1,300
LP110		15c.	黄茶	…………	1,500	2,000
LP111		20c.	紫	……………	1,500	2,000
LP112		40c.	紫茶	…………	1,600	2,300
				(11)	8,920	12,080

◇歯孔別分類

① P13$\frac{1}{2}$ ② P13$\frac{1}{2}$×14 ③ P14
④ P14×13$\frac{1}{2}$ ⑤ P14$\frac{1}{2}$ ⑥ P14×14$\frac{1}{2}$
⑦ P14$\frac{1}{2}$×14 ⑧ P15 ⑨ P14$\frac{1}{2}$×15
⑩ P14×15 ⑪ P15×14$\frac{1}{2}$ ⑫ P14$\frac{1}{2}$×13$\frac{1}{2}$
⑬ P15×14 ⑭ P13$\frac{1}{2}$×15

	①	②	③	④	⑤	⑥	⑦	⑧	⑨	⑩	⑪	⑫	⑬	⑭	※
LP102 $\frac{1}{2}$c. 青	○	○	○	○	○	○	○							○	1
LP103 $\frac{1}{2}$c. 黄	○	○	○	○	○	○	○	○				○	○		
LP104 1c. 緑	○	○	○	○	○	○		○	○		○				2
LP105 1c. 茶			○		○			○	○		○				2
LP106 2c.					○			○		○	○				
LP107 5c.			○		○	○	○	○							3
LP108 6c.	○		○	○		○									
LP109 10c.			○		○		○	○	○		○		○		
LP110 15c.					○			○							
LP111 20c.		○	○	○	○	○	○								
LP112 40c.					○			○							

※1) P13$\frac{1}{2}$×14×14×14
※2) P13$\frac{1}{2}$，P14，P14$\frac{1}{2}$ 混合
※3) P14×14×14×14$\frac{1}{2}$

6) 漢口

19 茶売り

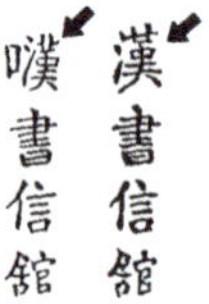

19 の拡大図
左：LP113，114
右：上記以外

20 黄塔

21 工部局

1893-94. 第1次普通票

平版，無水印，英国倫敦華徳路公司

(a) 第1版 (1893.5.20)

□×点線歯，着色艶なし紙

LP113	19	2c.	紫/薄紫	………	8,500	6,000
LP114		5c.	緑/薄橙	………	23,000	11,000
LP115		10c.	赤/赤紅	………	23,000	11,000
				(3)	54,500	28,000

(b) 第2版 (1893.5.-6.)

□×点線歯，点線歯×□（LP117），着色艶なし紙（LP118を除く）

LP116	19	2c.	紫/薄紫 (6.-)	……	850	730
LP117		5c.	緑/薄橙 (6.-)	……	850	730
LP118		10c.	赤/洋紅 (6.-)	…	1,200	1,400
LP119	20	20c.	群青/薄黄 (5.25)		1,800	2,000
LP120	21	30c.	赤/黄 (5.26)	……	1,800	2,400
				(5)	6,500	7,260

☆ LP115 は着色艶なし紙，LP118 は着色艶紙で，比較すると後者の方が紙質は明るく，印面が光ってみえる。

(c) 改版 (1894.6.-)

点線歯×□

LP121	19	2c.	紫/クリーム	……	1,200	900
LP122		5c.	緑/黄緑	…………	1,400	900
				(2)	2,600	1,800

22，25 茶売り

23，26 漢口風景

24，27 工部局

（25～27 は 22～24 より印面がひと回り小さくなった）

1894-96. 第2次普通票

平版，英国倫敦華徳路公司

(*a*) 有水印，P15 (1894.9.-)

LP123	**22**	2c.	緑	…………	730	1,000
LP124		5c.	茶	…………	900	1,000
LP125		10c.	青	…………	1,200	1,000
LP126	**23**	20c.	赤味茶	…………	1,500	1,400
LP127	**24**	30c.	暗紫	…………	1,600	1,500
				(5)	5,930	5,900

(*b*) 無水印，P11 1/2 (1896.8.-)

LP128	**25**	2c.	緑	…………	430	500
LP129		5c.	明茶	…………	730	550
LP130		10c.	群青	…………	1,400	1,800
LP131	**26**	20c.	暗橙	…………	2,100	1,800
LP132	**27**	30c.	紫	…………	1,100	1,800
				(5)	5,760	6,450

I. ONE CENT I.

(28)

ONE CENT.

(29)

P. P. C.

(30)

1896-97. 加蓋票

(*a*) 数字英文加蓋

T28 を第２次普通票有水印に黒加蓋

LP133	**22**	1c./10c. (LP125) (96.5.-)	…………	2,900	2,900
LP134	**23**	2c./20c. (LP126) (96.3.-)	…………	2,900	2,900
LP135	**24**	5c./30c. (LP127) (96.3.-)	…………	2,900	2,900
			(3)	8,700	8,700

(*b*) 英文加蓋

T29 を第２次普通票無水印に黒加蓋

LP136	**27**	1c./30c. (LP132) 横加蓋	…………	11,000	10,000
LP137		1c./30c. (LP132) 縦加蓋	…………	2,400	2,400
			(2)	13,400	12,400

(c) P.P.C. 加蓋 (1897.1.-)

T30 を第２次普通票無水印に黒加蓋

LP138	**25**	2c. (LP128)	…………	8,500	−
LP139		5c. (LP129)	…………	8,500	−
LP140		10c. (LP130)	…………	8,500	−
LP141	**26**	20c. (LP131)	…………	8,500	−
LP142	**27**	30c. (LP132)	…………	8,500	−
			(5)	42,500	−

☆ “P.P.C. 加蓋” については 136 頁の注記を参照。

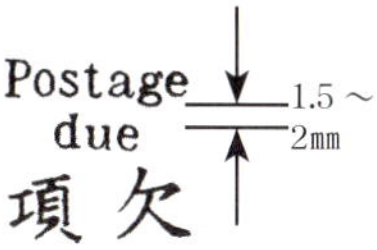

(31)

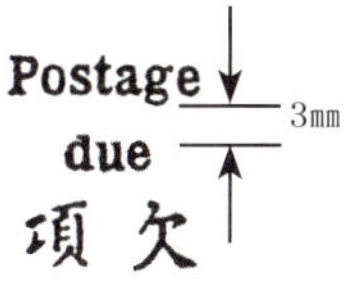

(31A)

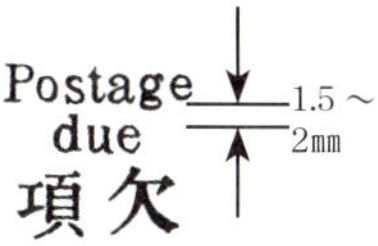

(32)

1894.-. 加蓋欠資票

(*a*) 楷字加蓋

T31 を第１次普通票第２版，改版に黒加蓋

LP143	**19**	2c.	(LP121)	…………	1,200	1,500
LP143a		間距３㎜		…………	29,000	29,000
LP144		5c.	(LP122)	…………	1,500	1,500
LP145		10c.	(LP118)	…………	1,500	1,500
LP145a		間距３㎜		…………	26,000	26,000
LP146	**20**	20c.	(LP119)	…………	6,500	5,800
LP146a		間距３㎜		…………	29,000	29,000
LP147	**21**	30c.	(LP120)	…………	3,500	2,900
				(5)	14,200	13,200

(*b*) 宋字加蓋

T32 を第１次普通票第２版，改版に黒加蓋

LP148	**19**	2c.	(LP121)	…………	10,000	12,000
LP149		5c.	(LP122)	…………	10,000	12,000
LP150		10c.	(LP118)	…………	10,000	14,000
LP151	**20**	20c.	(LP119)	…………	10,000	14,000
LP152	**21**	30c.	(LP120)	…………	10,000	13,000
				(5)	50,000	65,000

7) 宜昌

33 紋銀銭

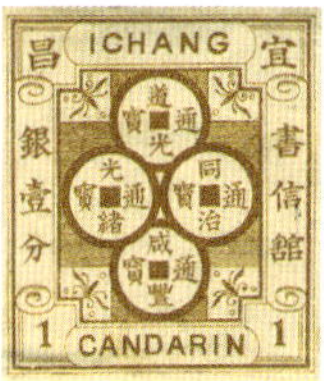

34 ４つの古銭

35
篆書体「宜昌」

36　八卦と
「1894」の文字

37
楷書体「宜昌」

38
粗頸鳥

39　かわうそ

40
揚子江地図

1894-95.　普通票

平版，無水印，東京築地印刷所

(a) P10 1/2～11 1/2，**狭幅**（3㎜）（1894.12.1）

LP153	**33**	1/2c.	赤茶	730	900
LP154	**34**	1c.	橄茶	730	1,200
LP155	**35**	2c.	紫	1,200	1,200
LP156	**36**	3c.	灰	2,000	1,500
LP157	**37**	5c.	赤味茶	1,000	1,500
LP158	**38**	10c.	（1㎜）緑	3,500	5,800
LP159	**39**	15c.	青	4,000	5,800
LP160	**40**	30c.	赤	4,000	4,300
			(8)	17,160	22,200

(b) P10 1/2～11 1/2，**広幅**（4～5 1/2㎜）（1895.-）

LP153B	**33**	1/2c.	赤茶	850	450
LP154B	**34**	1c.	橄茶	1,200	900
LP156B	**36**	3c.	灰	1,800	1,100
			(3)	3,850	2,450

(c) **点線歯 9**（1895.-）

LP161	**35**	2c.	紫	1,500	1,400
LP162	**40**	30c.	（3㎜）赤	2,900	3,000
			(2)	4,400	4,400

2
CANDARINS
(41)

1896.　加蓋票

T41 を普通票に黒または紫加蓋

LP163	**40**	2c./30c.（LP160）（3㎜）	6,500	5,000
LP164		2c./30c.（LP160）（紫）	60,000	55,000
LP165		2c./30c.（LP162）	11,000	7,300
LP166	**34**	2c./1c.　（LP154）	1,500	1,200
		(4)	79,000	68,500

8)　九江

42　九江塔

43　紋様

（**43** は額面ごとに図案が若干異なる）

44　そり橋

45　島の遠景

1894.　正刷票

平版，P12，着色土紙，無水印，東京築地印刷所

(a) **第 1 版**（1894.6.1）

LP167	**42**	1/2c.	朱/黄	300	300
LP168		1/2c.	黒/玫赤	300	300
LP169	**43**	1c.	黒	300	300
LP170		2c.	赤	400	430
LP171		5c.	青/黄	500	480
LP172		6c.	黄	600	580
LP173		10c.	黒/黄	850	850
LP174		15c.	赤/黄	850	1,000
LP175		20c.	紫/玫赤	1,100	1,100
LP176		40c.	黒/桃赤	1,200	1,400
			(10)	6,400	6,740

(b) **図版変更**（1894.7.-）

LP177	**44**	1/2c.	朱/黄	200	430
LP178		1/2c.	黒/玫赤	200	430
LP179	**45**	1c.	黒	250	430
			(3)	650	1,290

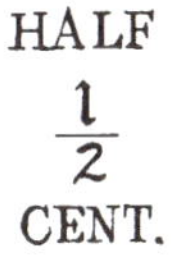

(46)

1896.8.- 改値加蓋票

T46 を普通票に黒または青加蓋

LP180	43	1/2c./20c. (LP175)	…	1,100	1,100
LP181		1c./15c. (LP174)	……	1,100	1,100
LP181a		青加蓋	…………………	14,000	11,000
LP182		2c./6c. (LP172) (青)	…	1,300	1,300
			(3)	3,500	3,500

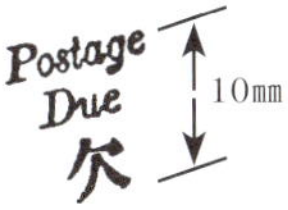

(47) タイプⅠ
"os" の下に "D" の文字

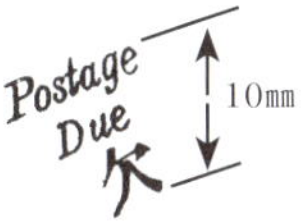

(47A) タイプⅡ
"st" の下に "D" の文字

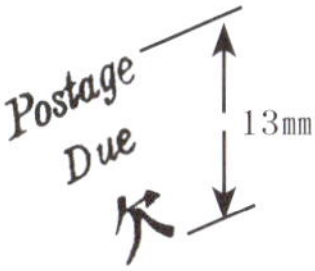

(48) タイプⅢ
"ta" の下に "D" の文字

1895. 加蓋欠資票

(*a*) タイプⅠ

T47 を普通票に黒加蓋

LP183	44	1/2c.	(LP177) ………	2,900	4,000
LP184		1/2c.	(LP178) ………	2,900	4,000
LP185	45	1c.	(LP179) ………	2,600	3,500
LP186	43	2c.	(LP170) ………	7,500	12,000
			(4)	15,900	23,500

(*b*) タイプⅡ

T47A を普通票に黒または赤加蓋

LP187A	44	1/2c.	(LP177) ………	1,500	900
LP188A		1/2c.	(LP178) ………	1,100	900
LP189A	45	1c.	(LP179) ………	1,000	800
LP190A		1c.	(LP179) (赤) …	10,000	10,000
LP191A	43	2c.	(LP170) ………	1,200	1,100
LP192A		5c.	(LP171) ………	1,500	1,000
LP193A		6c.	(LP172) ………	1,600	1,100
LP194A		10c.	(LP173) ………	1,800	1,400
LP195A		10c.	(LP173) (赤) …	43,000	43,000
LP196A		15c.	(LP174) ………	2,000	2,000
LP197A		20c.	(LP175) ………	2,900	2,900
LP198A		40c.	(LP176) ………	2,900	2,900
			(12)	70,500	68,000

(*c*) タイプⅢ 文字角度 15～20度

T48 を普通票に黒加蓋

LP190	44	1/2c.	(LP177) ………	1,500	900
LP191		1/2c.	(LP178) ………	1,100	900
LP192	45	1c.	(LP179) ………	1,000	800
LP193	43	2c.	(LP170) ………	1,200	1,100
LP194		5c.	(LP171) ………	1,500	1,000
LP195		6c.	(LP172) ………	1,500	1,100
LP196		10c.	(LP173) ………	1,500	1,500
LP197		15c.	(LP174) ………	1,600	1,600
LP198		20c.	(LP175) ………	2,100	2,600
LP199		40c.	(LP176) ………	2,600	2,900
			(10)	15,600	14,400

☆ LP187 ～ LP189 は欠番

◇変異

各額面に文字の角度 30～40 度がある。

9) 南京（金陵）

49 石人と墓

50 金陵城門

51 石象と墓

52 金陵の風景

53 寺院

54 大鐘

英文文字白抜き（第1版）

英文改訂（第2版，3版）

1896. 普通票

平版，P11 1/2（1，2版），12 1/2（3版），無水印，東京築地印刷所

(*a*) 第 1 版 (1896.9.20)

NANKING LOCAL POST の文字は白字

LP200	**49**	1/2c.	灰	650	750
LP201	**50**	1c.	桃	650	750
LP202	**51**	2c.	緑	1,400	1,500
LP203	**52**	3c.	橘黄	1,200	900
LP204	**53**	4c.	赤茶	1,400	1,400
LP204a			茶	1,400	1,200
LP205	**54**	5c.	紫	1,400	1,300
LP206	**50**	10c.	黄緑	1,800	1,300
LP207		20c.	茶	1,500	1,300
				(8) 10,000	9,200

(*b*) 第 2 版 (1896.-)

広幅　NANKING LOCAL POST の文字は黒字

LP208	**49**	1/2c.	灰味茶	580	650

(*c*) 第 3 版 (1896.-)

広幅　NANKING LOCAL POST の文字は黒字

LP209	**49**	1/2c.	灰味茶	730	800
LP210	**50**	1c.	桃	1,300	1,000
LP210a		□		1,300	1,500
LP211	**51**	2c.	緑	1,500	1,300
LP212	**52**	3c.	黄	1,600	1,500
LP213	**53**	4c.	赤茶	1,800	1,600
LP214	**54**	5c.	青	1,800	1,600
				(6) 8,730	7,800

☆ LP208 は LP209 より四方のマージンが大きい。

10）威海衛および劉公島

55　二重丸印

56　数字

1898.12.8.　暫定票

無歯

赤い用紙に二重丸形 (和の文字を中心に＊ WHW ＊ C & CO の英文) の印を押し，上方左右に額面，下方に C.P. (Courier Post の略) の文字を手書き，裏面に G. K. Ferguson の署名。

LP215	**55**	2c.	黒/赤	23,000	26,000
LP216		5c.	黒/赤	120,000	110,000
				(2) 143,000	136,000

1899.1.9.　普通票

平版，P11，無水印，上海 Kelly and Walsh 社

LP217	**56**	2c.	紅赤	13,000	13,000
LP218		5c.	黄緑	14,000	16,000
LP219		5c.	翠緑	16,000	16,000
				(3) 43,000	45,000

11）蕪湖

57　水田

58　池と島

59　山鳥

60　塔

61　「富」の文字

1894.11.26.　普通票

平版，P11 ～ 12 1/2，無水印，上海 Litographic Society 社

(*a*) P11 1/2 ～ 12 1/2

LP220	**57**	1/2c.	緑	850	650
LP221	**58**	1/2c.	黒	650	500
LP222	**59**	1c.	茶	850	580
LP223	**57**	2c.	黄	730	650
LP224	**60**	5c.	洋紅	730	850
LP225	**61**	6c.	青	1,000	1,000
LP226	**59**	10c.	茶赤	1,400	1,400
LP227	**60**	15c.	橄緑	1,400	1,400
LP228	**61**	20c.	赤	1,400	1,300
LP229	**58**	40c.	黄味赤	1,800	1,800
				(10) 10,810	10,130

☆ LP220 ～ 229 には，いずれも作為的な□がある。

(*b*) P11

LP220A	**57**	1/2c.	緑	550	330
LP221A	**58**	1/2c.	黒	430	290
LP222A	**59**	1c.	茶	730	400
LP223A	**57**	2c.	黄	600	580
LP224A	**60**	5c.	洋紅	800	900
LP225A	**61**	6c.	青	800	850
LP226A	**59**	10c.	茶赤	1,500	1,200
LP227A	**60**	15c.	橄緑	1,400	1,200
LP228A	**61**	20c.	赤	1,300	1,100
LP229A	**58**	40c.	黄味赤	1,500	1,500
				(10) 9,610	8,350

分　半

(62)

1895.-. 中文額面加蓋票

T62 を普通票に黒または赤加蓋

LP230	57	1/2c. (LP220)	7,300	–
LP231	58	1/2c. (LP221)（赤）	1,000	850
LP232	59	1c. (LP222)	630	500
LP233	57	2c. (LP223)	730	650
LP234	60	5c. (LP224)	1,000	1,000
LP235	61	6c. (LP225)	1,500	1,500
LP236	59	10c. (LP226)	1,600	1,500
LP237	60	15c. (LP227)	1,800	1,500
LP238	61	20c. (LP228)	2,100	2,300
LP239	58	40c. (LP229)	3,300	3,300
		(10)	20,960	–

(63)

1895.-. 英文新額面改値加蓋票

T63 を普通票に黒または赤加蓋

LP240	59	1/2c./1c. (LP222)（赤）	1,200	900
LP241		1/2c./1c. (LP222)	18,000	–
LP242	57	5c./2c. (LP223)	1,400	1,500
		(3)	20,600	–

64 つる

65 「吉」の文字

66 「蕪湖」の文字

67 みみずく

68 しか

1896.-. 第2次普通票

平版，P10，無水印，
上海 Lithographic Society 社

LP243	64	1/2c.	淡紫	1,200	850
LP244	65	1/2c.	黄	850	730
LP245	66	1c.	群青	730	680
LP246	67	2c.	緑	1,800	1,500
LP247	65	5c.	黄緑	1,300	1,200
LP248	68	6c.	茶	1,600	1,800
LP249	67	10c.	桃	2,100	1,900
LP250	64	15c.	桃赤	2,300	2,100
LP251	66	20c.	桃	1,500	2,000
LP252	68	40c.	赤桃	2,100	2,400
			(10)	15,480	15,160

(69)

1896.-. 中文額面加蓋票

T69 を第2次普通票に黒加蓋

LP253	64	1/2c. (LP243)	1,500	1,200
LP254	65	1/2c. (LP244)	850	850
LP255	66	1c. (LP245)	730	650
LP256	67	2c. (LP246)	2,100	1,800
LP257	65	5c. (LP247)	1,500	1,200
LP258	68	6c. (LP248)	1,400	2,000
LP259	67	10c. (LP249)	3,500	2,900
LP260	64	15c. (LP250)	4,000	2,900
LP261	66	20c. (LP251)	2,300	1,800
LP262	68	40c. (LP252)	2,600	2,400
		(10)	20,480	17,700

☆ LP253～262 には，いずれも作為的な倒蓋がある。

(70)

（文字の型の違いで3種に分類できる）

1895.-96. 欠資加蓋票

(*a*) T70 を普通票に黒または赤加蓋 (1895.4.-)

LP263	57	1/2c. (LP220)	550	550
LP264	58	1/2c. (LP221)（赤）	550	550
LP264a		黒加蓋	9,000	–
LP265	59	1c. (LP222)	1,300	1,300
LP266	57	2c. (LP223)	1,000	830
LP267	60	5c. (LP224)	1,000	1,000
LP268	61	6c. (LP225)	1,300	1,200
LP269	59	10c. (LP226)	1,600	1,600
LP270	60	15c. (LP227)	1,700	1,600
LP271	61	20c. (LP228)	2,300	2,300
LP272	58	10c. (LP229)	2,900	2,500
		(10)	14,200	13,430

(*b*) T70 を第2次普通票に黒または赤加蓋 (1896.-)

LP273	64	1/2c. (LP243)	550	550
LP274	65	1/2c. (LP244)（赤）	580	550
LP275	66	1c. (LP245)	630	550
LP276	67	2c. (LP246)	1,000	730
LP277	65	5c. (LP247)	850	800
LP278	68	6c. (LP248)	1,300	1,200
LP279	67	10c. (LP249)	1,700	1,600
LP280	64	15c. (LP250)	1,700	1,600
LP281	66	20c. (LP251)	2,300	2,300
LP282	68	40c. (LP252)	2,900	2,500
		(10)	13,510	12,380

P.P.C.

(71)

1897. P.P.C. 加蓋票

(*a*) T71を第2次普通票に黒，赤加蓋

LP283	**64**	1/2c.(LP243)	…………	**1,500**	–
LP284	**65**	1/2c.(LP244)	………	**1,500**	–
LP285	**66**	1c. (LP245)	…………	**1,500**	–
LP286	**67**	2c. (LP246)	………	**2,000**	–
LP287	**65**	5c. (LP247)	…………	**1,500**	–
LP288	**68**	6c. (LP248)	…………	**1,600**	–
LP289	**67**	10c.(LP249)	…………	**2,900**	–
LP290	**64**	15c.(LP250)	…………	**2,000**	–
LP291	**66**	20c.(LP251)	…………	**1,400**	–
LP292	**68**	40c.(LP252)	…………	**1,700**	–
				(10) **17,600**	–

☆LP283～292には，黒加蓋と赤加蓋の両方がある。評価は赤加蓋の方が約2割ほど高い。

(*b*) T71とT69を第2次普通票に黒加蓋

LP293	**64**	1/2c.(LP253)	………	**1,100**	–
LP294	**65**	1/2c.(LP254)	…………	**650**	–
LP295	**66**	1c. (LP255)	…………	**900**	–
LP296	**67**	2c. (LP256)	…………	**1,800**	–
LP297	**65**	5c. (LP257)	…………	**850**	–
LP298	**68**	6c. (LP258)	…………	**1,200**	–
LP299	**67**	10c.(LP259)	…………	**2,900**	–
LP300	**64**	15c.(LP260)	…………	**2,600**	–
LP301	**66**	20c.(LP261)	…………	**2,100**	–
LP302	**68**	40c.(LP262)	…………	**2,400**	–
				(10) **16,500**	–

☆LP293～302には，上段が**T71**で下段が**T69**と，上段が**T69**で下段が**T71**の両方がある。評価は同じ。

(*c*) T71を第2次普通票欠資加蓋に黒再加蓋

LP303	**64**	1/2c.(LP273)	………	**1,400**	–
LP304	**65**	1/2c.(LP274)	………	**730**	–
LP305	**66**	1c. (LP275)	…………	**850**	–
LP306	**67**	2c. (LP276)	…………	**2,300**	–
LP307	**65**	5c. (LP277)	…………	**1,400**	–
LP308	**68**	6c. (LP278)	………	**1,800**	–
LP309	**67**	10c.(LP279)	…………	**2,900**	–
LP310	**64**	15c.(LP280)	…………	**5,000**	–
LP311	**66**	20c.(LP281)	…………	**3,300**	–
LP312	**68**	40c.(LP282)	…………	**4,000**	–
				(10) **23,680**	–

☆P.P.C.はフランス語のPour prendre conge（プール・プレンドル・コンジェ＝さようならの意味）で，国家郵政が設立され，すべての書信館郵便が閉鎖に決まった時，在庫していた郵票に加蓋し，乱発行した。中国の主権を犯した欧米列強の悪あがきをしめしている。これらは収集家目当てのもので，集める価値は少ない。

XV 清朝時期台湾票

1. 台湾文報局郵政

1 左片は「根」

1888（光緒14）. -. 公用站票・第1版

手押し木版，無水印，□，手漉き土紙，印面寸法：47.0×61.5～63.0㎜，S5（1×5）

ET1	**1**（無額面）黒	……………	**45,000**	**60,000**
ET1a	後期文字摩滅（47.0×63.0㎜）	……………	**15,000**	**35,000**
✉		……………………………		***200,000***

☆ET1は右片には篆書体の「台湾郵票」の文字の下に，宋書体で重量，発行年月日，受取局名の記入欄があり，中央の站票番号をはさんで，左片には宋書体の「根」（管理伝票の意）の下に発行年月日の控え記入欄がある。右片を郵便物に貼りつけた。ET4まで同じ。

☆用紙には横紋紙と無紋紙とがあり，「台湾郵票」などの文字の違いによって，細かく分類できる。

☆用紙に5面を手押しして全張とし，これを100シート綴って1冊とした。

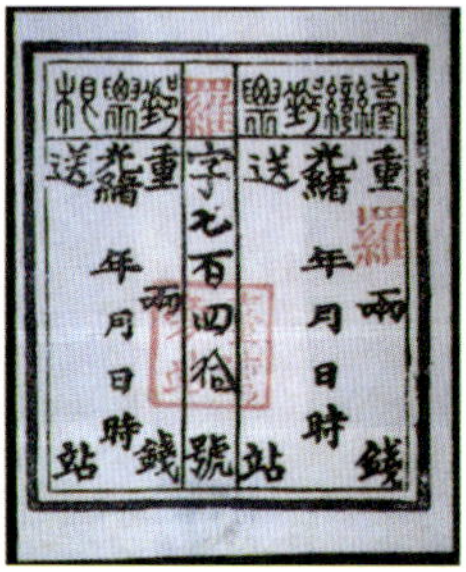

2 左片は「郵票根」

1893（光緒19）(?). 公用站票・第2版

手押し木版，無水印，□，手漉き土紙，印面寸法：67.0×65.0㎜，S5（1×5）

ET2	**2**（無額面）黒	……………	**15,000**	**50,000**
✉		……………………………		***200,000***

☆ET2はET1に比べ外枠が太い。右片には篆書体の「台湾郵票」の文字の下に，楷書体で重量，発行年月日，受取局名の記入欄があり，中央の站票番号をはさんで，左片には篆書体の「郵票根」の下に楷書体で重量，発行年月日，受取局名の控え記入欄がある。

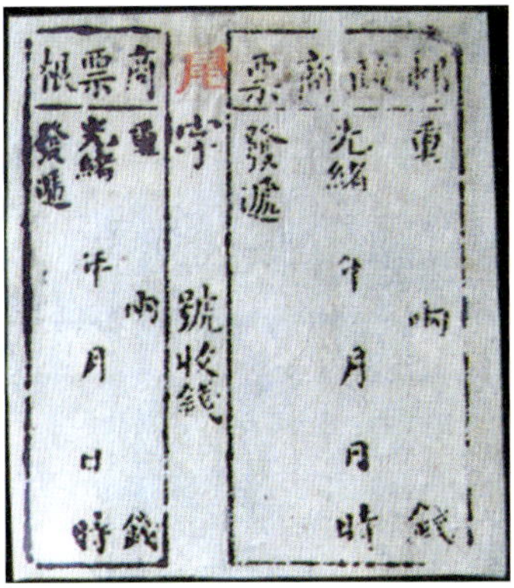

3　郵政商票

1888（光緒14）．郵政商票（民信用）

手押し木版，無水印，□，手漉き土紙，印面寸法：62.0 × 72.0㎜，S不明

ET3　3（無額面・売価 20 文）黒

	u	80,000
✉		1,300,000

☆ ET3 は右片には「郵政商票」の文字の下に，重量，発行年月日，受取局名の記入欄があり，中央の站票番号と受領金額をはさんで，左片は「商票根」の下に重量，発行年月日，受取局名の控え記入欄がある。

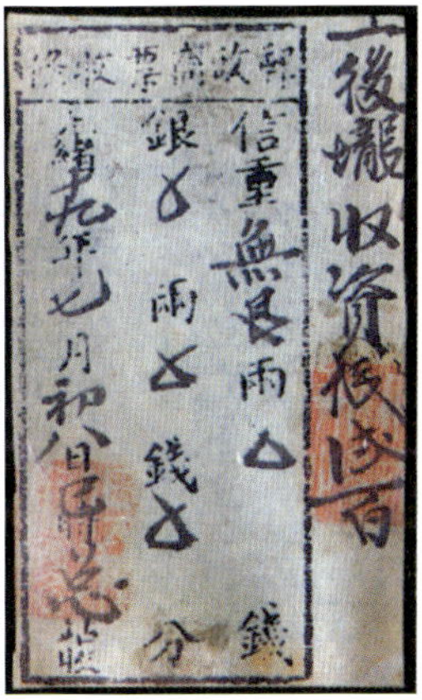

4　郵政商票収條

1893（光緒19）．郵政商票収條

ET4　4（無額面）黒／着色紙 …… u 1,000,000

☆ ET4 は使用済が現在までに 9 例確認されているだけで，完全な未使用状態がどのようなものであるかや，シート構成もわかっていない。

☆「郵政商票収條」の文字の下に，重量，料金，発行年月日の記入欄があり，発行局名は欄外に書かれた。

☆ ET1 ～ ET4 の郵票や「公報票」には，編号と呼ばれる漢字 1 文字が上欄中央に朱押しされている。「当該署局営所郵站は，地名上の 1 字を選び，字号を編立する」（郵政條目）と定められたもので，「撫」は巡撫，「総北」は台北総站を表すなど，これまでに公用の各所 46，民信用の各站 52ヵ所が確認されている。

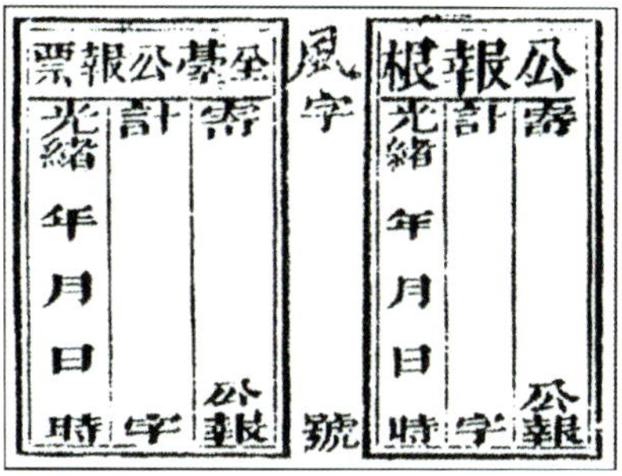

5　公報票

☆写真のような「公報票」が存在するが，これは公用電報記録用といわれ，郵票には含まれない。台湾島内では 1888 年 1 月 26 日（光緒 13 年 12 月 14 日）に台南・台北間の電報が開設され，公用は無料，民間用は有料とされた。評価は 1 枚 5,000 円程度。

(6)

(7)

1888-89（?）．小龍加蓋台湾票

T6，T7 を海関小龍票に暗赤加蓋

◆不発行（おそらくプライベート・プリント）

ETU1	(6)	3c.	紫（#14）	12,000	–
ETU1a			□	12,000	–
ETU2	(7)	3c.	紫（#14）	12,000	–
ETU2a			ETU1 との過橋双連	40,000	–
ETN2b			□	12,000	–
ETU2c			ETU1a との過橋双連	40,000	–
ETU3	(6)	5c.	橄黄（#15）	15,000	–
ETU3a			□	15,000	–
ETU4	(7)	5c.	橄黄（#15）	15,000	–
ETU4a			ETU3 との過橋双連	40,000	–
ETU4b			□	15,000	–
ETU4c			ETU3a との過橋双連	50,000	–

☆ ETU1～4 は，海関小龍票（無水印，厚紙，光歯，P11$\frac{1}{2}$）を特別に印刷，全張 40（4 × 5 × 2 格）の左半分にボールド体で左下から右上に向けて 45 度の角度で「FORMOSA」，右半分に 4 号明朝体で「台湾郵票」の文字を加蓋した。このため写真のような過橋双連（ガッター・ペア）が存在する。

8　龍馬票

1888.6.
大清台湾郵政局龍馬票

凹版，無水印，P14（全張の外周は□），印面寸法：30.5×32.0㎜，厚紙と薄紙の2種，S 25（5×5），倫敦 Braobury Wilkinson & CO 社

◆不発行

ETU5　8　20M.　緑 …………… 120,000　120,000
ETU6　　20M.　紅 ………… 90,000　90,000
(2) 210,000　210,000

◆試刷票（□）

緑，灰緑，青，赤茶，茶，濃い茶の6種がある。

☆台湾巡撫・劉銘伝が清朝中央政府の許可を受けずに英国へ発注したが，図案に描かれた龍が人の顔に酷似していて皇帝を象徴する龍のイメージがつぶれた－などの理由で発行が許可されなかった。

1888.11-12.　龍馬票改作火車票

台湾では1888年11月から12月にかけて，台北－錫口（現在の松山）－水返脚（汐止）間に鉄道が開通され，これの乗車券に不発行の龍馬票が流用されたといわれている。

これには，*(a)* 手書き，*(b)* 無框（フレームなし），*(c)* 有框（フレームあり），*(d)* 改作伍分，*(e)* 各站相互，*(f)* 赤字再加蓋，*(g)* 赤字加蓋，－など，細かく分類すると24種になる。

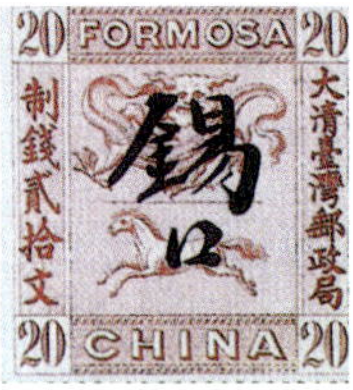

(9)

(10)

(a) 手書き

T9，T10 を黒で墨書

ET5　8　無額面・錫口（T9）/20M.　紅 ………………… 55,000　－
ET6　　無額面・水返脚（T10）/20M.　紅 ………………… 55,000　－

(11)

(12)

(b) 無框（フレームなし）

T11，T12を赤押し，発行の際，筆で番号を記入

ET7　8　10c.（T11）/20M.　緑　60,000　－
ET8　　10c.（T11）/20M.　紅　60,000　－
ET9　　10c.（T12）/20M.　緑　60,000　－
ET10　　10c.（T12）/20M.　紅　60,000　－

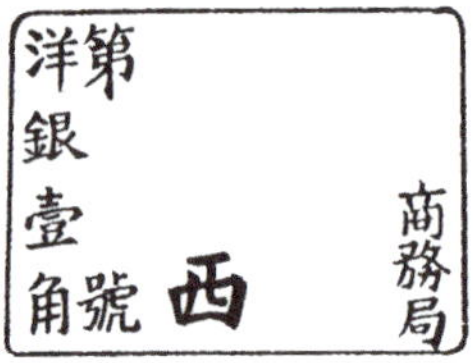

(13)

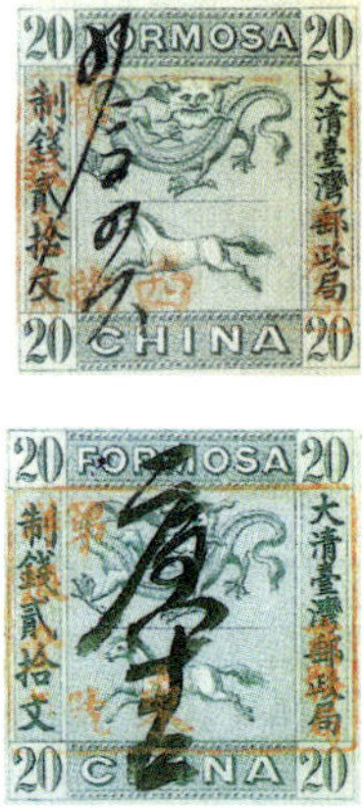

(14)

(c) 有框（フレームあり）

T13，T14 を赤押し，発行の際，筆で番号を記入

ET11　8　10c.（T13）/20M.　緑　60,000　－
ET12　　10c.（T13）/20M.　紅　60,000　－
ET13　　10c.（T14）/20M.　緑　60,000　－
ET14　　10c.（T14）/20M.　紅　100,000　－

(15)

(d) 改作伍分

T15 を ET12 に黒押し

ET15　8　5c./10c.（ET12）/20M.　紅 ………………… 80,000　－

(16)

(17)

(18)

(19)

(*e*) 各站相互

T16～T19 を黒押し

ET16	8	5c. (T16)/20M.	緑	80,000	–
ET17		5c. (T16)/20M.	紅	80,000	–
ET18		10c. (T17)/20M.	緑 …	80,000	–
ET19		10c. (T17)/20M.	紅 …	80,000	–
ET20		5c. (T18)/20M.	緑	80,000	–
ET21		5c. (T18)/20M.	紅	80,000	–
ET22		10c. (T19)/20M.	緑 …………	*u*	–
ET23		10c. (T19)/20M.	紅 …	80,000	–

(20)

(21)

(*f*) 赤字再加蓋

T20, T21を ET16～19 に赤加蓋

ET24	8	5c./5c. (ET16)/20M.	緑	80,000	–
ET25		5c./5c. (ET17)/20M.	紅	80,000	–
ET26		10c./10c. (ET18)/20M.	緑	80,000	–
ET27		10c./10c. (ET19)/20M.	紅	100,000	–

(22)

(*g*) 赤字加蓋

T22 を赤加蓋

ET28　8　5c. /5c. /20M.　緑…… 100,000　–

2.　台湾民主国郵政

23　1 版
トラ（黒旗軍の象徴）

2 版

3版

4版

【3つの版の区別】

第1版：①「湾」の文字　②尾が立っている
　　　③渦が2つある　線（竹）がない
第2版：①「湾」の文字　②尾が丸くなっている
　　　③バックに線（竹）がある
第3版：①「湾」の文字　②尾が波打っている
　　　③額に「王」の字が入っている
　　　④線（竹）が2版に比べて細い

1895.8-9.　台湾民主国独虎郵票

T23を図案と額面に分けて1枚ずつ全張上に手押し

（1）第1版

無水印，□，無膠，ごく薄い手漉き土紙，印面寸法：23.5×25.5㎜，[S] 100（10×10），176（11×16）

ET29	23	30s.	緑	20,000	9,000
ET30		50s.	朱	20,000	6,000
ET31		100s.	紫	20,000	4,500
			(3)	60,000	19,500

◇変異

ET29a	30s.	額面漏印	20,000	*u*
ET29b		⊔⊓	–	*u*
ET30a	50s.	額面漏印	75,000	50,000
ET30b		⊔⊓	380,000	*u*
ET31a	100s.	額面漏印	75,000	*u*
ET31b		⊔⊓	380,000	*u*

（2）第2版

無水印，P12（全張の外周は□），無膠，洋紙，印面寸法：24.5×25.5㎜，[S] 63（9×7），144（16×9）

ET32	23	30s.	青	19,000	5,300
ET33		50s.	朱	23,000	7,500
ET34		100s.	紫	23,000	7,500
			(3)	65,000	20,300

◇変異

ET34a 100s. 額面漏印 ……… 45,000 23,000

（3）第3版

有水印（DORLING & Co. LONDONの白抜き文字が1シートに1ヵ所，6枚掛けで入っている），$P11^{1}/_{2}$，P12（全張の外周は□），無膠，洋紙，印面寸法：24.5×25.5㎜，[S] 63（9×7），144（16×9）

ET35	23	30s.	青	3,000	4,500
ET35a			暗青	3,000	1,300
ET35b			青緑	15,000	15,000
ET36		50s.	朱	3,300	1,800
ET36a			濃赤	3,600	3,600
ET37		100s.	紫紅/黄着色	1,600	1,600
ET37a			紫	1,400	900
ET38		100s.	暗青	1,800	1,600
			(4)	9,700	9,500

◇歯孔別評価

		$P11^{1}/_{2}$		P12	
ET35	30s. 青	3,000	4,500	3,000	2,500
ET35a	暗青	3,000	1,300	–	–
ET35b	青緑	–	–	15,000	15,000
ET36	50s. 朱	3,300	1,800	1,800	1,100
ET36a	濃赤	4,300	1,700	–	–
ET37	100s. 紫紅/黄着色	–	–	1,800	850
ET37a	紫	1,700	900	–	–
ET38	100s. 暗青	2,300	1,000	–	–

◇変異

ET35c	30s.	額面漏印	–	–
ET35d		⊔⊓	45,000	–
ET36b	50s.	額面漏印	–	–
ET36c		⊔⊓	–	–
ET37b	100s.	額面漏印	–	–
ET37c		⊔⊓	–	–

（4）第4版（不発行）

第3版不発行とも呼ばれる。印面寸法：25.0×26.0㎜（第3版よりひと回り大きく，色調は淡い）

ET39	23	30s.	碧緑	15,000	–
ET40		50s.	赤	1,500	–
ET41		100s.	茶	1,500	–
ET42		100s.	青	9,000	–
			(4)	27,000	

☆台湾民主国主要郵票には，多くの場合3種の額面のものをセットで貼ったカバーが存在する。その大部分はフィラテリック・カバーである。アモイの到着印のあるものも同じ。

✉ 第1版貼付（3種）……………… 40,000
　第2版貼付（3種）……………… 50,000
　第3版貼付（3種）……………… 30,000

XVI　在中国局郵票（客郵）

1. BRITISH POST OFFICE
イギリス　英国在華郵局郵票

CHINA

(1)

2

1917.1.1.－21.　第１次「CHINA」加蓋

T1 を香港普通票（ジョージ５世図案, Multiple Script CA 楷書透かし，P14）に黒加蓋

FB1	2	1C.	茶	500	300
FB2		2C.	緑	900	40
FB3		4C.	洋紅	650	40
FB4		6C.	橙	650	150
FB5		8C.	灰	1,500	100
FB6		10C.	群青	1,500	40
FB7		12C.	橙緑	1,300	800
FB8		20C.	紫・灰緑	1,800	80
FB9		25C.	紫・紅紫	1,000	1,800
FB10		30C.	紫・橙黄	4,500	650
FB11		50C.	黒／緑紙	4,500	700
FB12		$1	紅紫・群青／青紙	8,500	300
FB13		$2	赤・黒	28,000	6,500
FB14		$3	緑・紫	65,000	22,000
FB15		$5	緑・赤／緑紙	43,000	30,000
FB16		$10	紫・黒／赤紙	110,000	60,000
			(16)	273,300	123,500

1922.3－27.　第２次「CHINA」加蓋

T1 を香港普通票（ジョージ５世図案，Multiple Script CA 草書透かし，P14）に黒加蓋

FB17	2	1C.	茶	280	450
FB18		2C.	緑	450	260
FB19		4C.	洋紅	750	260
FB20		6C.	橙	550	500
FB21		8C.	灰	1,000	1,800
FB22		10C.	群青	1,100	400
FB23		20C.	紫・灰緑	1,800	600
FB24		25C.	紫・紅紫	2,800	8,000
FB25		50C.	黒／緑紙	8,000	22,000
FB26		$1	紅紫・群青／青紙	8,500	7,000
FB27		$2	赤・黒	25,000	30,000
			(11)	50,230	71,270

☞ 聯軍加蓋票（BR1 ～ 2），109 頁参照

2. FRENCH POST OFFICE
フランス　法国在華郵局郵票

Chine

(1)

2

1894－1900.　第１次「CHINE」加蓋

T1 をフランス本国普通票（Sage 図案，無水印，P14×13½）に赤，朱，黒加蓋

Sage 図案には，REPUBLIQUE 下の INV の文字が B の下に位置するもの（タイプⅠ）と，U の下に位置するもの（タイプⅡ）がある

タイプⅠ

FF1	2	5c.	緑（赤）	350	300
FF2		5c.	黄緑（赤）（'00）	450	300
FF3		10c.	黒（赤）（'00）	1,000	300
FF4		15c.	青	1,400	450
FF5		20c.	赤	820	550
FF6		25c.	黒／桃（朱）	1,000	280
FF7		30c.	茶	1,000	680
FF8		40c.	赤／黄	1,000	820
FF9		50c.	洋紅（赤）	2,800	1,900
FF10		75c.	青紫（赤）	8,800	6,500
FF11		1fr	茶緑	1,900	930
FF12		2fr	茶（'00）	3,300	3,100
FF13		5fr	赤	8,200	6,500
			(13)	32,020	22,610

タイプⅡ

FF2B	5c.	黄緑（赤）	5,200	3,500
FF3B	10c.	黒（赤）（'00）	3,000	1,900
FF9B	50c.	洋紅	2,700	1,800

25

(3)

1900.
第１次改値加蓋（上海用）

T3 をフランス本国普通票に黒加蓋

FF14	25c./1fr（FF11）	14,000	8,200

16 Cents

(4)

1901.　第２次改値加蓋（北京用）

T4 を第１次「CHINE」加蓋に赤加蓋

FF15	2c./25c.（FF6）	120,000	37,000
FF16	4c./25c.（FF6）	150,000	50,000
FF17	6c./25c.（FF6）	120,000	41,000
FF18	16c./25c.（FF6）	35,000	22,000

(5) タイプⅠ

(5) タイプⅡ

1902－04. 第3次改値加蓋

T5 を仏領インドシナ普通票に黒加蓋

タイプⅠ（1902）

FF19	仙五之二 /1c.	270	270
FF20	仙五之四 /2c.	450	450
FF21	壹仙零伍之三 /4c.	450	370
FF22	二仙 /5c.	550	370
FF23	四仙 /10c.	730	650
FF24	六仙 /15c.	820	730
FF25	八仙 /20c.	1,000	930
FF26	十仙 /25c.	1,100	930
FF28	十二仙 /30c.	1,000	930
FF29	十六仙 /40c.	2,700	2,300
FF30	二毛 /50c.	7,300	7,300
FF32	三毛 /75c.	4,400	4,000
FF33	四毛 /1fr	5,000	4,700
FF34	二大元 /5fr	11,000	10,000
	(14)	36,770	33,930

タイプⅡ（1904）

FF19B	仙五之二 /1c.	270	200
FF20B	仙五之四 /2c.	500	3,000
FF21B	壹仙零伍之三 /4c.	450	370
FF22B	二仙 /5c.	600	1,000
FF23B	四仙 /10c.	1,000	1,500
FF25B	八仙 /20c.	1,200	2,800
FF26B	十仙 /25c.	1,200	1,000
FF27	十仙 /25c.	1,100	900
FF28B	十二仙 /30c.	700	2,000
FF29B	十六仙 /40c.	5,000	9,000
FF31	二毛 /50c.	1,100	1,000
FF32B	三毛 /75c.	4,400	4,000
FF33B	四毛 /1fr	5,000	7,000
FF34B	二大元 /5fr	10,000	12,000
	(14)	32,520	45,770

6 Blanc

7 Mouchon

8 Merson

1902.10－03. 正刷普通郵票

凸版，P14 × 13½

郵票に「CHINE」「POSTE FRANCAISE」の文字が入っている

FF35	6	5c.	黄緑	650	400
FF35a			藍緑（'06）	650	300
FF36	7	10c.	洋紅	330	230
FF37		15c.	薄赤（'03.3.3）	330	230
FF38	7	20c.	紫茶（'03.3.3）	930	800
FF39		25c.	藍（'03.3.3）	730	370
FF40		30c.	浅紫（'03.3.3）	1,000	820
FF41	8	40c.	薄青・赤	2,100	1,700
FF42		50c.	薄紫・茶	2,500	2,100
FF43		1fr	黄緑・濃赤紫	3,300	2,100
FF44		2fr	灰・黄	6,800	5,000
FF45		5fr	暗青・黄土	10,000	8,000
			(11)	28,670	21,750

(9)

1903. 普通票改値加蓋

T9 を正刷普通郵票に黒加蓋 （図版は倒蓋）

FF46	5c./15c.（FF37）	1,900	1,300
FF46a	倒蓋	15,000	8,200

1904－05. 第4次改値加蓋

T5 をインドシナ普通票に赤加蓋

FF47	仙五之二 /1c.	230	230
FF48	仙五之四 /2c.	230	230
FF49	壹仙零伍之三 /4c.	100,000	90,000
FF50	二仙 /5c.	230	230
FF51	四仙 /10c.	330	330
FF52	六仙 /15c.	330	330
FF52a	タイプⅡ	500	1,000
FF53	八仙 /20c.	1,300	1,200
FF54	十仙 /25c.	1,100	650
FF55	十六仙 /40c.	930	650
FF56	四毛 /1fr	40,000	33,000
FF57	八毛 /2fr	4,700	4,000
FF58	十貫 /10fr	18,000	17,000
	(12)	167,380	147,850

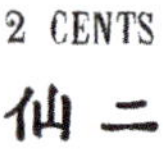
(10)

1907. 普通票第1次改値加蓋（小字）

T10 を正刷普通郵票に黒加蓋

FF59	2c./5c.（FF33）	270	170
FF60	4c./10c.（FF34）	270	180
FF61	6c./15c.（FF35）	370	270
FF62	8c./20c.（FF36）	650	650
FF63	10c./25c.（FF37）	230	130
FF64	20c./50c.（FF40）	680	400
FF65	40c./1fr（FF41）	2,400	1,500
FF66	2pl/5fr（FF43）	2,500	1,500
	(8)	7,370	4,800

(11)

1911－22. 普通票第2次改値加蓋（大字）

T11 を正刷普通郵票に黒加蓋

FF67	2c./5c.（FF35）	230	160
FF68	4c./10c.（FF36）	270	190
FF69	6c./15c.（FF37）	550	230
FF70	8c./20c.（FF38）	230	200
FF71	10c./25c.（FF39）（'21）	460	230
FF72	20c./50c.（FF42）（'22）	6,000	6,000
FF73	40c./1fr（FF43）	820	650
FF74	$2/5fr（FF45）	19,000	22,000
	(8)	27,560	29,660

1922. 普通票第3次改値加蓋（大字・改色）

T11 を正刷普通郵票に黒加蓋

FF75	1c./5c.（FF35）	660	730
FF76	2c./10c.（FF36）	730	820
FF77	3c./15c.（FF37）	1,000	1,200
FF78	4c./20c.（FF38）	1,200	1,500
FF79	5c./25c.（FF39）	660	660
FF80	6c./30c.（FF40）	1,300	1,200
FF81	10c./50c.（FF42）	1,600	1,300
FF82	20c./1fr（FF43）	3,800	4,400
FF83	40c./2fr（FF44）	5,000	6,000
FF84	$1/5fr（FF45）	17,000	17,000
	(10)	32,950	34,810

1901－07. 欠資「CHINE」加蓋票

T1 をフランス本国欠資票に赤または黒加蓋

FFD1	5c.	淡青（赤）	820	450
FFD2	10c.	淡茶（赤）	1,200	650
FFD3	15c.	淡緑（赤）	1,200	800
FFD4	20c.	橄緑（赤）（'07）	1,400	1,200
FFD5	30c.	洋紅	1,900	1,300
FFD6	50c.	紫紅	1,900	1,400
		(6)	8,420	5,800

(12)

1903.9. 欠資「A PERCEVOIR」加蓋票

T12 をフランス本国普通票（Sage 図案，無水印，P14）に手押し赤加蓋

FFD7	5c.	淡緑	—	240,000
FFD7a		濃緑	720,000	—
FFD8	10c.		750,000	650,000
FFD9	15c.		250,000	120,000
FFD10	30c.		150,000	35,000

T12 を正刷普通郵票に手押し赤加蓋

FFD11	5 c.	(FF33)	—	220,000
FFD12	10c.	(FF34)	80,000	46,000
FFD13	15c.	(FF35)	80,000	46,000

(13)

1903.10.13. 欠資「A PERCEVOIR」斜体加蓋票

T13 をフランス本国普通票（Sage 図案，無水印，P14）に手押し赤加蓋

FFD14	5 c.	淡緑	—	120,000
FFD14a		濃緑	—	—
FFD15	10c.		—	—
FFD16	15c.		130,000	38,000
FFD17	30c.		65,000	35,000

T13 を正刷普通郵票に手押し赤加蓋

FFD18	5 c.	(FF33)	—	180,000
FFD19	10c.	(FF34)	37,000	25,000
FFD20	15c.	(FF35)	73,000	25,000
FFD21	30c.	(FF38)	—	—

1911. 欠資改値加蓋票

T11 をフランス本国欠資票に黒加蓋

FFD22	2c./5c.	薄青	330	270
FFD23	4c./10c.	茶	330	270
FFD24	8c./20c.	橄緑	370	330
FFD25	20c./50c.	暗紫	370	330
		(4)	1,400	1,200

1922. 欠資改値加蓋票

T11 をフランス本国欠資票に黒加蓋

FFD26	1c./5c.	薄青	9,000	11,000
FFD27	2c./10c.	茶	16,000	18,000
FFD28	4c./20c.	橄緑	16,000	18,000
FFD29	10c./50c.	暗紫	14,000	20,000
		(4)	55,000	67,000

☆仏領インドシナ加刷について：フランスは上海と共に安南（ベトナム）にも客郵総局を置き，廣州 CANTON，重慶 CHUNGKING，海口 HOIHOW，蒙自 MENGTSZ，北海 PACKHOI，雲南府 YUNNANFU の 6 客郵局と，廣州湾租借地 KWANGCHOWAN は，20 世紀初頭から仏領インドシナ郵票にそれぞれの地名を加刷したものを次々に発行している。その数は合計 500 種を超える。次版で採録を予定している。

3-1. GERMAN POST OFFICE
ドイツ 徳国在華郵局郵票

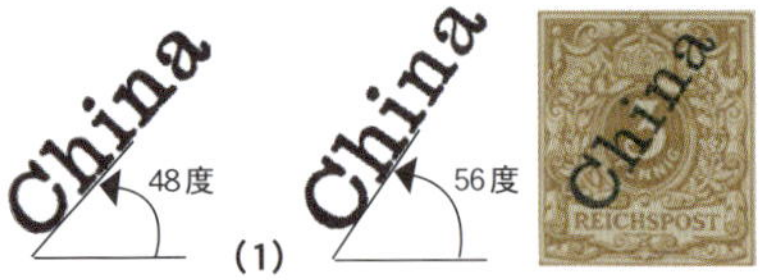

(1)

1898. 「CHINA」斜体加蓋

T1 をドイツ本国普通票（鷹徽章図案, 無水印, P13½～14½）に黒加蓋

（1）斜度48度（98.3.1－98.6）

FG1	3pf.	黄茶	15,000	－
FG1a		灰茶	200,000	－
FG1b		赤茶	41,000	－
FG2	5pf.	緑	1,200	1,400
FG3	10pf.	紅	3,600	1,100
FG4	20pf.	群青	1,600	1,100
FG5	25pf.	橙	5,500	7,200
FG6	50pf.	暗茶	2,300	1,900

（2）斜度56度（98.10）

FG7	3pf.	灰茶	580	650
FG7a		黄茶	1,300	1,300
FG7b		赤茶	4,100	14,000
FG8	5pf.	緑	350	350
FG9	10pf.	紅	630	680
FG10	20pf.	群青	1,900	1,700
FG11	25pf.	橙	3,600	3,300
FG12	50pf.	暗茶	1,700	1,500
			(6) 8,760	8,180

(2)

1898. 福州改値「CHINA」斜体加蓋

T2 を「CHINA」斜体加蓋に手押し黒加蓋

FG13	5pf./10pf.（FG3）	60,000	88,000
FG14	10pf./10pf.（FG9）	55,000	80,000

(3)

1900.11.24－01.1. 天津「CHINA」斜体加蓋

T3 をドイツ本国普通票（国名表示「REICHSPOST」, ゲルマニア図案, 無水印, P14）に手押し黒加蓋

FG15	3pf.	灰茶	66,000	88,000
FG16	5pf.	緑	44,000	40,000
FG17	10pf.	紅	110,000	96,000
FG18	20pf.	群青	88,000	110,000
FG19	30pf.	橙	530,000	530,000
FG20	50pf.	紫・黒	1,800,000	1,500,000
FG21	80pf.	洋紅・黒	530,000	530,000

(4)

FG22～25

FG26～30

FG31

FG32

FG33

1901.1. 「CHINA」加蓋

T4 をドイツ本国普通票（国名表示「REICHSPOST」, ゲルマニア／ウイリアム皇帝図案, 無水印, P14～14½）に赤または黒加蓋

FG22	3pf.	茶	160	230
FG22a		赤茶	11,000	5,000
FG23	5pf.	緑	170	180
FG24	10pf.	紅	260	140
FG25	20pf.	群青	350	180
FG26	25pf.	橙／黄紙	1,100	1,700
FG27	30pf.	橙／桃紙	1,100	1,400
FG28	40pf.	濃赤・黒	1,100	1,100
FG29	50pf.	紫・黒／桃紙	1,100	1,100
FG30	80pf.	濃紅・黒／淡紅紙	1,200	1,200
FG31	1m.	淡紅	3,000	3,500
FG32	2m.	灰青	3,000	3,100
FG33	3m.	黒紫（赤, 左右に横書き）	5,200	7,100
FG34	5m.	青味灰・紅 タイプⅠ	150,000	260,000
FG35	5m.	青味灰・紅 タイプⅡ	23,000	35,000
			(14) 190,740	315,930

注 5m. 青味灰
タイプⅠ「5」の文字が太く,「M」のセリフが弱い
タイプⅡ「5」の文字が細く,「M」のセリフがはっきりしている

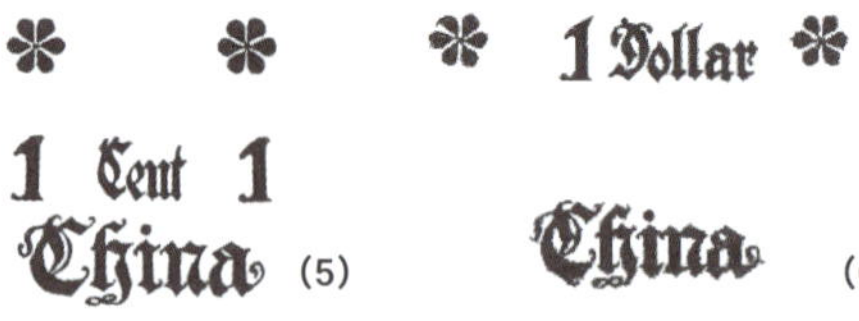

(5) (6)

(7)

FG36～41, 46～51

FG43 ～45, 53 ～55

1905.1. 花体字「CHINA」加蓋（無水印）

T5, 6 をドイツ本国普通票（国名表示「DEUTSCHES REICH」, ゲルマニア / ウイリアム皇帝図案, 無水印, P14 ～14 1/2）に赤または黒加蓋

FG36	5	1c./3pf.	茶	330	380
FG37		2c./5pf.	緑	330	170
FG38		4c./10pf.	紅	600	170
FG39		10c./20pf.	群青	330	190
FG40		20c./40pf.	濃赤・黒	2,100	800
FG41		40c./80pf.	濃紅・黒/淡紅紙	3,300	1,500
FG42	6	1/2d./1m.	淡紅	1,800	2,200
FG43		1d./2m.	灰青	1,800	2,500
FG44		1 1/2d./3m.	黒紫（赤）	28,000	13,000
FG45		2 1/2d./5m.	青味灰・紅	11,000	33,000
			(10)	49,590	53,910

1906.1－13.
花体字「CHINA」加蓋（有水印）

T5 ～ 7 をドイツ本国普通票(国名表示「DEUTSCHES REICH」, ゲルマニア / ウイリアム皇帝図案, 有水印, P14 ～14 1/2）に赤または黒加蓋

FG46	5	1c./3pf.	茶	70	140
FG47		2c./5pf.	緑（'11）	50	140
FG48		4c./10pf.	紅（'11）	90	170
FG49		10c./20pf.	群青（'13）	90	770
FG50		20c./40pf.	濃赤・黒（'08）	170	380
FG51		40c./80pf.	濃紅・黒/淡紅紙	170	5,700
FG52	6	1/2d./1m.	淡紅（'06）	710	4,400
FG53		1d./2m.	灰青（'07）	1,200	4,400
FG54	7	1 1/2d./3m.	黒紫（赤）（'12）	880	13,000
FG55	6	2 1/2d./5m.	青味灰・紅（'06）	3,200	8,800
			(10)	6,630	37,900

3-2. GERMAN LEASED TERRITORY KIAOCHOW POST OFFICE
膠州湾 徳国租借地郵票

5 Pfg.
(8)

1900.「5Pfg」加蓋

T8 をドイツ在華郵局「CHINA」斜体加蓋票に黒加蓋

(1) 斜度48度

FGK1 5pf./10pf.（FG3）……… 16,000 14,000

(2) 斜度56度

FGK2 5pf./10pf.（FG9）……… 5,000 5,000

☆ FGK1, FGK2 の「5Pfg.」の加蓋位置は上部, 中央, 下部の 3 つに分けられる。

5 Pf.
(9)

T9 をドイツ在華郵局「CHINA」斜体加蓋票に黒加蓋

(3) 手蓋斜度 48度

FGK3 5pf./10pf.（FG3）…… 360,000 440,000

☆ FGK3 の「5Pf.」の加蓋文字は細い, 中間, 太いの 3 つに分けられる。

5
(10)

T10 をドイツ在華郵局「CHINA」斜体加蓋票に黒加蓋

(4)「5」再加蓋

FGK4 5pf./10pf.（FG3）… 4,000,000 4,000,000

☆ FGK4 の「5Pf.」の加蓋文字は細い, 太いの 2 つに分けられる。

5 Pf.
(11)

「5」を一回り大きくしてドイツ在華郵局「CHINA」斜体加蓋票に黒加蓋

(5) 大字「5」再加蓋

FGK5 5pf./10pf.（FG3）…… 900,000 4,300,000

12

13

12,13 独皇帝のヨット Hohenzollen（ホーエンツォレルン）号

1901.1. 独幣表示普通票

国名「KIAUTSCHOU」, 低額＝縦型,「PFENNIG」表示, 凸版, P14。高額＝横型,「MARK」表示, 凹版, P14 1/2 × 14。無水印

FGK6	12	3pf.	茶	220	220
FGK7		5pf.	緑	200	190
FGK8		10pf.	紅	270	230
FGK9		20pf.	群青	830	930
FGK10		25pf.	橙・黒/黄紙	1,500	1,900
FGK11		30pf.	橙・黒/薄黄紙	1,500	1,800
FGK12		40pf.	紅・黒	1,800	2,300
FGK13		50pf.	紫・黒/薄黄紙	1,800	2,500
FGK14		80pf.	紅・黒/紅紙	3,300	5,800
FGK15	13	1m.	淡紅	5,500	10,000
FGK16		2m.	灰青	8,200	12,000
FGK17		3m.	黒紫	8,200	22,000
FGK18		5m.	紅・黒	23,000	72,000
			(13)	56,320	131,870

14

15

14,15 独皇帝のヨット Hohenzollen（ホーエンツォレルン）号

1905.10. 中国幣表示普通票（無水印）

国名「KIAUTSCHOU」，低額＝縦型，「CENTS」表示，凸版，P14。高額＝横型，「DOLLAR」表示，凹版，P14½×14。

FGK19	14	1C.	茶	140	190
FGK20		2C.	緑	220	190
FGK21		4C.	紅	500	190
FGK22		10C.	群青	930	600
FGK23		20C.	橙・黒	3,700	2,200
FGK24		40C.	橙・黒/紅紙	11,000	11,000
FGK25	15	$½	紅	8,000	9,300
FGK26		$1	青	21,000	14,000
FGK27		$1½	黒紫	130,000	190,000
FGK28		$2	灰・紅	170,000	550,000
			(10)	345,490	777,670

1905.－11. 中国幣表示普通票（有水印）

国名「KIAUTSCHOU」，低額＝縦型，「CENTS」表示，凸版，P14。高額＝横型，「DOLLAR」表示，凹版，P14½×14。

FGK29	14	1C.	茶（'06）	140	160
FGK30		2C.	緑（'09）	120	120
FGK31		4C.	紅（'09）	110	120
FGK32		10C.	群青（'09）	120	360
FGK33		20C.	橙・黒（'08）	330	1,700
FGK34		40C.	橙・黒/紅紙	400	5,800
FGK35	15	$½	紅（'07）	1,100	7,200
FGK36		$1	青（'06）	1,400	7,300
FGK37		$1½	黒紫	1,300	25,000
FGK38		$2	灰・紅	5,500	52,000
			(10)	10,520	99,760

4. ITALIAN POST OFFICE
イタリア 意国在華郵局郵票

A. 北京

PECHINO
4 CENTS
(1)

2

3

1917. 第1次改値「PECHINO」加蓋

T1をイタリア本国普通票（1901-16年，無水印，P12，13½，14）に手押し黒加蓋

FP1	2	2c./5c.	緑	50,000	33,000
FP2		4c./10c.	赤	88,000	52,000
FP3	3	6c./15c.	薄灰	180,000	120,000
FP4		8c./20c.	薄灰	660,000	500,000
FP5		8c./20c.	茶橙	1,300,000	500,000
FP6		20c./50c.	紫	4,400,000	3,300,000
FP7		40c./1l.	茶・緑	38,000,000	6,500,000

Pechino
(4)

5

6

7

8

9

1917－18. 「PECHINO」加蓋

T4をイタリア本国普通票（1901-16年，無水印，P12，13½，14）に黒加蓋

FP8	5	1c.	茶	4,400	8,800
FP9	6	2c.	橙茶	4,400	8,800
FP10	7	5c.	緑	1,300	3,000
FP11		10c.	赤	1,300	3,800
FP12	8	20c.	茶橙	33,000	38,000
FP13		25c.	青	1,300	3,800
FP14	9	50c.	紫	1,300	3,800
FP15		1l.	茶・緑	3,000	3,800
FP16		5l.	青・紫	6,000	13,000
FP17		10l.	青緑・赤	44,000	75,000
			(10)	100,000	161,800

1 CENT
Pechino
(10)

11

12

13

14

1918－19. 第2次改値「PECHINO」加蓋

T10をイタリア本国普通票（1901-16年，無水印，P12，13½，14）に黒加蓋

FP18	11	½c./1c.	茶	38,000	38,000

FP19	12	1c./2c.	橙茶	1,300	2,600
FP20	13	2c./5c.	緑	1,300	2,600
FP21		4c./10c.	赤	1,300	2,600
FP22	14	8c./20c.	橙	7,100	5,200
FP23		10c./25c.	青	2,600	5,200
FP24		20c./50c.	紫	3,500	5,200
FP25		40c./1l.	茶橙	38,000	50,000
FP26		$2/5l.	青・紫 タイプ1	71,000	110,000
FP26a		タイプ2		11,000,000	10,000,000
FP26b		タイプ3		2,200,000	1,800,000

1919. 第3次改値「PECHINO」加蓋

T10をイタリア本国普通票（1901-16年, 無水印, P12, 13 1/2, 14）に手押し黒加蓋

FP27	10c./25c.	青	1,100	3,000

1917. 快逓「PECHINO」加蓋

T4をイタリア本国快逓票に黒加蓋

FPE28	30c.	青・桃	1,700	6,600

1918. 快逓改値「PECHINO」加蓋

T10をイタリア本国快逓票に黒加蓋

FPE29	12c./30c.	青・桃	14,000	50,000

1917. 欠資「PECHINO」加蓋

T4をイタリア本国欠資票に黒加蓋

FPD30	10c.	紅紫・橙	600	1,500
FPD31	20c.	紅紫・橙	600	1,500
FPD32	30c.	紅紫・橙	600	1,500
FPD33	40c.	紅紫・橙	1,300	1,500

1918. 欠資改値「PECHINO」加蓋

T10をイタリア本国欠資票に黒加蓋

FPD34	4c./10c.	紅紫・橙	13,000,000	11,000,000
FPD35	8c./20c.	紅紫・橙	6,000	12,000
FPD36	12c./30c.	紅紫・橙	14,000	30,000
FPD37	16c./40c.	紅紫・橙	60,000	110,000

B. 天津

TIENTSIN
2 CENTS

(15)

1917. 第1次改値「TIENTSIN」加蓋

T15をイタリア本国普通票（1901-16年, 無水印, P12, 13 1/2, 14）に手押し黒加蓋

FT1	2c./5c.	緑	71,000	71,000
FT2	4c./10c.	赤	130,000	110,000
FT3	6c./15c.	薄灰	280,000	220,000

Tientsin

(16)

左から
17～19

左から
20～22

1917－18. 「TIENTSIN」加蓋

T16をイタリア本国普通票（1901-16年, 無水印, P12, 13 1/2, 14）に黒加蓋

FT4	17	1c.	茶	4,400	8,800
FT5	18	2c.	橙茶	4,400	8,800
FT6	19	5c.	緑	1,300	3,000
FT7		10c.	赤	1,300	3,000
FT8	20	20c.	茶橙	33,000	38,000
FT9	21	25c.	青	1,300	3,800
FT10		50c.	紫	1,300	3,800
FT11	22	1l.	茶・緑	3,000	8,000
FT12		5l.	青・紫	6,000	13,000
FT13		10l.	青緑・赤	44,000	75,000
			(10)	100,000	165,200

8 CENTS

Tientsin

(23)

左から
24, 25

左から
26～28

1918－19. 第2次改値「TIENTSIN」加蓋

T23をイタリア本国普通票（1901-16年, 無水印, P12, 13 1/2, 14）に黒加蓋

FT14	24	1/2c./1c.	茶	38,000	38,000
FT15	25	1c./2c.	橙茶	1,300	2,600

FT16	26	2c./5c.	緑	1,300	2,600
FT17		4c./10c.	赤	1,300	2,600
FT18	27	8c./20c.	橙	7,100	6,000
FT19		10c./25c.	青	2,600	5,200
FT20		20c./50c.	紫	3,600	5,200
FT21	28	40c./1l.	茶橙	38,000	50,000
FT22		＄2/5l.	青・紫 タイプ1	71,000	110,000
FT22a			タイプ2	2,200,000	2,200,000
FT22b			タイプ3	1,900,000	1,800,000

1917. 快逓「TIENTSIN」加蓋

T16 をイタリア本国快逓票に黒加蓋

FTE23	30c.	青・桃	1,700	6,600

1918. 快逓改値「TIENTSIN」加蓋

T23 をイタリア本国快逓票に黒加蓋

FTE24	12c./30c.	青・桃	14,000	50,000

1917. 欠資「TIENTSIN」加蓋

T16 をイタリア本国欠資票に黒加蓋

FTD25	10c.	紅紫・橙	600	1,500
FTD26	20c.	紅紫・橙	600	1,500
FTD27	30c.	紅紫・橙	600	1,500
FTD28	40c.	紅紫・橙	1,200	1,500

1918. 欠資改値「TIENTSIN」加蓋

T23 をイタリア本国欠資票に黒加蓋

FTD29	4c./10c.	紅紫・橙	1,000,000	1,000,000
FTD30	8c./20c.	紅紫・橙	6,000	12,000
FTD31	12c./30c.	紅紫・橙	13,000	30,000
FTD32	16c./40c.	紅紫・橙	60,000	100,000

5. JAPANESE POST OFFICE 日本 日本在華郵局郵票

邦 支

(1)

2

3

4

5

1900.－07. 菊郵票加蓋

T1 を菊郵票（凸版, 白紙, 無水印, L.12, 12$\frac{1}{2}$, C.13 × 13$\frac{1}{2}$）に黒または赤加蓋

FJ1	2	5r.	灰（赤）	('00.1.1)	1,200	1,000
FJ2		$\frac{1}{2}$s.	灰（赤）	('01.3.27)	1,000	400
FJ3		1s.	赤茶（赤）	('00.1.1)	1,300	350
FJ4		1$\frac{1}{2}$s.	灰味青（黒）	('00.10.1)	3,000	850
FJ5		1$\frac{1}{2}$s.	紫（黒）	('06.5.15)	1,500	350
FJ6		2s.	黄緑（赤）	('00.1.1)	1,500	300
FJ7		3s.	赤紫（黒）	('00.1.1)	1,700	350
FJ8		3s.	赤（黒）	('06.5.15)	1,200	250
FJ9		4s.	赤（黒）	('00.1.1)	1,700	450
FJ10		5s.	黄橙（赤）	('00.1.1)	3,500	450
FJ11	3	6s.	赤紫（黒）	('07.8.20)	4,000	3,800
FJ12		8s.	橄緑（赤）	('00.1.1)	2,500	2,500
FJ13		10s.	青（黒）	('00.1.1)	2,500	250
FJ14		15s.	紫（黒）	('00.1.1)	5,500	400
FJ15		20s.	赤橙（黒）	('00.1.1)	4,800	280
FJ16	4	25s.	青味緑（赤）	('00.1.1)	10,000	1,500
FJ17		50s.	赤茶（黒）	('00.1.1)	10,000	500
FJ18	5	1y.	赤（黒）	('00.1.1)	18,000	600
				(18)	74,900	14,580

1900.5.10. 大正婚儀紀念加蓋

T1 を大正婚儀紀念（凸版, 白紙, 無水印, L.12, 12$\frac{1}{2}$）に黒加蓋

FJ19

FJ19	3s.	紅赤, L.12	9,500	6,000
FJ19a		L.12$\frac{1}{2}$	16,000	8,000

6

7

1908.－14. 旧高額郵票加蓋

T1 を旧高額切手（凹版, L.12）に黒加蓋

白紙 

「那」と「支」の間距 8.6㎜

毛紙 

「那」と「支」の間距 6.6㎜

(*a*) 白紙（'08.2.20）

無水印，「那」と「支」の間距 8.6㎜

FJ20	6	5y. 緑（10,000）……	110,000	14,000
FJ21	7	10y. 紫（5,000）………	200,000	27,000

(*b*) 毛紙（'14.5.20）

着色繊維すき込み，有水印，「那」と「支」の間距 6.6㎜

FJ22	6	5y. 緑（約3,000）……	400,000	60,000
FJ23	7	10y. 紫（約1,000）……	750,000	400,000

8

9

10

11

1913.　大正白紙郵票加蓋

T1 を大正白紙郵票（凸版，白紙，無水印，L.12 [FJ34]，C.12 × 12½，C.13 × 13½）に黒加蓋

FJ24	8	5r. 茶（10.31）（240,000）……	3,500	3,500
FJ25		1s. 橙（10.31）（240,000）……	3,800	3,800
FJ26		1½s. 青（8.31）（150,000）…	11,000	4,500
FJ27		2s. 緑（10.31）（100,000）…	12,000	6,000
FJ28		3s. 紅（8.31）（600,000）……	6,500	2,400
FJ29	9	4s. 赤（10.31）（40,000）…	16,000	14,000
FJ30		5s. 紫（10.31）（90,000）…	16,500	15,000
FJ31		10s. 青（10.31）（140,000）…	16,500	4,000
FJ32		20s. 紫紅（10.31）（40,000）	55,000	38,000
FJ33		25s. 橄緑（10.31）（80,000）	25,000	6,000
FJ34	10	1y. 黄緑・暗茶（10.31）…	180,000	140,000
		（11）	345,800	237,200

1914.－19.　旧大正毛紙郵票加蓋

T1 を旧大正毛紙郵票（凸版,着色繊維すき込み,有水印，L.12 [FJ49]，C.12 × 12½，C.13 × 13½）に黒加蓋

FJ35	8	5r. 茶（'14.5.20）（11,258,000）…	900	450
FJ36		1s. 橙（'14.5.20）（5,492,000）…	1,000	450
FJ37		1½s. 青（'14.5.20）（5,610,000）…	1,100	400
FJ38		2s. 緑（'14.5.20）（6,450,000）…	1,300	350
FJ39		3s. 紅（'14.5.20）（19,281,000）	1,000	250
FJ40	9	4s. 赤（'14.5.20）（850,000）…	3,000	1,500
FJ41		5s. 紫（'14.5.20）（1,687,000）…	3,300	600
FJ42		6s. 茶（'19.8.16）（1,250,000）…	6,500	6,000
FJ43		8s. 灰（'19.8.16）（1,250,000）…	7,500	7,500
FJ44		10s. 青（'14.5.20）（7,321,000）…	3,500	450
FJ45		20s. 紫紅（'14.5.20）（6,842,000）	9,000	1,500
FJ46		25s. 橄緑（'14.5.20）（2,920,000）	12,000	1,800
FJ47	11	30s. 橙茶（'19.8.16）（1,100,000）	20,000	10,000
FJ48		50s. 暗茶（'19.8.16）（810,000）	22,000	10,000
FJ49	10	1y. 橄緑・暗茶（'14.5.20）（1,845,000）………………………	30,000	2,200
		（15）	122,100	43,450

☆「支那」字入り郵票冊について：菊郵票には4種，大正白紙郵票には3種，旧大正毛紙郵票には1種の郵票冊がある。詳しくは「日本普通切手専門カタログ」戦前編 196 頁以降を参照されたい。

6.　RUSSIAN POST OFFICE
ロシア　俄国在華郵局郵票

(1)

2

3

4

1899－1904.　第1次「КИТАЙ」斜体加蓋

横條紋紙　T1 をロシア本国普通票（1889～92 年，有水印，P14½ × 15，13½ ＝ FR8）に青または赤加蓋

FR1	2	1k. 橙（青）……………………	80	110
FR2		2k. 黄緑 ……………………	80	110
FR3		3k. 洋紅（青）……………………	80	110
FR4		5k. 青紫（青）……………………	80	110
FR5		7k. 暗青 ……………………	170	270
FR6	3	10k. 暗青 ……………………	170	270
FR7		50k. 暗青（青）（'04）…………	1,300	930
FR8	4	1r. 橙（青）（'04）…………	18,000	18,000
		（8）	19,960	19,910

5

6

7

8

9

1904－08.　第2次「КИТАЙ」斜体加蓋

直條紋紙　T1 をロシア本国普通票（1902 ～ 05 年，有水印，P14½ × 15，13½ ＝ FR19 ～ 23）に青または赤加蓋

FR9	3	4k. 赤（青）………………	660	380
FR10	2	7k. 濃青（赤）………………	1,700	1,700
FR11	3	10k. 濃青（赤）…………	170,000	140,000
FR12	5	14k. 赤・青紫（赤）………	1,100	1,100
FR13		15k. 淡青・茶紫（青）（'08）	3,800	3,300
FR14	3	20k. 洋紅・青（青）…………	550	550
FR15	5	25k. 紫・緑（赤）（'08）……	5,500	5,500
FR16		35k. 緑・暗紫（赤）………	1,100	1,100
FR17	3	50k. 緑・紫（青）………	11,000	14,000
FR18	5	70k. 橙・茶（青）…………	1,600	1,400
FR19	6	1r. 橙・茶（青）…………	2,800	2,800
FR20	7	3.50r. 灰・黒（赤）……………	550	550

FR21	8	5r.	薄緑・濃緑（赤）	930	1,300
FR22	7	7r.	黄・黒（青）	2,800	1,300
FR23	9	10r.	灰・洋紅（青）	11,000	11,000
			FR11を除く（14）	45,090	45,980

10　11

1910－16. 第3次「КИТАЙ」斜体加蓋

無紋紙　T1をロシア本国普通票（1909～12年, 有水印, P14 × $14^1/_2$, $13^1/_2$ ＝ FR37～38）に青または黒, 赤加蓋

FR24	10	1k.	橙（青）	50	50
FR24a			橙（黒）	660	550
FR25		2k.	黄緑（黒）	110	110
FR25a			黄緑（青）	830	1,700
FR26		3k.	洋紅（青）	220	550
FR26a			洋紅（黒）	1,300	1,300
FR27	11	4k.	赤（青）	110	220
FR27a			赤（黒）	1,100	1,100
FR28	10	7k.	濃青（黒）	110	110
FR29	11	10k.	濃青（黒）	110	110
FR30	5	14k.	赤・青紫（黒）	1,100	550
FR30a			赤・青紫（青）	110	140
FR31		15k.	淡青・茶紫（黒）	110	140
FR32	3	20k.	洋紅・青（黒）	550	770
FR33	5	25k.	紫・緑（青）	380	660
FR33a			紫・緑（黒）	110	170
FR34		35k.	緑・暗紫（黒）	110	110
FR35	3	50k.	緑・紫（青）	220	220
FR35a			緑・紫（黒）	2,000	2,200
FR36	5	70k.	橙・茶（青）	110	220
FR37	6	1r.	橙・茶（青）	140	260
FR38	8	5r.	薄緑・濃緑（赤）	2,800	1,600
			（15）	6,230	5,680

1 CENT

(12)

13

14

15

16

1 DOLLAR

(17)

18

19

20

21

1917. 第1次改値加蓋　無紋紙・表面に線紋

T12をロシア本国普通票（1909～12年, P$11^1/_2$, $13^1/_2$, 14, $14^1/_2$ × 15）に黒加蓋

FR39	13	1c./1k.	橙	60	600
FR40		2c./2k.	黄緑	60	600
FR41		3c./3k.	洋紅	60	600
FR42	14	4c./4k.	赤	140	460
FR43	13	5c./5k.	濃青	140	1,700
FR44	14	10c./10k.	濃青	140	1,700
FR45	15	14c./14k.	赤・青紫	140	1,100
FR46		15c./15k.	淡青・茶紫	140	1,700
FR47	16	20c./20k.	洋紅・青	140	1,600
FR48	15	25c./25k.	紫・緑	140	1,600
FR49		35c./35k.	緑・暗紫	170	1,600
FR50	16	50c./50k.	緑・紫	140	1,600
FR51	15	70c./70k.	橙・茶	140	1,600
FR52	18	$1/1r.	橙・茶	140	1,600
			（14）	1,750	18,060

T17をロシア本国普通票（1902～05年, P$11^1/_2$, 13, $13^1/_2$, $13^1/_2$ × $11^1/_2$, 有水印）に黒加蓋

FR53	19	$3.50/3.50r.	薄緑・濃緑	2,200	4,400
FR54	20	$5/5r.		2,200	4,400
FR55	19	$7/7r.		1,100	3,600

T17をロシア本国普通票（1915年, P$13^1/_2$, 無水印）に黒加蓋

FR56	20	$5/5r.		2,800	5,500
FR57	21	$10/10r.	橙・茶	5,500	11,000

4
Cent.

(22)

23

24

1920. 第2次改値加蓋

T22をロシア本国普通票（1909～12年, P$11^1/_2$, $13^1/_2$, 14, $14^1/_2$ × 15）に赤または黒加蓋

FR58	23	1c./1k.	橙	19,000	30,000
FR59		2c./2k.	黄緑	1,800	3,000
FR60		3c./3k.	洋紅	1,800	4,000
FR61	24	4c./4k.	赤	2,000	2,400
FR62	23	5c./5k.	濃青	6,600	10,000
FR63		10c./10k.	濃青（赤）	17,000	25,000
FR64	24	10c./10k./7k.	濃青	14,000	21,000
FR65	23	1c./1k.	橙 □	4,700	4,000
FR66		5c./5k.	濃青 □	3,800	6,000
			（9）	113,000	105,400

7. UNITED STATES POST OFFICE アメリカ 美国在華郵局郵票

SHANGHAI
2¢
CHINA
(1)

2

1919.7.1. 第 1 次加蓋

T1（大字 ¢ 表示）をアメリカ本国普通票（1917～19年，平面印刷，無水印，P11）に赤または黒加蓋

FU1	2c./1c.	緑	2,400	7,700
FU2	4c./2c.	うすい紅	2,400	7,700
FU3	6c./3c.	紫	6,000	15,000
FU4	8c./4c.	茶	6,000	15,000
FU5	10c./5c.	青	6,600	15,000
FU6	12c./6c.	赤橙	8,800	23,000
FU7	14c./7c.	黒（赤）	9,000	23,000
FU8	16c./8c.	黄味オリーブ	7,100	18,000
FU9	18c./9c.	黄味桃	6,600	19,000
FU10	20c./10c.	橙黄	6,000	16,000
FU11	24c./12c.	茶紅	8,200	18,000
FU12	30c./15c.	灰	9,000	25,000
FU13	40c./20c.	こい群青	13,000	35,000
FU14	60c./30c.	橙赤	12,000	30,000
FU15	$1/50c.	紫	60,000	110,000
FU16	$2/$1	紫茶（赤）	47,000	82,000
		(16)	210,100	459,400

SHANGHAI
2 Cts.
CHINA
(3)

4

1922.7.3. 第 2 次加蓋

T3（小字 Cts. 表示）をアメリカ本国普通票（1917～19年，平面印刷，無水印，P11）に黒加蓋

FU17	2c./1c.	緑	11,000	25,000
FU18	4c./2c.	紫	10,000	22,000
		(2)	21,000	47,000

8. BELGIAN POST OFFICE ベルギー 比利時国在華郵局郵票

発行が準備されたが大清郵政当局の反対にあい，未発行に終わった。

低額
(1, 2, 5c.)

CHINE
1 CENT
(1)

2

高額（10, 25, 50c.）

CHINE
(3) 第1組

CHINE
4 CENTS
(4) 第2組

CHINE
4 CENTS
(5) 第3組

6

1908.8.1. CHINE 加蓋

T1, 3～5をベルギー本国普通票（1893～1905年，平面印刷，無水印，P11）に赤または黒加蓋

第 1 組（CHINE 表示）

FBE1	1c.	灰	−	−
FBE2	2c.	紫棕	−	−
FBE3	5c.	黄緑	−	−
FBE4	10c.	暗紅	−	−
FBE5	25c.	群青	−	−
FBE6	50c.	藍灰	−	−

第 2 組（CHINE・額面太字表示）

FBE7	1c./2c.	紫棕	−	−
FBE8	2c./2c.	紫棕	−	−
FBE9	2c./5c.	黄緑	−	−
FBE10	4c./10c.	暗紅	−	−
FBE11	10c./25c.	群青	−	−
FBE12	20c./50c.	藍灰	−	−
FBE13	40c./1Fr.	黄	−	−
FBE14	80c./2Fr.	紫	−	−

第 3 組（CHINE・額面細字表示）

FBE15	1c./2c.	紫棕	−	−
FBE16	2c./5c.	黄緑	−	−
FBE17	4c./10c.	暗紅	−	−
FBE18	10c./25c.	天藍	−	−
FBE19	20c./50c.	藍群青	−	−
FBE20	40c./1Fr.	黄	−	−
FBE21	80c./2Fr.	紫	−	−

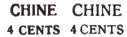

〈付録〉

旧中国の郵便料金

I．内国郵便料金

1. 海関郵政時期の基本料金（1878.3 ～ 1896. 末）

実施年月日	幣　制	信　函	
		各局互寄	（※）
1878.5.18（光緒 4.4.17）	銀両（分）	5分	－
1879.11.15（光緒 5.10.20）		3分	－
1884. －（光緒 10. 冬）			6分

・重量は半オンス毎

1）天津・上海間は，1878 年 3 月 23 日（光緒 4 年 2 月 20 日）から，一般の郵便取り扱いが開始されたが，郵便料金表が公布されたのは 5 月 1 日で，同 18 日からこれに従って実施された。
2）各局互寄とは，各地に設けられた郵局（北京・天津・上海・鎮江＝ 1865 年，牛荘・煙台＝ 1878 年，蕪湖・九江・漢口・宜昌＝ 1879 年，寧波・温州＝ 1882 年，福州・厦門・汕頭・廣州＝ 1883 年，蒙自・龍州＝ 1889 年，重慶＝ 1890 年，沙市・蘇州・杭州＝ 1896 年にそれぞれ設置）相互間の料金。これら各局と北海，瓊州（1883 年設置）間とは右欄（※）のように 1884 年冬以降，6 分と定められた。
3）料金が 5 分から 3 分に変わったのは，1879 年 2 月 6 日以降 3 月 19 日までの間と推定される。
4）1888 年（光緒 16）に掛號制度が始まり，料金は 6 分と定められた。

2. 大清～民国郵政時期の基本・掛號・快逓料金（1897.3 ～ 1950.6）

実施年月日	幣制	信　函		明信片		掛號		快逓	
		各局互寄	同一地内	各局互寄	同一地内	掛號	回執	平快	掛快
1897.2.2（光緒 23.1.1）	洋銀	2分		1分（単片）		4分			
11.24（同 11.1）	（分）					5分			
1899.1.1（同 24.11.20）				2分（雙片）					
1902.4.8（同 28.3.1）		1分	$\frac{1}{2}$分	1分	1分				
1904.9.1（同 30.7.22）		2分	1分						
1905. 秋（同 31）									10分
1910.8.5（宣統 2.7.1）	国幣	3分	1分						
1917（民国 6）.7.1	（元）			$1\frac{1}{2}$分					
1922（民国 11）. 11.1		4分		2分		7分			1角6分
1923（民国 12）. 1. 1		3分		$1\frac{1}{2}$分		5分			10分
1925（民国 14）. 11.1		4分		2分					
1929（民国 18）. 2. 1						6分			1角2分
1932（民国 21）. 5. 1		6分	2分	3分		10分			
5.20		5分		$2\frac{1}{2}$分		8分			
1934（民国 23）. 10.1									
1935（民国 24）. 11	法幣							5分	
1940（民国 29）. 9.20	（元）	8分	4分	4分	2分	1角3分		8分	2角
1941（民国 30）. 11.1		1角5分	8分	8分	4分	2角5分		1角5分	4角
12.1		1角6分				2角6分		1角6分	
1942（民国 31）. 12.1		5角	2角5分	2角5分	1角5分	1円		5角	1円5角
1943（民国 32）. 6. 1		1円	5角	5角	3角	2円	2円	1円	3円
1944（民国 33）. 3. 1		2円	1円	1円	6角	3円	3円	2円	4円
1945（民国 34）. 9.22			（取消）		（取消）				
10.1		20円		10円		30円	30円	20円	50円
1946（民国 35）. 11.1		100円		50円		150円	150円	100円	250円
1947（民国 36）. 7. 1		500円		250円		750円	750円	500円	1,300円
12.11		2,000円		1,000円		3,000円	3,000円	2,000円	5,000円

実施年月日	幣制	信函		明信片	掛號		快遞	
		各局互寄		各局互寄	掛號	回執	平快	掛快
1948(民国 37). 4. 5		5,000円		2,500円	10,000円	10,000円	5,000円	15,000円
7.21		15,000円		10,000円	30,000円	35,000円	15,000円	45,000円
11.19	金円券	10分		5分	3角	3角	10分	4角
1949(民国 38). 1. 1		5角		2角5分	1円5角	3円	5角	2円
2. 7		3円	6円	1円5角	10円	36円	3円	14円
2.21		15円	30円	7円5角	50円	180円	30円	75円
3. 1		25円	50円	15円	80円		50円	120円
3.11		50円	100円	30円	150円	200円	100円	250円
4. 1		100円		50円	300円	400円		400円
4.17		1,500円		750円	4,500円	6,000円	1,500円	6,000円
4.27	銀円基数	4分		2分	1角2分	1角2分	4分	1角6分
8. 1	銀円券	5分		2 1/2分	1角5分	1角5分	5分	2角
1950(民国 39). 5. 6		10分		5分	3角	3角	10分	4角

1) 信函の重量は，1897年2月2日から1/4オンス毎(1897年4月23日までは，それを超え1/2オンスまで4分，1/2オンスを超える1/2オンス毎に4分)，1910年8月5日から20グラム毎。1949年2月7日から3月31日までは左欄が初めの20グラムまで，右欄がそれを越える20グラム毎。

2) 信函，明信片とも1902年4月8日から，各局互寄(中国国内の各局間)と同一地内(開港地内及び同一管轄地内)と2つの料金に分けられた。後者は1901年4月1日から天津－塘沽，上海－呉淞，鎮海－寧波，寧波－餘姚，餘姚－紹興，福州－羅星塔，廣州－黄埔，北海－廉州間で試行されていた。同一地内料金は1945年9月22日に取り消され，各局互寄料金に一本化された。

3) 明信片雙片(往復)は全期間とも単片の倍額。

4) 国家郵政がスタートした時の郵局数はわずか24局しかなく，1899年に47局，1901年176局，1905年1,626局，1910年5,357局にまで増加したが，郵局未設置の地方への送達は従来通りの民信局に頼らざるをえず，差出人(あるいは受取人)がその料金を負担した。この制度は1931年に民信局が閉鎖されるまで続いた。

5) ベトナム・トンキン経由の龍州，蒙自，恩芽，雲南府(昆明)，およびインド経由の騰越(騰衝)発着の郵便物は，1898年から1907年まで国外扱いで，U.P.U.加入各国宛料金(1/2オンス毎10分，掛號扱いの場合は別に10分)が適用された。

6) 西蔵(チベット)には1910年4月，拉薩に郵局が置かれたが，当初，郵便物はインド経由で，U.P.U.加入各国宛料金(最初の20グラムまで10分，それを超える20グラム毎6分)が適用された。1911年には四川経由で運ばれるようになったが，同年11月，チベット各地で反乱が起き，すべての郵便業務が停止された。

7)「満洲国」建国に伴い，1931年7月26日に遼寧，吉黒両省宛の料金は取り消された。

8) 1941年11月1日の料金改定は，当時，日本の支配下にあった滬(上海)，浙(浙江)，閩(福建)，粤(広東)の各地域では遅れて12月15日から実施され，平(北京)，冀(河北)，魯(山東)，晋(山西)の4地域では実施されなかった(内国，外国とも)。

9) 1942年11月1日から戦時附加費が加算されることになり，同一地内は5角，各局互寄，外国宛は1円，掛號費一律2円，などの料金が設定されたが，直前の10月26日になって「負担が大きすぎる」などの理由で中止された(内国，外国とも。詳しくは「国内平信附加已付」加蓋票の項〔53頁〕参照のこと)。

10) 1942年12月1日の料金改定は，前記の日本支配下には通知されなかった。新疆では1943年1月1日から実施された。これ以降の改定は渝(重慶)，蓉(四川)，滇(雲南)，黔(貴州)，陝(陝西)，甘(甘粛)各郵区と，贛(江西)，湘(湖南)，鄂(湖北)，豫(河南)，皖(安徽)，浙，閩，粤，桂(広西)各地区の，国民党支配下地域に限られた(内国，外国とも)。

11) 抗戦勝利後の1945年8月26日以降，日本支配下にあった地域(吉黒，台湾を除く)にもこの料金表が適応された。

12) 掛號は書留扱い，回執(雙掛號)は書留を受け取った人の受領証(サイン，認め印)が差出人に通知される“配達証明付き書留便”制度で，基本料金にそれぞれ加算された。

13) 快遞は速達扱いで，1905年秋(光緒31.10.15)から1916年1月31日までは基本料金に含まれていた。1934年10月1日からはそれまでの掛快は平快に変わり，新たに掛快(書留速達扱い)が設けられ，基本料金にそれぞれ加算された。

14) 1945年10月1日改定の料金を例にこれらを示すと，

		平信	平快	掛號	回執
平　信	20円＝	20円			
平　快	40円＝	20円	＋20円		
掛　號	50円＝	20円		＋30円	
回　執	80円＝	20円		＋30円	＋30円
掛號快遞	70円＝	20円＋(20円＋30円＝掛快)			

となり，航空扱いの場合は別に航空料金が加算された。

3. 民国政府時期の航空料金（1921.7 ～ 1950.6）

実施年月日	距離	信函・明信片	航空書簡	実施年月日	距離	信函・明信片	航空書簡
1921（民国10）. 7.1	遠近関係なく	1角5分		1948（民国37）. 8.9	遠近関係なく	95,000円	150,000円
1929（民国18）. 7.8	1,500キロ毎	〃		11.7	〃	4角	
1930（民国19）. 7.7	1,000キロ毎	〃		11.11	〃		5角
1933（民国22）. 2.1	〃	2角5分		11.18	〃	1円	1円5角
1936（民国25）. 3.1	遠近関係なく	〃		12.15	〃	1円5角	2円
1941（民国30）. 2.1	〃	（※）〃		1949（民国38）. 1.3	〃	2円5角	3円5角
1943（民国32）. 1.1	〃	（※）1円		1.17	〃	5円	6円
6.1	〃	（※）2円		2.4	〃	10円5角	12円
1944（民国33）. 3.16	〃	（※）3円		2.7	〃		15円
1946（民国35）. 5.3	〃	（※）30円		2.18	〃	45円	60円
11.9	〃	150円		2.21	〃		80円
1947（民国36）. 7.1	〃	300円		3.3	〃	80円	125円
9.26	〃	500円		3.11	〃		150円
11.11	〃	1,000円		3.18	〃	170円	250円
1948（民国37）. 1.1	〃	2,000円		4.1	〃		300円
2.7	〃	3,000円		4.3	〃	500円	700円
3.12	〃	5,000円		4.17	〃	3,000円	5,000円
4.6	〃	7,000円		4.28	〃	6分	10分
6.1	〃	10,000円		7.27	〃	10分	1角5分
7.5	〃	30,000円		10.18	〃	2角	－
7.21	〃	70,000円		1950（民国39）. 5.6	〃	2角5分	－
8.1	〃		120,000円				

・重量は20グラム毎。ただし※印の時期は10グラム毎。

1）航空郵便輸送は1921年7月1日，北京・済南間で開始された。料金は信函（20グラムまで）。

基本料金　3分
掛號費　5分
航空料金　1角5分

の計2角3分となり，このうち航空料金分は航空郵票を貼付するように定められていたが徹底せず，のちに自由になった。

2）航空郵便路線の増加に伴い，1929年7月から飛航3,000華里(1,500km)を基本とする距離制に変えられ，1930年7月から1,000kmが基本となった。
下の倍数表のように定められたが，例えば上海・北京間は1,228kmあるのに1倍が適用されるなど，しばしば例外が見られた。

3）1948年8月1日からは，それまで①信函及び明信片，②新聞紙，③その他の函件で異なっていた料金が各類函件（20グラム毎）に一本化された。この時から航空郵簡も登場した。

国内航空郵資倍数表
（1930.7.7～1931.10.20）

	上海	南京	安慶	九江	漢口	沙市	宜昌	徐州	済南	天津	北京	林西
南京	1											
安慶	1	1										
九江	1	1	1									
漢口	1	1	1	1								
沙市	2	1	1	1	1							
宜昌	2	1	1	1	1	1						
徐州	1	1	1	1	1	2	2					
済南	1	1	1	1	2	2	2	1				
天津	1	1	2	2	2	2	2	1	1			
北京	1	1	2	2	2	2	2	1	1	1		
林西	2	2	2	2	3	3	3	2	1	1	1	
満洲里	3	3	3	3	3	4	4	2	2	2	2	1

1＝　1～1,000km＝1倍（1角5分）
2＝1,001～2,000km＝2倍（3角）
3＝2,001～3,000km＝3倍（4角5分）
4＝3,001～4,000km＝4倍（6角）

4. 蒙古及び新疆の基本・掛號料金（1910.8～1935.9）

実施年月日	同一地内		各局互寄		他の省宛			掛號	
	信　函	明信片	信　函	明信片	信　函		明信片	同一地内各局互寄	他の省宛
1910.8.5（宣統 2.7.1）	1分	1分	3分	1分	6分	6分	2分	5分	10分
1917（民国 6）．4.1	2分	2分	6分	2分	9分		3分		
7.1				3分			4分		
1922（民国 11）．11.1					12分	8分	6分		
1923（民国 12）．1.1					9分	6分	4分		
1932（民国 21）．5.1								10分	2角
5.20								8分	1角6分
1935（民国 24）．9.9	他の省の国内郵便料金と同一に								
	2分	1分	5分	$2\frac{1}{2}$分	5分		$2\frac{1}{2}$分		

・信函は20グラム毎。他の省宛は左欄が20グラムまで，右欄がそれを超える20グラム毎。

1909年から10年にかけて蒙古・庫倫，新疆・廸化に郵局が設置された。1910年の告示で両省差し出しあるいは両省宛の郵便料金は，蒙古・新疆省内の郵便圏内で発着される市内便（同一地内），同省内他地域に発着される省内便（各局互寄），他省に発着される省間相互便の３本立てとして，他の省の国内料金とは別に，▽蒙古（庫倫，恰克圖）宛あるいは差し出しの信函，明信片は国内料金の２倍とする，▽新疆宛あるいは差し出しの信函，明信片で，甘粛を経由するものは国内料金の２倍，シベリアを経由するものは国際郵便料金を課す，と設定された。

5. 東北の基本・掛號・快遞料金（1945.11～1948.7）

実施年月日	信函	明信片	掛號	雙掛號	平快
1945（民国 34）.11.23	1角	5分	5角	7角	5角
1946（民国 35）.1.15	1円	5角	5円	7円	7円
2.-	5角		2円5角	3円5角	2円5角
10.-	2円	1円	4円	6円	4円
1947（民国 36）.7.-	44円	22円	109円	174円	88円
12.11	170円	85円	430円	690円	340円
1948（民国 37）.4.5	500円	250円	1,500円	2,500円	1,000円
7.21	1,500円	1,000円	4,500円	8,000円	3,000円

6. 台湾の基本・掛號・快遞・航空料金（1945.10～1950.6）

実施年月日	信函	明信片	掛號		快遞		航空	
			掛號	回執	平快	掛快	信函・明信片	航空郵簡
1945（民国 34）.10.25	10銭	5銭	30銭			1円	1円	
1946（民国 35）．6.1	7角	3角5分	1円	1円	7角	1円7角	※※1円	
11.1	3円	1円5角	4円5角	4円5角	3円	7円5角	4円5角	
1947（民国 36）．7.1	10円	5円	15円	15円	10円	26円	6円	
7.16	8円	4円	12円	12円	8円	20円	5円	
10.1	7円	3円5角	11円	11円	7円	19円	7円	
12.1							14円	
12.11	24円	12円	36円	36円	24円	60円	12円	
1948（民国 37）．1.1							24円	
2.7							36円	
4.5	25円	15円	50円	50円	25円	75円		
4. 6							35円	

実施年月日	信函	明信片	掛號		快遞		航空	
			掛號	回執	平快	掛快	信函・明信片	航空郵簡
1948(民国37). 6.11							50円	
7. 5							45円	
7.30							65円	
11. 9							400円	
11.19	100円	50円	300円	300円	100円	400円	600円	
1949(民国38). 1. 1	300円	150円	900円	1,800円	300円	1,200円		
2. 8								1,000円
2.19							800円	1,500円
3. 1	※400円	200円	1,200円	2,400円	400円	1,600円		
4. 3							1,100円	1,800円
4.13	600円	300円	1,800円	3,600円	600円	2,400円		
4.17							2,000円	3,500円
4.28							5,000円	5,600円
5. 1	1,500円	750円	4,500円	9,000円	1,500円	6,000円		
6.15	4,000円 ＝10分	2,000円 ＝5分	12,000円 ＝3角	24,000円 ＝6角	4,000円 ＝10分	16,000円 ＝4角	1角3分	2角3分
7.15							1角5分	2角5分
8.27	2角	10分	6角	6角	2角	8角	3角	5角
10.22							4角	6角
12.27							5角	7角
1950(民国39). 5. 6	4角	2角	1円2角	1円2角	4角	1円6角	6角	1円

・重量は20グラム毎。
※ ただし1949年3月1日から4月12日までは最初の20グラムまで400円で，それを超える20グラム毎が800円だった。
※※航空料金は信函，明信片とも同一で20グラム毎，1946年6月1日から10月31日までは10グラム毎だった。

台湾では1945年8月15日の光復後も，日本占領時代の「台湾銀行券」がそのまま流通し，1946年5月22日に台湾独自の「台湾銀行台幣鈔票」(旧台幣）が発行されたあと，等価交換された。この時，旧台幣と中国本土の法幣との比率は1：30だったが，その後調整が繰り返され，金本位制移行直前の1948年8月18日には1:1,635となっていた。1949年6月15日，旧台幣は40,000：1で新台幣に切り換えられた。

Ⅱ． 外国郵便料金

1. 海関郵政時期の基本料金（1878.3～1896. 末）

実施年月日	ヨーロッパ各国		アメリカ 日本 ホンコン	オーストラリア，ニュージーランド		ボリビア コスタリカ など
	普通ルート	イタリア経由		セイロン経由	直行ルート	
1878.5.18 (光緒4.4.17)	不詳		不詳	不詳		不詳
1879.11.15 (光緒5.10.2)	8分	1角1分	7分	1角8分	1角1分	1角6分
1882.11.15 (光緒8.10.5)	9分		6分	1角8分		2角2分

・重量は半オンス毎。

1) 外国宛の郵便は，上の表の料金のほか，差出地から上海までの内国郵便料金が必要だった。これは中国がU.P.U.に加入していなかったためで（詳しくは巻頭の「19世紀から20世紀前半の中国郵政史」参照)，1914年3月1日に中国がU.P.U.に正式加盟して，こうした取り扱いは終わった。

2) 1888年(光緒14)に掛號制度が始まり，U.P.U.加盟各国，日本，香港宛などの料金は内国と同じ6分と定められた。

2. U.P.U. 各国宛の基本・掛號・快遞料金（1897.2～1950.4）

実施年月日	信函		明信片	掛號		快遞	
	※	※		掛號	回執	平快	掛快
1897. 2. 2（光緒23.1.1）	10分		4分	10分			
1907. 10. 1（光緒33.8.24）	10分	6分					
1914. 9. 1						1角2分	2角2分
1922. 1. 1		5分	6分			2角	3角
11. 1	1角5分	8分	8分	1角5分		3角	4角5分
1923. 1. 1	10分	5分	6分	10分		2角	3角
1925. 10. 1		6分					
1929. 2. 1				1角5分		3角	4角5分
1930. 7. 1	1角5分	9分	9分				
1931. 2. 1	2角	1角2分	1角2分	2角		4角	6角
7. 1	2角5分	1角5分	1角5分	2角5分		5角	7角5分
1935. 6. 1	2角	1角2分	1角2分	2角		4角	6角
1936. 2. 1	2角5分	1角5分	1角5分	2角5分		5角	7角5分
1939. 9. 1	5角	3角	3角	5角		1円	1円5角
1941. 11. 1	1円	6角	6角	1円		2円	3円
1942. 11. 1	1円5角	9角	9角	1円5角		3円	4円5角
1943. 6. 1	2円	1円2角	1円2角	2円6角	2円	4円	6円6角
1944. 5. 1	4円	2円4角	2円4角	6円	4円	8円	14円
1945. 10. 1	30円	20円	20円	50円	40円	60円	110円
1946. 5. 1	190円	120円	120円	270円	200円	400円	670円
9. 1	300円	200円	200円	450円	350円	650円	1,100円
1947. 3. 1	1,100円	700円	700円	1,600円	1,200円	2,400円	4,000円
10.13	5,500円	3,500円	3,500円	8,000円	6,000円	11,000円	19,000円
12. 1	8,000円	5,000円	5,000円	11,000円	8,000円	15,000円	26,000円
1948. 1. 1	9,000円			12,000円	9,000円	18,000円	29,000円
1.16	11,000円	7,000円	7,000円	15,000円	12,000円	23,000円	38,000円
3. 1	14,000円	9,000円	9,000円	20,000円	15,000円	30,000円	49,000円
3.16	20,000円	10,000円	10,000円	25,000円	20,000円	40,000円	
4. 1	25,000円	15,000円	15,000円	35,000円	25,000円	50,000円	
4.11	30,000円	20,000円	20,000円	45,000円	35,000円	65,000円	
5.19	50,000円	30,000円	30,000円	70,000円	50,000円	100,000円	
8. 1	150,000円	100,000円	100,000円	200,000円	150,000円	300,000円	
8.21	300,000円	200,000円	200,000円	400,000円	300,000円	600,000円	
11. 6	3角5分	2角	2角	6角	4角	8角	
11.20	2円	1円	1円	3円	2円	4円	
12.12	4円	2円5角	2円5角	6円	4円5角	9円	
1949. 1. 1	10円	6円	6円	15円	17円	22円	
1.16	20円	12円	12円	30円	20円	40円	
2. 7	80円	50円	50円	100円	90円	200円	
3. 1	300円	150円	150円	400円	300円	600円	
3.11	450円	250円	250円	600円	450円	950円	
3.21	800円	500円	500円	1,100円	850円	1,700円	
4. 1	1,500円	900円	900円	2,200円	1,600円	3,200円	
4.11	4,400円	2,600円	2,600円	6,300円	4,700円	9,400円	
4.17	11,000円	6,400円	6,400円	15,000円	11,000円	23,000円	
4.29	1角	6分	6分	2角	1角5分	3角	
7. 5	1角5分	10分	10分				
11.18	2角	1角2分	1角2分	3角	2角	4角	
1950. 4. 1	3角	1角8分	1角8分	4角	3角	6角	

1) ※信函の重量は，1897年2月2日からは $1/2$ オンス毎，1907年10月1日からは左側が最初の1オンスまで，右欄がそれを超える1オンス毎，1910年8月5日（宣統2年7月1日）から左欄が最初20グラムまで，右欄がそれを超える20グラム毎の料金。
2) 明信片雙片（往復）は全期間とも単片の倍額。
3) 1897年2月から1902年まで，冬季に運河が氷結する期間に限って，北京，天津，牛荘差し出し（あるいは受け取り）の，天津，鎮江経由の陸路で運ばれる郵便物は，外国郵便料金に加えて該当する内国郵便料金が必要だった。
4) 1942年10月20日付でドイツ，イタリアとの郵便は停止された。
5) 1948年3月16日以降，料金表から掛快が除かれたが制度は存続し，掛號＋平快料金が徴収された。

3. 日本・香港など宛の基本・掛號・快遞料金（1897.2～1944.5）

実施年月日	日本・朝鮮・台湾・関東租借地宛					香港・澳門・青島・威海衛宛				
	信函	明信片	掛號	快遞		信函	明信片	掛號	快遞	
				平快	掛快				平快	掛快
1897. 2. 2 （光緒23.1.1）	10分	4分	10分					4分		
11.24 （光緒23.11.1）								5分		
1902. 4. 8 （光緒28.3.1）						4分	1分	10分		
1903. 7.18 （光緒29.6.23）	3分	1分5厘	7分							
1910. 8. 5 （宣統2.7.1）	3分 （※1）					4分 （※5）				
1914. 9. 1				1角2分	2角2分					
1917. 4. 1						4分				
10. 1						（※4）	1分5厘			
1922.11. 1							2分			
1923. 1. 1	3分		5分		10分					
1925.11. 1	4分	2分								
1929. 2. 1			6分		1角2分			1角5分		
1932. 5. 1	6分	3分	10分			6分	3分			
5.20	5分	2分5厘	8分			5分	2分5厘			
1935.12. 9				5分						
1937. 4.26									1角	2角5分
1940. 9.20	8分	4分	1角3分	8分	2角	8分	4分	2角4分	1角6分	4角
1941.11. 1	1角5分	8分	2角5分	1角5分	4角	1角5分	8分	4角8分	3角2分	8角
12. 1	1角6分		2角6分	1角6分		1角6分				
1942.11. 1			暫停通郵					1円5角	3円	4円5角
12. 1						5角	2角5分			
1943. 6. 1						1円	5角	（2円6角）	4円	6円6角
1944. 3. 3						2円	1円			
5. 1						取消				

1) 信函の重量は，当初 $1/2$ オンス毎，1910年8月5日からは15グラム毎，日本など宛は1923年1月1日から，香港，威海衛宛は1917年4月1日から20グラム毎の料金。
2) 明信片雙片（往復）は，全期間とも単片の倍額。

【日本など宛】

1) 日本など宛の料金は，当初，U.P.U. 加入各国宛料金と同額だったが，日清郵便協定締結により，1903年7月18日から別の料金表が定められた。朝鮮，台湾は1899年から，関東租借地は1905年から日本宛に準じて取り扱われ，朝鮮，関東租借地は1910年から，台湾は1923年から正式にこの料金表が適用された。
2) 日中戦争が激化した1942年11月1日，当時の国民党支配地域から日本など宛の郵便送達は中止された。
3) 日中戦争終了後,日本など宛の料金表は廃止された。韓国宛の郵便（信函・明信片とも）は1946年8月22日から，日本宛は1947年4月1日から復活，U.P.U. 加入各国宛料金が適用された。台湾，関東租借地宛は1945年10月25日から内国郵便料金が適用された。

【香港など宛】

1) 香港など宛は, 当初, 内国料金が適用されていたが, 1902年4月8日から別の料金表が定められた。

2) 廣州, 佛山, 陳村, 黄埔と香港間, 廣州, 前山と澳門間の信函料金はその後も15グラム毎2分に減額されていたが, 佛山, 陳村, 黄埔と香港間は1917年9月26日に, それ以外も1923年に取り消された。

3) 香港宛の郵便送達は1941年12月26日から1945年11月17日まで中止された。1944年4月19日以後, 香港・澳門宛の信函, 明信片は内国料金が適用され, これら宛の料金表は廃止された。

4) 澳門宛信函の重量は, 遅れて1917年10月1日から20グラム毎に変えられた。

5) 青島宛料金は1910年8月9日から, 香港宛料金 (20グラム毎4分) が適用されていたが, 日本軍占領後の1914年から一旦中断された。1918年11月1日から日本宛料金に変わり, 中国に復帰した1922年12月1日から内国料金 (各局互寄4分) が適用された。

6) 威海衛 (劉公島) 宛料金は1904年4月1日から1930年9月30日まで香港料金が適用され, 租借地が回収された同10月1日から内国料金に変わった。

7) 廣州湾租借地宛料金は, 当初, U.P.U. 加入各国宛料金が適用されていたが, 1937年10月1日から香港宛料金に変わり, 中国返還後の1945年10月3日から内国料金が適用された。

4. 台湾からの基本・掛號・快遞料金 (1946.6～1950.5) (通貨：台湾幣)

実施年月日	信函		明信片	掛號		快遞	
	20グラムまで	20グラムごと		掛號	回執	平快	掛快
1946. 6. 1	6円3角	4円	4円	9円	6円7角	13円3角	22円3角
6. 20						12円3角	21円3角
9. 1	10円	7円	7円	15円	12円	22円	37円
11. 1	9円	6円	6円	13円	10円	19円	32円
1947. 7. 1	31円	20円	20円	46円	34円	69円	114円
7. 16	17円	11円	11円	25円	19円	37円	62円
10. 1	16円	10円	10円	23円	17円	34円	56円
10. 15	77円	49円	49円	112円	84円	153円	264円
12. 1	120円	70円	70円	150円	110円	210円	360円
12. 11	100円	60円	60円	130円	100円	180円	310円
1948. 1. 1	110円			150円	110円	220円	350円
1. 16	140円	90円	90円	180円	150円	280円	460円
3. 10				200円		290円	490円
4. 11	150円	100円	100円	220円	180円	320円	
5. 19	250円	150円	150円	350円	250円	490円	
11. 6	350円	200円	200円	600円	400円	800円	
11. 20	2,000円	1,000円	1,000円	3,000円	2,000円	4,000円	
12. 10	1,500円	900円	900円	2,400円	1,800円	3,600円	
1949. 1. 1	6,000円	3,600円	3,600円	9,000円	6,600円	13,200円	
4. 17	6,600円	3,900円	3,900円		7,200円	13,800円	
5. 1	16,000円	9,600円	9,600円	23,000円	17,000円	34,000円	
5. 20	20,000円	12,000円	12,000円	28,000円	21,000円	42,000円	
6. 12	22,000円	14,000円	14,000円	32,000円	24,000円	48,000円	
6. 15	5角5分	3角5分	3角5分	8角	6角	1円2角	←この日より新台幣
11. 18	6角	4角	4角	9角	6角		
1950. 4. 1	7角5分	4角5分	4角5分	1円	7角5分	1円5角	
5. 23	1円	5角	5角	1円5角	1円	2円	

1) 信函の重量は, 左欄が最初20グラムまで, 右欄がそれを超える20グラム毎の料金。

2) 明信片雙片 (往復) は全期間とも単片の倍額。

3) 1948年4月11日以降, 料金表から掛快が除かれたが制度は存続し, 掛號＋平快料金が徴収された。

5. 中国本土，台湾からの航空料金（1947.12～1950.6）

実施年月日	大陸から		台湾から	
	各類函件	航空郵簡	各類函件	航空郵簡
1947.12. 1	22,000円		300円	
1948. 1. 1	30,000円		270円	
1.11			360円	
1.16	40,000円		480円	
3. 1	45,000円			
3.16	50,000円			
4. 1	65,000円			
4.11	80,000円	55,000円		
5.19	120,000円	85,000円	590円	
8. 1	400,000円	250,000円		
8.21	800,000円	600,000円		
11. 6	(金圓)1円	7角	1,000円	700円
11.20	5円	4円	5,000円	4,000円
12.10			4,800円	3,600円
12.12	14円	9円		
1949. 1. 1	30円	20円	18,000円	12,000円
1.16	60円	40円		

実施年月日	大陸から		台湾から	
	各類函件	航空郵簡	各類函件	航空郵簡
1949. 2. 7	250円	150円		
3. 1	800円	550円		
3.11	1,200円	850円		
3.21	2,300円	1,600円		
4. 1	4,300円	2,900円		
4.11	12,600円	8,500円		
4.17	30,000円	21,000円	18,600円	12,600円
4.29	(銀圓)3角	2角		
5. 1			46,000円	31,000円
5.20			56,000円	38,000円
6.12			64,000円	43,000円
6.15			1円6角	1円8角
7. 5	4角	3角		
11.18	5角5分	4角	1円65分	1円2角
1950. 4. 1	8角	5角5分	2円	1円4角
5.23			3円	2円5角

・重量は10グラム毎。(台湾の通貨は本土と違い，台湾幣。1949年6月15日から新台幣)

◆航空料金について

中国の手による外国宛の航空郵便は，中国とドイツ合辨の欧亜航空運輸公司が1931年5月31日，上海－満洲里間に航空郵便路線を開いたのが始まり。郵便物は満洲里－イルクーツク間を鉄道で運ばれたあと，ソビエトのイルクーツク－モスクワ線を経由して，モスクワやヨーロッパ各地へ空輸された。

例えば，上海からドイツ宛の20グラムまでの航空掛號郵便の料金は，

基本料金　2角
掛號料金　2角（表2. 参照）
航空料金　2円
・上海－満洲里
（3航区　内国表3. の説明参照。
国際線は1航区2角×3）　6角
・イルクーツク－モスクワ　8角
・モスクワ－ドイツ　6角

の計2円4角になった。

この路線は，日本軍が東北地区を侵略したことから，わずか1ヵ月後に停止された。

続いて1936年7月に西南航空公司が廣州－ハノイ間を開設した。これは中国の航空路線が外国に進出した最初で，1936年11月に中国航空公司が香港線，1939年10月に中蘇航空公司がビルマ線，1939年12月に中蘇航空公司がアルマーター－モスクワ線，1941年12月に中国航空公司がインド線をそれぞれ開設，第2次大戦をはさんで中断，停止が繰り返され，のちに復活した路線もあった。

これより先，日本の手で1929年6月に大連－朝鮮－博多－東京線が，1935年10月には博多－琉球－台北線が開かれ，郵便物が空輸された。

同じようにソビエト（ソビエト，欧州各国など），アメリカ（南北アメリカ，フィリピンなど），イギリス（インド，マラヤ，オーストラリア，欧州各国など），フランス（サイゴン，欧州・アフリカ各国など），オランダ（蘭印，イラン，欧州各国など）の手で，それぞれ航空路線が開かれ，郵便物が空輸された。料金は時期，利用国機，経由地，重量などによって複雑に異なった（料金表は省略）。

抗日戦争中，日本占領地からの航空郵便は日本を経由，外国へ向けられたが，国民政府支配下の奥地からは，ビルマのラングーン経由（日本占領後はインドのカルカッタ経由），イギリスやアメリカ宛の航空郵便がよく見られる。料金は経由地（ときに南ア）で大きく異なる。

第2次大戦が終わり，1946年9月16日，ノースウェスト航空が，上海－マニラ線を開始，アメリカ宛の航空郵便は，それまでのイギリス経由からマニラ経由となり，大幅に日数を短縮した。

1947年の末，法幣の価格が暴落し，宛先別の航空料金では，急騰する物価と調整することができなくなり，12月1日から，全世界各国宛の航空料金を均一化し，国内航空料金を含め，10グラム毎に法幣22,000圓とした。それ以後の均一料金が表5. である。1948年8月21日以降は，26日－100万円，9月17日－110万円，10月4日－190万円，11月6日－300万円（金圓1圓に換算），11月29日－2,100万円というように急騰を続けている。

旧中国の郵便印 (図版縮小率 80%)

I. 海関郵政時期

1. "Custom House" 二重丸長円印 (茶)
　海関無切手時期のもので，上海海関郵便扱い印として，1872 ～ 74 年に使用。

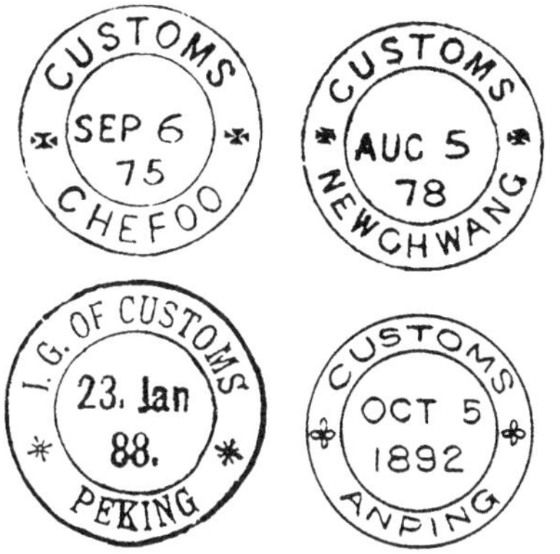

2. 海関英文二重丸印 (黒，ときに朱，青)
　1875 年より使用開始。切手発行前は差し立て，到着，中継などの証示印として使用。1878 年に切手発行後は，局によって抹消印にも使用。最古使用例は上図の CHEFOO 局 1875.9.6.。

Type 1　Type 2　Type 3

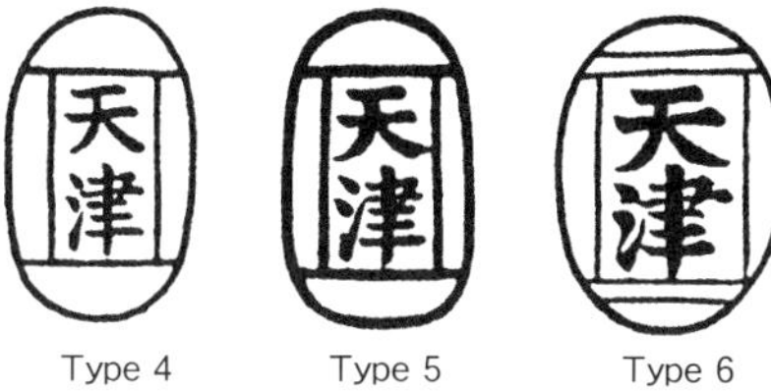
Type 4　Type 5　Type 6

Type 7

Type 1　Type 2

3. 中文地名長円印 (黒，ときに青，朱)
　大龍切手が発行されてから，切手の抹消を目的として使われた。上図は初期のもので，小龍や萬壽切手の発行にあわせ，鎮江，牛荘，蘇州，温州 (朱) などの地名が出てくる。

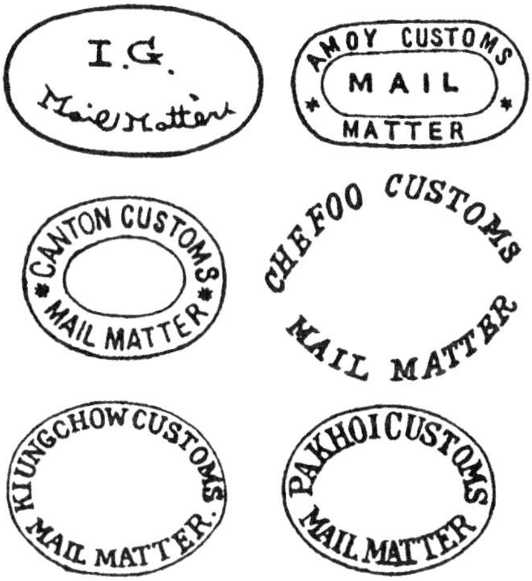

4. 海関公用使用証示印 (黒，青，茶，朱)
　海関の事務用，および職員の郵便の無料扱いを示すものとして使用。1892 年から 97 年まで。日付印が併用された。外国向け使用もある。

5. 海関英文・不統一印（黒，茶）

海関英文二重丸印の使用時期に，一部の局では図（前頁右下）のような長円印や，小型印を使っている。このタイプはさらに国家郵政開始後，南京その他，使用局が増えてくる。

6. 在韓国・海関郵便印（紫，ときに黒）

ソウル，仁川などに設けられた，清朝の海関郵便局では，本土とは違うタイプの日付印を使い，また，公用文用印も使っている。1889 年から 98 年末まで。

II． 大清郵政時期

国家郵政は 1897 年 3 月からスタートしたが，しばらくは海関時期の印が使われた。

7. 郵政局名・大型二重丸印（黒，茶など）

国家郵政最初の統一印。外周 27 ～ 28 ミリ，内周 26.5 ～ 27 ミリ。当時中国で流通していたメキシコ銀貨とサイズが同じところから，外国の収集家たちはダラー印と呼んでいる。日付の表示は上方に陽暦，下方に陰暦という二重表現がとられた。陰暦の年号は光緒。使用開始時期は 1897 年 5 月だが，局によって使用時期が違う。

使い方は，切手の抹消，差し立てや中継の日付の表示，到着印など。印色は黒が主。使用局は次の八卦印を参照。

PEKING

8. 八卦印（ハッカ，俗にハッケ印）

No.7. の大型二重丸印と併用して切手の抹消に使われた，6 本の太い線。1 長線（陽），2 切れた短線（陰）の組み合わせで，局名を示した。天津から北海までのものは，上下逆に使うと局名が違うので，単片上での区別は難しい。

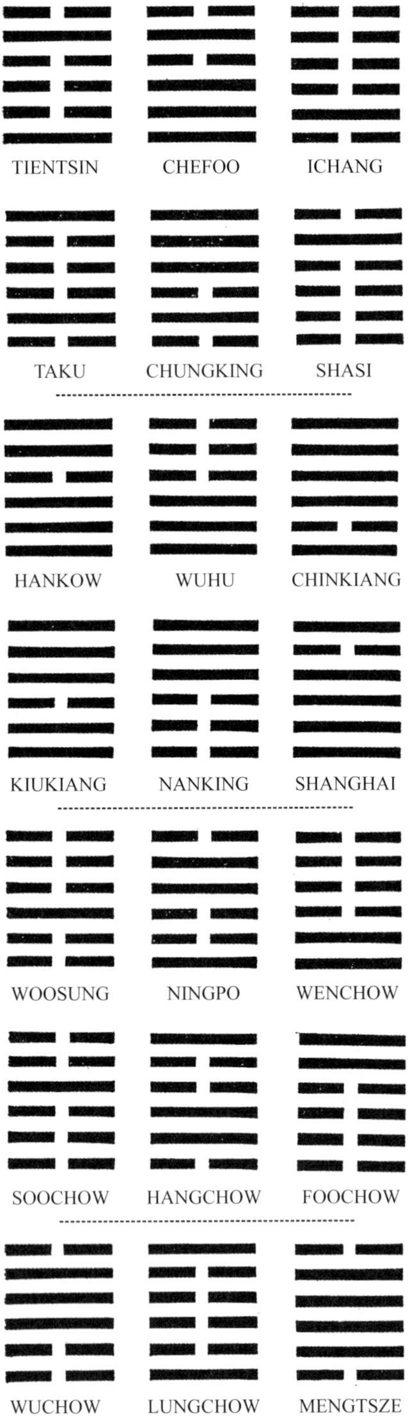

TIENTSIN
CHEFOO
ICHANG
TAKU
CHUNGKING
SHASI
HANKOW
WUHU
CHINKIANG
KIUKIANG
NANKING
SHANGHAI
WOOSUNG
NINGPO
WENCHOW
SOOCHOW
HANGCHOW
FOOCHOW
WUCHOW
LUNGCHOW
MENGTSZE

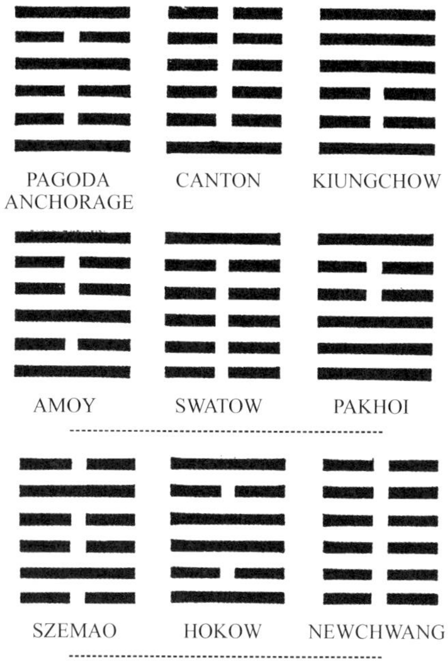

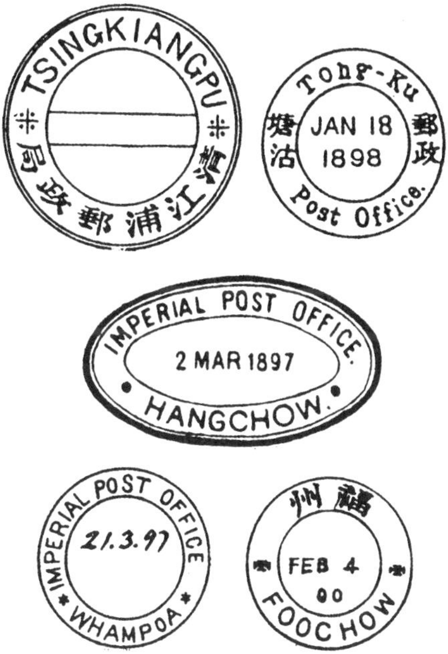

9. 郵政統一後の不統一英文印

一等局では大型二重丸印が使われたが，その後つぎつぎと開局した局は，郵務区ごとにいろいろなタイプの印が作られ使用されている。

10.〈日・月〉印（山東各局）

日と月を円の左右に入れ，上に局名を表示，中央に2行に年・月／日を表示。使用局は次の12局。安邱，昌楽，即墨，青州，周村，諸城，莒州，沂州，沂水，平度，鄒平，濰県。済南では似ているが，日・月のないものを使用している。

11. 丸一型・中英文表示

1899年5月から，大局で使用開始。横線の左右が円と離れているのが特徴。1912年頃まで。地方局で月日などが抜けた使用もある。

1921年以降，上海など一部の局では，上図右のように「日・月・年」を1行に，その下の行には時刻を表示するタイプを使っている。

12. 丸二型・干支年号表示

1904年はじめから，1913年まで，年号を干支（えと）で表示するタイプが使われた。円は細い二重円と，単円の両方がある。

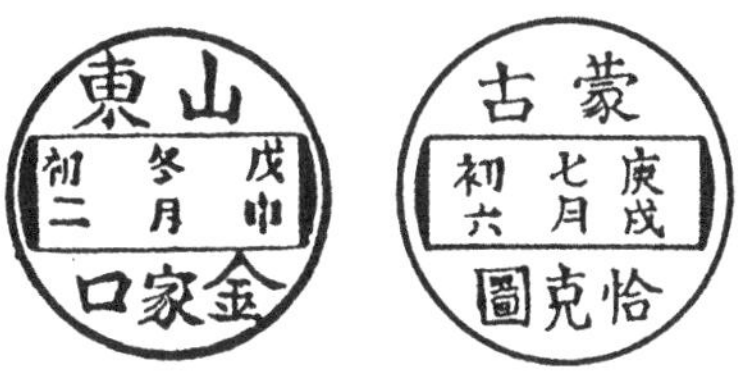

13. 丸二箱型・干支年号表示

1906年（丙午）から年月日の部分が，図のように箱型にかわった。上部は省名，下部に局名，中央に縦3行に，右から「年／月／日」のタイプである。1912年以降は中華民国年号を使用。

14. 丸二箱型・中英両文局名表示

1906 年から局名の表示に，英文を併記するタイプが使われるようになった。

15. 清朝郵政初期・郵政局印

日付印が使われはじめたころ，全国の郵便局では局名だけを表示した印を使った。同形式でも分局や，代弁所は下図のような印を使っている。

16. 同上・郵政分局印

市内などにある分局で使ったタイプ。

17. 同上・郵政代弁所印

代理業務を扱っていた代弁所での使用。

18. 同上・信箱印

ポストのある郵便取扱所での使用。

Ⅲ． 中華民国時期

19. 丸二箱型・中華年号表示

辛亥革命によって清朝が倒され，中華民国が成立すると，辛亥 11 月 13 日を中華民国元年 1 月 1 日とする陽暦が採用され，日付の表示が上の図のようにかわった。基本型は No.13.，14. と同じ。

20.「洪憲」年号入り

1915 年末，袁世凱はクーデターで帝政を宣言，翌 16 年を「洪憲」とした。一時的に左図のような年号が使われたが，1916 年 3 月末で解消。

21. その後の各種の日付印のタイプ

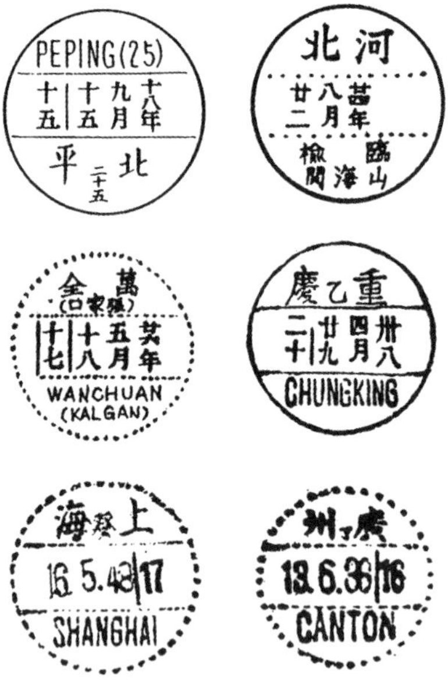

形式はさまざまだが，基本的には上図に示すようなタイプのものが使われた。年号の表示は民国，洋数字を並べたときは「日・月・年」で西暦の下 2 桁が原則だが，民国年号も混在する。

以上のほか，鉄郵，軍郵，各種の特別な扱いの印もいろいろあるが，省略している。

清朝国家郵政発足当時の局と消印の使用例

（水原明窗の調査による〔「水原明窗　中国切手論文選集」より〕）

局名	（英文綴り）	八卦印 形式	色	洋銀加刷加蓋各種 八卦印	海関◎印	大型◎印	紅印花加蓋各種 八卦印	海関◎印	大型◎印
厦門	AMOY	122, 121	茶	○	○青，茶	○茶	○	○黒茶	○
廣州	CANTON	222, 221	茶，黒，青黒	○	○黒，茶	○	○	Ⅱ○	○
烟台	CHEFOO	212,111	茶，青，黒	○	○	○青黒	○	Ⅱ○	○
鎮江	CHINKIANG	111, 121	黒，茶	○	○茶	○	○	Ⅱ○	○
重慶	CHUNGKING	111, 212	黒，茶	○	楕円Ⅰ青黒	○	○	楕円Ⅱ	○
福州	FOOCHOW	112, 222	黒，茶	○	○	○茶	○	Ⅰ○	○
杭州	HANGCHOW	122, 112	茶	○	帝国楕円	○	x	同左	x
漢口	HANKOW	112, 111	黒	○	○	○茶，黒	○	Ⅱ○	○
河口	HOKOW	121, 121	x	x	x	C.T.O.	x	x	x
宜昌	ICHANG	222, 212	茶，濃茶	○	小型黒	○	○	x	○
九江	KIUKIANG	111, 211	黒，茶	○	○Ⅱ朱	○茶	○	Ⅱ○	○
瓊州	KIUNGCHOW	111, 221	茶，黒	○	○	○	○	○	○
龍州	LUNGCHOW	122, 221	黒，茶	○	○	○	○	○	x
蒙自	MENGTSZE	211, 112	x	x	x	x	x	x	x
南京	NANKING	111, 222	黒，茶	○		楕円*	○	楕円*	○
牛荘	NEWCHWANG	222, 222	紫，茶，黒	○	○青，黒	○	○	x	○
寧波	NINGPO	211, 221	茶，黒	○	○黒，茶	○茶	x	○	○
羅星塔	PAGODA ANCHORAGE	121, 221	茶	○	x	○	○	x	○
北海	PAKHOI	122, 111	茶	○	黒	○	x	x	○
北京	PEKING	111, 111	青，黒	x	x	○茶，青黒	○	x	○
上海	SHANGHAI	121, 111 (八卦2つのタイプあり)	茶，青，黒Ⅰ	○	Ⅱ茶，まれに青	○茶，黒 ときに青，黒	Ⅱ○	○茶	○
沙市	SHASI	212, 222	x	x	x	○茶	○	x	x
蘇州	SOOCHOW	221, 222	青，茶	○	黒茶	○茶	x	○	○
汕頭	SWATOW	122, 222	茶，黒	○	○	○黒	○	○	○
思茅	SZEMAO	212, 212	x	x	1例のみ**	x	x	x	x
大沽	TAKU	122, 212	茶，青，灰黒	○	双線丸印	x	x	x	x
天津	TIENTSIN	212, 221	青，茶，黒	○	Ⅳのみ	○希少	○	Ⅳのみ	○
黄埔	WHAMPAO	(○は日付空欄帝国印)		x	○	○	x	○	x
温州	WENCHOW	222, 221	黒，濃茶	○	○黒茶	○	○	Ⅱ○	○
呉淞	WOOSUNG	222, 122	青，紫，黒茶	○	x	○	x	x	○
梧州	WUCHOW	211, 122	青，茶	x	楕円，茶	x	x	楕円，茶	x
蕪湖	WUHU	222, 111	茶，黒，青	○	○黒茶	○茶	○	○	○

・在韓国ソウル SEOUL，仁川 JENCHUAN 局での洋銀加刷票の使用例は未発見。

・九龍 KOWLOON，拱北 LAPPA の両海関局での切手上の使用例も報告されていない。

・*南京の楕円形は2タイプあり，色も各種。　**思茅の海関印は著者（水原）未発見，文献による。

旧中国郵票の時代区分と地方別使用期間

西暦	中国年	干支	時代区分	地方別使用期間 新省	滇省	吉黒	四川	台湾
1878	光緒4	戊寅	海関郵政時期					
1879	5	己卯						
1880	6	庚辰						
1881	7	辛巳						
1882	8	壬午						
1883	9	癸未						
1884	10	甲申						
1885	11	乙酉						
1886	12	丙戌						台湾文報局郵票
1887	13	丁亥						
1888	14	戊子						
1889	15	己丑						
1890	16	庚寅						
1891	17	辛卯						
1892	18	壬辰						
1893	19	癸巳						
1894	20	甲午						
1895	21	乙未		台湾民主国郵票 →				（台湾民主国郵票）
1896	22	丙申						日本主権下
1897	23	丁酉	大清郵政時期					
1898	24	戊戌						
1899	25	己亥						
1900	26	庚子						
1901	27	辛丑						
1902	28	壬寅						
1903	29	癸卯						
1904	30	甲辰						
1905	31	乙巳						
1906	32	丙午						
1907	33	丁未						
1908	34	戊申						
1909	宣統元	己酉						
1910	2	庚戌						
1911	3	辛亥		西蔵加蓋				
1912	民国1	壬子	中華					
1913	2	癸丑						
1914	3	甲寅						

西暦	中国年	干支	時代区分	時代区分（細分）	地方別使用期間 新省	滇省	吉黒	四川	台湾
1915	民国4	乙卯	民国前期（北洋軍閥時期）		新省（新疆省）貼用				日本主権下
1916	5	丙辰							
1917	6	丁巳							
1918	7	戊午							
1919	8	己未							
1920	9	庚申							
1921	10	辛酉							
1922	11	壬戌							
1923	12	癸亥							
1924	13	甲子							
1925	14	乙丑							
1926	15	丙寅				滇省（雲南省）貼用			
1927	16	丁卯					吉黒貼用		
1928	17	戊辰	中華民国後期	北京印刷時期					
1929	18	己巳							
1930	19	庚午							
1931	20	辛未							
1932	21	壬申					「満洲国」		
1933	22	癸酉						四川貼用	
1934	23	甲戌							
1935	24	乙亥							
1936	25	丙子						主権回復地区貼用票	
1937	26	丁丑							
1938	27	戊寅							
1939	28	己卯		香港印刷時期					
1940	29	庚辰							
1941	30	辛巳		抗日時期					
1942	31	壬午							
1943	32	癸未							
1944	33	甲申							
1945	34	乙酉					東北貼用		台湾貼用
1946	35	丙戌	国共内戦時期	国幣時期					
1947	36	丁亥							
1948	37	戊子		金圓					
1949	38	己丑		銀圓	銀圓時期地方加蓋			銀圓時期地方加蓋	

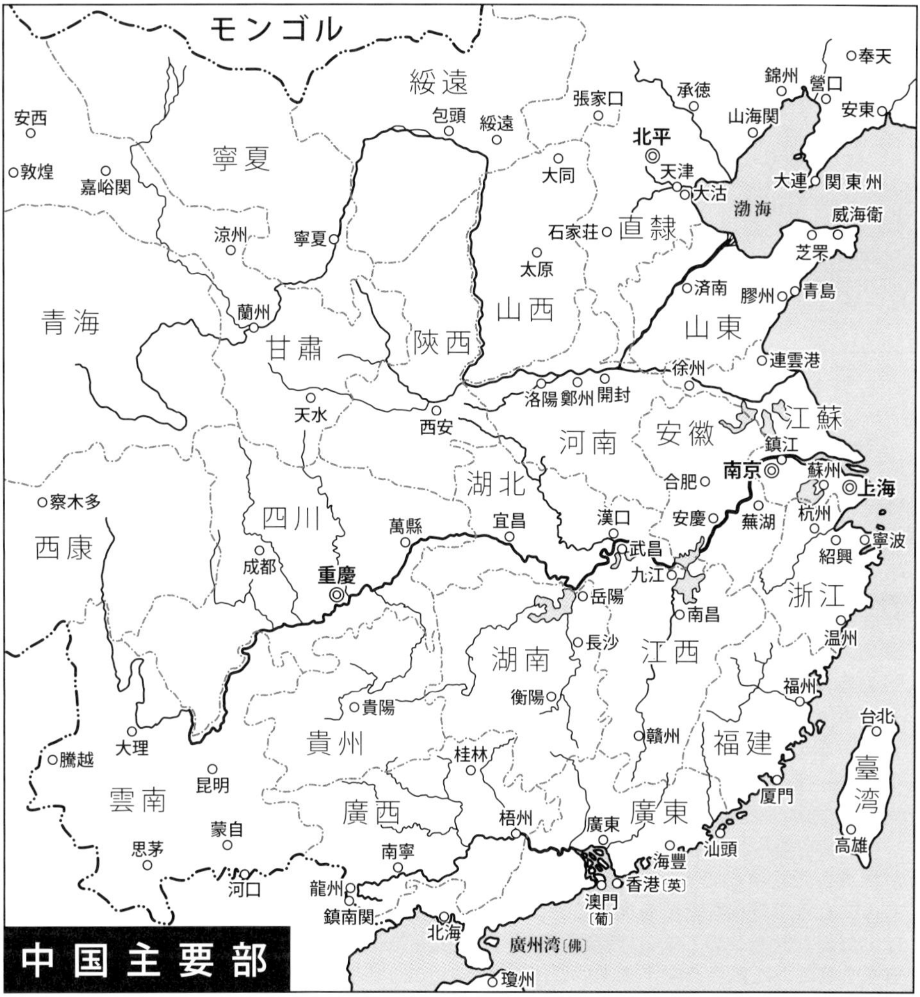

改訂版 旧中国切手カタログ 1878-1949
Catalogue of Chinese Stamps 1878-1949

2019年6月25日発行（第2版）
発　行：公益財団法人 日本郵趣協会　〒171-0031 東京都豊島区目白 1-4-23　TEL 03 (5951) 3311(代)
編　集：福井　和雄
協　力：切手の博物館
制　作：㈱日本郵趣出版　〒171-0031 東京都豊島区目白 1-4-23　TEL 03 (5951) 3416（編集部直通）
発売元：㈱郵趣サービス社　〒168-8081 東京都杉並区上高井戸 3-1-9　TEL 03 (3304) 0111(代)

令和元年 5 月 17 日 郵模第 2813 号
公益財団法人 日本郵趣協会 2019
ISBN：978-4-88963-831-8

◇ Phila は、JPS コミュニティ通貨「フィラ」取扱加盟店のマークです。

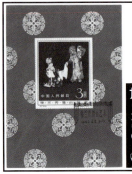

旧中国切手

多数在庫有

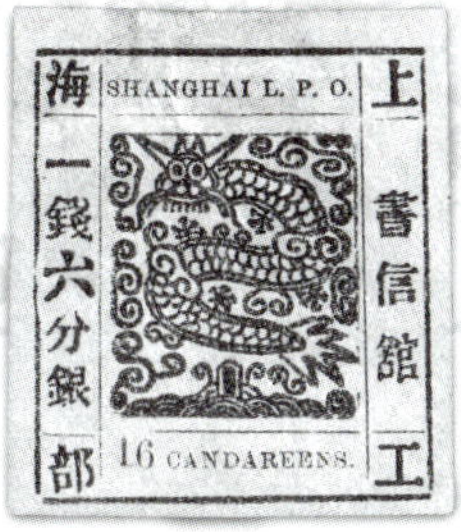

日本・中国関連切手
買取もしております

中川スタンプ・コイン商会 JPS

〒151-0053 東京都渋谷区代々木2-7-5
中島第二ビル3階
TEL・FAX 03-3379-3302
E-mail : stamp_nt737@yahoo.co.jp

切手(日本・中国・外国)買います

鑑定・売却のご相談
承ります。無料です。

目白の切手の博物館1F内。日本切手・外国切手を展示販売。500冊のバインダーをご自由にごらんいだけます。

月曜定休・営業時間 10:30～17:00

ロータスフィラテリックセンター

〒171-0031 豊島区目白1-4-23 切手の博物館1F内
TEL:080-5514-6847
FAX:044-733-3388

旧中国
切手・カバー
高価買入いたします。

(買入値は OG, NH, XF)

JPSカタログ番号	買入値	JPSカタログ番号	買入値
# 1 - 3	20万円	# 75-78	60万円
# 4 - 6	120万円	# 83-94	30万円
# 7 - 9	30万円	# XZ1-11	16万円
# 16-24	20万円	# SB1	15万円
# 38-46	250万円	# SB2	15万円
# 47-55	15万円	# SB3	15万円
# 65-72	98万円	使用済み紅印花	1枚1万円

お問合せ

ケン・ベーカー TEL&FAX:093-391-3026
E-mail : haruyo_baker@msn.com
〒800-0112 北九州市門司区大字畑46 水野方

JPS

◇広告の中の JPS マークは公益財団法人 日本郵趣協会維持会員です。

◇ Phila は、JPS コミュニティ通貨「フィラ」取扱加盟店のマークです。

◇広告の中の JPS マークは公益財団法人 日本郵趣協会維持会員です。

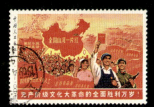

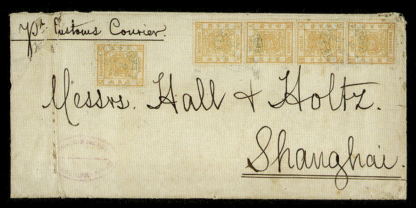

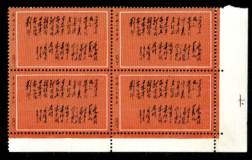

◇ Phila は、JPS コミュニティ通貨「フィラ」取扱加盟店のマークです。